인간의 조건

궁금했지만, 알 수 없었던 의문의 해답!

인간의 조건

MAN, UNKNOWN WORLD

알렉시스 카렐 지음 | 박별 옮김

뜻이있는사람들

Try not to become a man
of success but rather to become a man of value.

성공한 사람이 되고자 하지 말고

가치 있는 인간이 되려고 노력하라.

· 아인슈타인(이론 물리학자, 노벨 물리학상 수상자) ·

이 책의 한 글자, 한 구절은 수많은 학자가
평생을 거쳐 연구한 결정체이다.

이 책의 저자인 나는 철학자가 아닌, 그저 과학자일 뿐이다. 대부분 시간
을 실험실 안에서 생명이 있는 생물 연구에 몰두해 왔다. 그리고 여생을 세
상 사람들을 관찰하고 이해하기 위해 쏟아부었다. 나는 과학적인 관찰대상
이 될 수 없는 것까지 거론할 생각은 없다.

이 책은 내가 아는 사실만을 썼다. 적으면서 가장 그럴듯하게 보이지만
아직 명백하게 밝혀지지 않은 것은 확실하게 구분하려고 노력했다. 그리고
세상에는 아직 밝혀지지 않은 것과 절대로 알 수 없는 것이 있다는 사실 또
한 인정해야 했다. 나는 인간을 시대와 지역을 초월하여 관찰과 경험으로
축적된 산물이라고 보고 있다. 내가 정신이 몽롱해질 만큼 복잡한 생명의

현상을 큰 어려움 없이 연구할 수 있는 처지였던 것은 대단한 행운이었다. 나는 인간의 활동 형태를 대부분 관찰해 왔다. 가난한 사람과 부자, 건강한 사람과 병든 사람, 학식이 높은 사람과 무학인 사람, 신경쇠약증, 정신병자, 빈틈이 없이 꼼꼼한 사람, 범죄자 등과 만날 수 있었다. 또한 농장주와 노동자, 사무원, 점원, 금융관계자, 정치가, 군인, 대학교수, 교사, 목사, 농부, 재벌, 귀족들도 알고 있었다. 나는 이런 생활환경 덕분에 철학자와 예술가, 시인과 과학자와도 폭넓은 교류가 있었다. 천재, 영웅, 성인과도 친분이 있었다. 그와 동시에 세포조직의 깊이 있는 연구, 그리고 그 끝을 알 수 없는 두뇌와 육체적, 정신적 현상의 기반이 되어 있는 감춰진 메커니즘에 대해 연구할 수 있었다.

내가 이런 장대한 광경을 생생하게 접할 수 있었던 것은 현대 문명이 탄생시킨 과학기술 덕분이다. 이런 기술 덕분에 동시에 몇 가지 대상을 함께 주목할 수 있었다. 나는 새로운 세계 속에서 살 수 있었던 것은 물론이고, 오랜 과거 속에서도 살고 있었다. 그리고 록펠러 의학연구소를 위해 사이먼 플렉스너(Simon Flexner, 1863~1946: 미국의 병리학자 · 세균학자)가 모집한 과학자의 한 사람으로서 그 연구소에서 많은 시간을 보낼 수 있는 특권을 누릴 수 있었다. 여기서 멜쳐(Brad Meltzer)와 자크 러브(Jacques Loeb), 노구치 히데요(野口英世) 등과 같은 위대한 전문가들이 생명의 온갖 현상을 분석하는 동안에 나는 그것들에 대해 고찰해 왔다. 플렉스너의 천재들에 의한 생물의 연구는 이전까지와는 비교도 될 수 없을 만큼 폭넓은 시야에서 진행되었다.

인간이 완성될 때까지 각 기관의 모든 단계에서의 상태가 이 실험실에서 밝혀졌다. 물리학자들은 X-레이를 통해 인간 조직의 단위인 분자의 구조와 그 분자들을 구성하는 원자의 공간적 관계를 밝혀냈다. 화학자와 생리학자들은 체내의 가장 복잡한 물질인 혈액 속의 헤모글로빈, 조직과 체액 속의 단백질, 끊임없이 일어나는 원자라는 거대 집단의 분열과 결합하는 작용을 하는 효소 등의 분석 작업을 하고 있다. 또한, 분자 구조 그 자체가 아니라 그것이 체액에 들어가면 서로 어떤 관계를 형성하는지를 연구하는 화학자도 있다. 다시 말해서 조직은 항상 바뀌고 있지만, 혈청의 성분은 일정하게 유지되고 있다는 물리학적인 충돌에 관한 연구이다. 이렇게 해서 생리적 현상의 화학적인 면도 명백하게 밝혀졌다. 생리학자 몇몇 그룹은 온갖 과학기술을 구사하여 원자의 집합과 구성 때문에 만들어진 보다 큰 조직, 기관과 혈청의 세포, 다시 말해서 살아 있는 물질 자체를 연구하고 있다. 그들은 이 세포들의 결합상태, 주변과의 관계를 조정하는 법칙, 기관과 체액으로 만들어진 인간 전체, 우주의 환경이 그것에 미치는 영향, 화학물질이 조직과 의식에 미치는 효과를 조사하고 있다. 또한 바이러스와 박테리아와 같이 그것이 조직에 들어가면 전염병을 일으키는 미세한 존재, 조직이 그것들과 싸워내는 위대한 힘, 암과 심장장해, 신장염처럼 조직을 변질시키는 병과 같은 것들을 연구하는 전문가들도 있다. 그렇게 해서 결국 개체와 그 화학적 기반이라는 중요한 문제도 해명되기 시작했다.

나는 이런 분야를 전문적으로 연구하는 뛰어난 학자들의 이야기를 통해 그 실험 결과를 역으로 거슬러 올라갈 수 있는 혜택을 누리고 있다. 그리고 자체로는 움직일 힘이 없는 물질이 조직을 만들어 내는 힘, 생명의 특성, 인간의 육체와 마음의 조화 등이 매우 아름답게 여겨진다. 그리고 나 또한 외과, 세포 생리학, 심령학과 같은 대단히 광범위한 대상을 연구하고 있다. 이것은 이 연구를 하기 위해 과학적인 연구가 자유롭게 가능한 설비를 이용할 수 있었기 때문에 가능한 일이다. 플렉스너의 마음속에 생물학의 새로운 개념과 새로운 연구방법을 떠올리게 된 계기는 웰치(Welch)의 예리한 착상과 프레드릭 게이츠(Frederick T. Gates)의 탄탄한 이상주의에 의한 것이라고 여겨진다. 플렉스너는 과학적 탐구심이 강한 사람이었기 때문에 연구자들이 시간을 절약하고 서로 협력을 쉽게 하여 더 나은 실험기술이 탄생할 수 있는 방법을 고안해 내었다. 이 개혁 덕분에 자신들의 연구를 한 층 더 끌어올릴 수 있었을 뿐만이 아니라 이전에는 수많은 사람이 평생을 바쳐 힘겹게 얻어낸 지식을 쉽고 직접 알 수 있게 된 것이다.

현재 우리는 인간에 대한 정보가 너무 많은 탓에 그것들을 제대로 활용하지 못하고 있다. 이것들이 직접 도움이 되기 위해서는 지식이 종합적이고 간결해야만 한다. 나는 이 책이 인간에 관한 과학적 논문이 되길 바라지 않는다. 그런 논문이라면 수십 권의 책이 되고 말 것이다. 나는 단지 인간에 관한 데이터를 알기 쉽게 정리하고자 할 뿐이다. 수많은 기본적인 사실을 아주 쉽게 기술하면서도 결코 초보적이지 않은 책을 만들고자 한다. 과학을 통속화하려는 것이 아니며, 또한 일반인들에게 현실의 나약함과 어리석음을 깨닫게 하고자 하는 의도도 없다.

나는 그것이 본질에서 얼마나 어렵고 대담한 실험인지를 잘 알고 있다. 한 권의 작은 책 안에 인간에 관한 지식을 전부 담고자 하는 것이다. 물론 그것을 성공했다고 장담하지는 않는다. 전문가는 자신들이 훨씬 더 잘 알고 있고, 내가 말하는 것은 그저 수박 겉핥기에 지나지 않는다며 만족해하지 않을 것이다. 반대로 일반인들은 너무 전문적이고 복잡한 것을 좋아하지 않을 수도 있다. 그러나 인간 자체에 대해 종합적으로 알기 위해서는 과학의 온갖 분야의 데이터를 한데 모아 우리 인간의 조화로운 행동과 사상의 깊은 곳에 감춰져 있는 육체적, 화학적, 생리적인 메커니즘을 강력하고 생생하게 묘사하는 것이 필요하다. 그것이 설령 서툴고 부분적으로는 실패작에 지나지 않는다고 할지라도 도전하지 않는 것보다는 훨씬 의미가 클 것이다.

대량의 정보를 작은 공간에 요약해야만 한다는 것은 매우 큰 단점이다. 책에서 적고 있는 내용이 모두 관찰과 실험을 통해 얻어낸 결과라고 할지라도 독단적으로 보일 수 있다. 생리학자, 위생학자, 의사와 교육자, 경제학자와 사회학자가 몇 년에 걸쳐 풀어온 문제들을 고작해야 몇 줄의 짧은 말로 적어야만 하는 경우도 많았다. 실제로 이 책의 대부분의 한 글자, 한 구절은 한 사람의 과학자가 오랜 세월 동안 고생하고 인내한 연구, 때로는 단 하나의 문제를 해결하기 위해 평생을 고생하여 얻어낸 결정체이기도 하다. 나는 간결하게 정리하기 위해 어쩔 수 없이 수많은 관찰결과를 짧게 요약할 수밖에 없었다. 따라서 사실을 기술하고 있으면서도 단언하는 형태가 되고 말았다. 정확함이 결여되어 보이는 것도 이와 같은 이유 때문이다. 기관과 마음의 현상 대부분을 함께 다루고 있다. 때문에 상당한 차이가 있는 것들이 같은 그룹으로 정리되어 있기도 하다. 마치 멀리서 보면 집과 바위와 나무를 분간할 수 없는 것과 같다. 이 책에서는 사실을 적고 있지만, 대략적인 것에 불과하다는 것을 염두에 두길 바란다. 넓은 분야의 대상들을 짧게 기술하기 위해서는 어쩔 수 없이 생략해야 하는 부분도 생기기 마련이다. 그러므로 풍경을 스케치하는 데 있어 사진처럼 모든 것을 섬세하게 묘사해 주길 바라서는 안 된다.

나는 이 작업을 시작하기 전에 이것이 얼마나 어려운지, 아니 거의 불가능에 가깝다고 생각했다. 그러나 누군가는 해야 했기 때문에 결국 하기로 마음을 먹었다. 왜냐하면 인간은 현대 문명을 지금 향하는 그대로 지속할 수 없는데, 그 이유는 현재 쇠락의 길로 접어들고 있기 때문이다. 인간은 자력으로 움직일 수 없는 물질이 지닌 과학적 아름다움에 사로잡혀 있다. 인간은 자신들의 육체와 마음이 우주의 법칙처럼 확실하지는 않지만 냉철한 점에서는 철저하게 자연의 법칙의 지배를 받고 있다는 것을 충분히 느끼지 못하고 있다. 또한 자연의 법칙을 깨면 반드시 벌을 받는다는 사실도 깨닫지 못하고 있다. 그 때문에 우주와 인간과 자신의 내면, 그리고 신체 기관과 마음에 대해서 필연적인 모든 관계를 배워야만 하는 것이다. 인간이 모든 것들보다 뛰어나다는 것은 사실이다. 만약 인간이 퇴화한다면 문화의 아름다움과 자연계의 장대함조차 모두 시들어버리고 말 것이다. 이런 이유에서 이 책을 쓰게 된 것이다. 조용한 시골에서 적은 것이 아니라 뉴욕이라는 혼란과 소음과 피로로 찌든 땅에서 완성된 것이다. 몇 년 동안 현대 사회가 안고 있는 온갖 문제를 함께 검토해 온 친구와 철학자, 과학자와 법률가, 경제인들이 나에게 이 작업을 하도록 권유를 받았다. 프레더릭 R 쿠더터의 통찰력은 미국의 범주를 넘어 유럽까지 뻗어 있으며, 그것이 이 책을 쓰게 된 계기가 되었다. 실제로 세계 모든 나라 대부분은 북아메리카의 뒤를 따르고 있다. 공업 문명의 정신과 기술을 맹목적으로 받아들인 나라들, 이탈리아, 프랑스, 독일은 물론 러시아도 미합중국과 마찬가지 위험에 처해 있다. 인간의 관심은 기계와 무생물의 세계에서 인간의 육체와 마음의 세계로, 다시 말해 기계나 뉴턴과 아인슈타인이 우주를 만들어 낸 육체적, 정신적인 작용으로 옮기지 않으면 안 된다.

이 책은 현대인에 관한 과학적인 데이터를 전부 제공하여 여러분의 판단에 맡기고자 한다. 우리는 인간 문명의 약점을 깨닫기 시작했다. 수많은 사람이 현대사회로부터 강제로 내몰고 있는 독단적인 신조에 휘둘리고 있다. 이것은 그런 사람들을 위해, 그리고 정신적, 정치적, 사회적 변화의 필요성뿐만이 아니라 공업 문명을 뒤집고 인간의 진보에 대한 개념을 새롭게 만들 필요가 있다는 것을 인정할 수 있는 대담성을 가진 사람들을 위한 책이다. 따라서 이 책은 매일 아이들을 돌보고 인간을 형성하고 지도하는 일을 하는 사람들에게 바치고자 한다. 또한 학교의 교사, 위생학자, 의사, 목사,

봉사활동가, 대학교수, 재판관, 군 장교, 기술자, 경제인, 정치가, 산업계의 지도자들에게 바친다. 그리고 단순히 인간의 마음과 육체에 대해 알고자 하는 사람들에게 바친다. 다시 말해서 남녀노소를 막론하고 모든 인간에게 바치는 것이다. 이 책은 과학적 관찰로 명백히 밝혀진 인간에 관한 사실을 전혀 꾸밈없이 있는 그대로 모든 사람에게 제시하는 것이다.

―알렉시스 카렐

차례

제1장

인간이란 무엇인가?

—다양한 자질과 미래

Life is an exciting business

and most exciting when it is lived for others.

인생은 흥분이 가득한 일이지만 보다

흥분하게 하는 것은 남을 위해 사는 것이다.

· Helen Adams Keller(미국의 교육가, 사회 복지활동가) ·

'인간'을 재음미하는 것에서부터 출발

스스로 움직일 수 없는 것을 다루는 과학과 생명체를 다루는 과학을 비교해 보면 심한 불균형을 발견할 수 있다. 천문학, 기계학, 물리학은 수학적 언어에 의해 아주 간결하고 아름답게 표현할 수 있는 개념에 기반을 두고 있다. 그리고 고대 그리스의 유적처럼 조화가 아름답게 이루어진 우주의 모습을 하고 있다. 가설을 날실(세로)로 계산을 씨실(가로)로 이용해서 훌륭한 직물을 짜내고 있는 것이다. 평범한 사고방식의 틀을 벗어나 진실을 추구하여 말로는 다 표현할 수 없는 이론들을 기호에 의한 방정식만으로 완성한다.

그러나 생물에 관한 과학은 그것이 불가능하다. 생물의 현상을 조사하는 학자들은 마치 정글을 헤매는 것과 같으며 마법의 숲속처럼 주변에 있는 무수한 나무는 끊임없이 장소와 모습을 바꾸고 있다. 그들은 수많은 사실 억눌려 그것을 묘사할 수는 있지만, 수학적인 방정식으로 정의할 수는 없다. 물질의 세계에 속해 있는 것은 원자든, 별이든, 바위든, 구름이든, 철이든, 물이든 상관없이 무게나 크기와 같이 실질적인 것이기 때문에 추상화할 수 있다. 그리고 구체적인 사실이 아닌 추상이 바로 과학적 이론이다.

대상물을 관찰하는 과학은 상태를 묘사할 뿐이기 때문에 비교적 낮은 단계이다. 단지 묘사를 통해 현상을 분류할 뿐이다. 그러나 수량은 다르지만 다르지 않은 관계 즉, 자연의 법칙이라는 것은 과학이 구체적인 것에서 추상적인 것이 되어야 비로소 드러나는 것이다. 물리학과 화학이 이렇게 빠르고 훌륭하게 발전할 수 있었던 것은 추상적이면서 수량적이기 때문이었다. 물리학과 화학은 자연의 최종적 섭리를 파헤친다고까지는 할 수 없지만, 앞으로 어떤 일이 일어날지를 예측하게 해 주고 때로는 그것을 마음먹은 대로 결정할 힘을 선물해 준다. 물질의 조직과 특성의 비밀을 배움으로써 우리는 지구상에 존재하는 대부분을 지배할 수 있게 되었다. 단지, 인간만은 그 안에 포함되어 있지 않다.

살아 있는 것, 특히 개개의 인간을 연구하는 과학은 전반적으로 훨씬 뒤처져 있다. 아직 관찰과 묘사의 단계에 머물러 있는 것이다. 인간이라고 하는 것은 대단히 복잡하게 만들어져 있기 때문에 잘게 구분을 할 수가 없다. 간단하게 표현하는 것은 거의 불가능에 가깝다. 일부분이라 할지라도, 혹은 외계와의 관계든 간에 단숨에 파악하는 방법은 불가능하다. 우리는 자신을 분석하기 위해 모든 테크닉을 총동원하고, 온갖 과학을 이용해야만 한다. 각각의 과학은 공통된 대상에 대해 다른 의견을 제시한다. 그것은 각각의 분야에서 특별한 방법으로 얻어진 정보만으로 판단하기 때문이다. 그리고 이 판단을 모두 합치더라도 구체적인 인간상과는 거리가 멀다. 무시해서는 안 될 중요한 사실까지 놓치고 있다. 해부학, 화학, 생리학, 심리학, 교육학, 역사학, 사회학, 경제학과 같은 것들은 인간에 대한 연구를 완벽하게 해내지 못했다. 전문가들이 말하는 인간이란 구체적이고 진정한 인간상과 거리가 있다. 각각의 분야에서 얻어낸 개요를 긁어모은 것에 불과하다.

우리에게는 다양한
자질이 내포되어 있다

인간이란 해부학자가 해부한 시체이며, 심리학자와 정신생활면에 있어서 위대한 지도자가 관찰한 의식이며, 깊은 사고를 통해 모든 사람의 마음속 깊은 곳에 감춰져 있는 개성이기도 하다. 또한 조직과 체액으로 이루어진 화학물질이기도 하다. 놀랄 만큼 많은 세포와 영양가 넘치는 체액으로 이루어져 있으며 화학자들은 그 조직의 법칙을 연구하고 있다. 인간은 육체의 조직과 의식의 결합으로 이루어진 것이고, 위생학자와 교육자들은 인간이 살아 있는 동안 최선의 발달을 꾀하기 위해 노력하고 있다. 또한 인간은 자신들이 노예로 삼고 있는 기계가 멈추지 않도록 끊임없이 만들어져 나오는 물건들을 소비해야만 하는 경제인이다. 하지만 그와 동시에 시인이기도, 영웅이기도, 성인이기도 하다. 과학기술의 분석으로 밝혀진 결과 상상을 초월할 만큼 복잡한 존재임과 동시에 추측하고, 포부를 품고, 특정 사고에 **빠**져드는 등의 인간성을 지니고 있기도 하다.

우리가 품고 있는 인간의 개념이란 형이상학에 큰 영향을 받고 있다. 그리고 그 데이터는 엄청나게 많은 양이기는 하지만 부정확한 것들이기 때문에 자신의 취향에 맞는 데이터를 고르고 싶어 하는 유혹에 빠지기 쉽다. 따라서 인간에 대한 개념은 개개인의 감정과 신념에 따라 바뀌고 만다. 물질주의자도 정신주의자도 모두 염화나트륨의 결정에 대한 정의에 대해서는 서로 동감을 한다. 그러나 인간을 정의할 때는 상황이 다르다. 기계론자인 생물학자와 생기론(生氣論)자인 생물학자는 생물에 대한 입장이 완전히 다르다. 자크 러브(Jacques Loeb, 1859. 4. 7~1924. 2. 11: 미국의 실험생물학자. 자유의지와 본능의 문제를 과학적으로 해명하기 위해서 뇌 생리학 분야를 비롯하여 수정 현상 등 생리현상 전반에 대한 물리, 화학적인 연구로 많은 공적을 남겼다)와 한스 드리쉬(Hans Adolf Eduard Driesch, 1867. 10. 28~1941. 4. 16: 독일의 생물학자, 자연 철학자)가 생각하는 인간은 큰 차이가 있다. 인간은 인간에 대해 알기 위해 눈물겨운 노력을 계속해 왔다. 그러나 지금까지의 과학자나 철학자들, 시인과 위대한 신비론자들의 지식과 업적이라는 보물이 있기는 하지만, 우리는 여전히 극히 일부분만을 아는데 지나지 않는다. 전체로서의 인간을 파악하지는 못하고 있다. 그저 각각의 부분이 결합한 것으로만 인지하고 있다. 그리고 그런 부분들조차 자신의 방법으로 만들어 낸 것에 불과하다. 인간 개개인은 환영의 행렬에 의해 만들어졌으며 아직 밝혀지지 않은 수많은 진실이 그 행렬 사이를 활보하고 있다.

인간 내면에 있는
광대한 '미지의 세계'

실제로 우리는 아는 것이 거의 없다. 인간을 연구하는 학자들은 수많은 의문을 품고 있지만, 아직 그 해답을 찾아내지 못했다. 인간의 어마어마한 내면의 세계는 아직 모르는 것이 너무나 많다. 화학물질인 분자가 화합물로써 일시적으로 세포 일부가 되기 위해서는 어떻게 결합을 하는 걸까? 수정란의 핵 속 유전자는 어떤 방식으로 알에서 각각의 개성을 결정하는 걸까? 세포는 어떻게 자력으로 근육과 내장기관들을 만들어 내는 걸까? 개미나 벌처럼 세포란 녀석들은 자신의 조직 속에서 자신이 해야 할 역할을 일찌감치 알고 있다. 심리적 시간과 생리적 시간의 지속이란 어떤 성질의 것일까? 우리는 자신의 근육과 내장과 체액과 의식으로 만들어져 있다는 사실을 알고 있다. 그러나 의식과 대뇌의 관계는 여전히 비밀에 싸여 있다. 신경세포에 대한 생리학적 지식은 거의 전무한 상태이다. 어느 정도까지 의지의 힘으로 육체를 조정할 수 있을까? 정신은 육체의 상태에 따라 어떤 영향을 받는 걸까? 각각이 유전적으로 가지고 있는 육체적, 정신적 특성은 생활양식과 음식물에 포함된 화학물질, 기후나 육체와 정신의 단련 등에 따라 어떻게 바꿀 수 있을까?

골격, 근육, 내장과 지적 정신적 활동 사이에는 어떤 관계가 있을지도 모른다. 정신을 가다듬거나 피로와 병에 저항할 수 있는 것은 어떤 요인에 의한 것일지도 모른다. 어떻게 해서 도덕관념과 판단력과 대담함을 끌어올릴 수 있는지도 알려져 있지 않다. 지적 활동과 정신적 활동과 종교적 활동을 비교할 때 어떤 것이 중요할까? 심미적, 종교적 감각의 의의는 무엇일까? 텔레파시에는 어떤 형태의 에너지가 관계하는 것일까? 특정한 생리적 요인과 지적 요인에 의해 당연한 듯이 행복이나 불행, 성공과 실패가 결정되고 만다. 그러나 우리는 그것이 무엇인지를 모른다. 인간의 힘으로 타인에게 행복해질 수 있는 소질을 부여할 수는 없다. 생리적, 정신적인 면에 있어서 고투와 노력과 고민을 떨쳐버릴 수 있는 걸까? 어떻게 하면 현대문명 속에서 인간이 퇴화하는 것을 막을 수 있을까? 인간에게 있어서 가장 중요한 모든 분야에서 수많은 질문이 쏟아지고 있다. 그럼에도 불구하고 아직 그 해답을 찾지 못했다. 과학의 모든 분야에서 인간을 대상으로 다뤄서 얻은 결과는

여전히 불충분한 것으로, 우리는 인간에 대해 그야말로 초보적인 지식밖에

갖추고 있지 않다.

'인간의 과학'이
뒤처진 원인은 무엇일까?

　우리가 잘 알지 못하는 이유는 선조의 삶의 방식이나, 인간성의 복잡성, 정신의 구성과 같은 것에 원인이 있을지도 모른다. 우선 첫째로 인간은 살아남아야만 했다. 그러기 위해서는 외부 세계를 정복할 필요가 있었다. 무슨 일이 있더라도 먹을 것과 주거지를 확보해야 했고, 짐승들과 다른 부족과도 싸워야만 했다. 오랜 세월 동안 우리의 선조들은 자신에 대해 연구를 한다는 것은 꿈도 꾸지 못했고, 그럴 여유도 없었다. 전혀 다른 일에 머리를 써서 무기와 도구를 만들고, 불을 발견하고, 소와 말을 길들이고, 바퀴를 발명하고, 곡물에 의한 문화를 창조하는 등의 일을 계속해 왔다. 육체와 정신과 같은 것에 흥미를 가지기 훨씬 전부터 그들은 태양, 달, 별, 조수간만, 계절의 추이 등과 같은 것에 관해 사색했다. 생리학에 대해 전혀 모르고 있을 때 이미 천문학은 획기적인 발전을 이루었다. 갈릴레오가 지구를 우주의 중심이라는 지위에서 태양에 부속된 아주 작은 위성의 하나로 추락시켰을 때, 당시 사람들은 뇌와 간장과 갑상샘의 구조와 기능에 대해서는 아주 초보적인 관념조차 가지고 있지 않았다. 자연 상태에서 인간의 모든 장기는 충분히 작동하고 있었기 때문에 별다른 신경을 쓸 필요가 없었고, 과학은 그저 인간의 호기심을 충족시키는 방향 즉, 외부 세계를 향해 발달해 온 것이다.

지구상에 살고 있는 수많은 인간 중에는 이따금씩 미지의 것에 대한 직관력과 새로운 세계를 창조하는 상상력, 혹은 어떤 현상 사이에 감춰져 있는 관계를 발견하는 능력이 선천적으로 뛰어난 사람들이 있다. 이 사람들은 물리학적 우주를 찾았다. 이 우주의 구성은 아주 간단했기 때문에 과학자들의 공격에 순식간에 무너져 버리면서 비밀의 법칙 중에 몇 가지를 분명하게 해주었다. 이 지식 덕분에 물질의 세계를 유효하게 활용할 수 있게 된 것이다. 과학적인 발견을 실용화시킴으로써 발명가들은 큰 부를 축적할 수 있었다. 그리고 그것은 더욱 가속화되었다. 또한 일반 군중들은 그저 생활이 더욱 쾌적해졌다는 사실에 기뻐했다. 물론 인간의 육체와 의식에 관한 구조를 밝히기 위한 탐구보다는 인간의 일을 줄여서 노동자들의 부담을 줄이고 교통과 통신을 급속도로 발전시켜 삶의 무게를 덜어주기 위한 발명에 더 많은 흥미를 품었다.

물질세계의 정복은 끊임없이 인간의 주의를 끌었고 덕분에 본질적이고 정신적인 세계는 거의 완전히 잊혀 버렸다. 사실 인간의 삶을 둘러싼 것에 관한 절대적으로 필요한 것이기는 하지만, 자신들의 본질에 관한 지식은 직접적으로는 별 도움이 되지 않는다고 생각한 것이다. 그러나 병, 고통, 죽음과 같은 것과 눈에 보이지 않는 세계를 초월해서 감춰져 있는 힘을 알고 싶다는 막연한 바람은 마음과 육체의 내면에 대해 다수의 사람이 눈길을 돌리기 시작했다.

의학이란 처음에는 경험 때문에 만들어진 약으로 환자를 치료하는 역할에 만족하는 정도였다. 병에 걸리지 않게 하거나 병을 고치기 위해서는 건강할 때와 병에 걸렸을 때의 육체에 대해 완전히 이해하는 것이 제일 도움이 된다는 사실을 깨닫게 된 것은 최근 들어서이다. 때문에 해부학, 생화학, 생리학, 병리학이 탄생하게 된 것이다. 그러나 우리의 선조들은 육체의 고통과 병보다는 살아 있다는 신비함, 도덕적 고뇌, 미지의 것에 대한 욕구, 초자연적 현상 등이 훨씬 중요하다고 여겼다. 덕분에 의학의 연구보다는 정신 생활과 철학을 연구하는 쪽에 많은 위인이 매료된 것이다. 생리학의 법칙보다 신비적인 법칙이 먼저 알려지게 된 것이다. 그러나 그런 법칙들도 인간이 어느 정도 여유가 생기면서 외부세계를 정복하는 일 뿐만이아니라 다른 것에도 조금씩 눈길을 돌리게 됨으로써 겨우 빛을 보게 된 것이다.

인간의 지성과
추상화의 능력에 대해

인간에 관한 지식이 쉽게 발전하지 못한 이유는 그밖에도 몇 가지가 있다. 인간의 마음은 단순한 대상을 생각하는 것을 좋아하게 되어 있다. 생물과 인간의 구성과 같은 복잡한 문제를 파헤치는 것을 싫어하는 경향이 있는 것이다. '지성은 원래 생명을 이해하는 능력이 부족한 특징을 가지고 있다'고 베르그송(Henri Bergson, 1859. 10. 18~1941. 1. 4: 프랑스의 철학자)도 적고 있다. 그와 반대로 인간은 의식의 깊숙한 곳에서 기하학적인 형태의 것을 좋아하며 우주에서 그것을 발견하기를 바라고 있다. 마음이 품고 있는 이 기본적인 특징은 기념비가 한 치의 차이도 없이 균형을 이루고 있거나, 기계가 정확하게 돌아가는 것에서 잘 드러나 있다. 기하학은 지상에 존재하지 않는다. 그것은 인간이 만들어 낸 것이다. 자연의 방식은 결코 인간과 같이 정확하지 않다.

우리가 생각하는 명백함과 정확함은 우주에서 찾아볼 수 없다. 따라서 복잡한 현상에서 내부의 모든 요소끼리의 상호관계가 수학적으로 기술할 수 있는 그런 체계를 추상하려고 한다. 인간의 지성이 가지고 있는 추상화시키는 능력 덕분에 물리와 화학은 눈부시게 발전했다. 살아 있는 생명체에 대한 물리화학 연구도 놀랄 만큼 발전했다. 이미 오래전에 클로드 베르나르

(Claude Bernard, 1813. 7. 12~1878. 2. 10: 프랑스의 생리학자. 실험의학과 일반생리학의 창시자)가 생각했던 것처럼 화학과 물리의 법칙은 생물의 세계에서나 무생물의 세계에서나 똑같다. 이것은 현대 생리학에서 혈액 속 알칼리성의 항상성(恒常性)과 해수의 알칼리성 항상성을 같은 법칙으로 표현하거나, 근육을 수축시킬 때 사용하는 에너지가 당분의 발효작용으로 보충된다는 등의 것을 발견했다는 사실이 명백해졌다. 인간의 물리화학 측면에 관한 연구는 지구상의 다른 물질의 연구와 비교해 볼 때 특별히 어려운 것이 아니다. 일반적인 생리학이 거둔 성과는 이런 분야에서의 일이다.

진정한 생리학적 현상의 연구, 다시 말해서 생물의 조직에서 일어나는 현상에 대한 연구는 훨씬 중대한 장애에 부딪혀 있다. 분석해야 하는 대상이 너무 작기 때문에 물리나 화학에서 사용하는 일반적인 방법은 별 도움이 되지 않는다. 어떤 방법을 이용해야 성(性)세포의 핵과 염색체, 염색체를 구성하는 유전자의 화학적 구조를 명백하게 밝힐 수 있을까? 제아무리 어려운 일이라고 할지라도 이것은 개인과 민족의 장래가 걸린 문제이기 때문에 이 대단히 작은 화학물질의 집합체는 너무나도 중요한 것이다. 그럼에도 불구하고 특정 조직, 예를 들어 신경 등은 대단히 여리기 때문에 살아 있는 상태에서 연구하는 것은 거의 불가능에 가깝다. 대뇌의 신비로움과 그 세포들의 완벽한 조화를 이룬 신비로움을 파헤칠 기술도 우리는 가지고 있지 않다.

수식의 깔끔한 아름다움을 사랑하는 인간의 마음은 개개인의 모양을 형성해 주는 흥미로운 온갖 세포, 체액, 의식과 같은 것들에 대해 생각할 때 어떻게 해야 좋을지 방황을 하게 된다. 그래서 물리학, 화학, 기계학의 분야나 철학, 종교학 부문에서 증명되어 이미 도움이 되는 개념을 이 복잡한 대상에 활용해 보기로 한다. 그러나 이러한 실험은 쉽게 성공을 거두지 못했다. 왜냐하면 인간을 하나의 물리화학적인 대상이나 정신만의 존재와 같이 단순화시킬 수 없기 때문이다. '인간의 과학'은 당연히 모든 과학의 개념을 이용하지 않으면 안 된다. 그러나 그것 자체의 개념 또한 만들어내지 않으면 안 된다. 그것은 분자나 원자 또는 전자의 과학과 마찬가지로 기본적인 것이기 때문이다.

간단히 말하자면 물리학, 천문학, 화학, 기계학 등의 눈부신 진보와 비교해 볼 때 인간에 관한 지식이 훨씬 뒤처진 것은 선조들이 여유가 없었던 탓과 인간이 너무 복잡한 생명체이기 때문인 것과 우리의 마음이 그것을 향하게 되어 있지 않기 때문이다. 이 장애는 근본적인 것이다. 이 장애요소를 제거하기는 어렵다. 불굴의 노력으로 항시 장애를 뛰어넘어야만 한다. 인간에 관한 지식은 결코 우아하고 단순화시키거나 추상화되지 않으며, 물리학의 아름다움조차 추구할 수 없다. 발달을 늦추고 있던 요인들은 전혀 사라질 기색조차 없다. 우리는 모든 과학 중에서 '인간의 과학'이 가장 어렵다는 사실을 분명히 인식할 필요가 있다.

과학기술은 환경을
어떻게 바꾸었는가?

수천 년 동안 우리 조상들의 몸과 마음을 형성해 왔던 환경들은 이제 완전히 변하고 있다. 이 조용한 개혁은 거의 깨닫지도 못하는 사이에 진행됐다. 인간은 그것이 얼마나 중요한 것인지를 깨닫지 못했지만, 이 변화는 인간의 역사 중에서도 가장 극적인 것 중의 하나이다. 환경의 변화는 그것이 어떤 것이든 간에 모든 생물이 피할 수 없는 큰 영향을 끼친다. 그러나 우리는 선조들의 삶의 방식, 더 나아가 자신들의 생활 과학으로 인해 어느 정도까지 변화가 되었는지를 반드시 확인할 필요가 있다.

공업이 성황을 이루면서 수많은 사람이 한정된 지역에 살아야만 했다.

노동자들은 대도시의 교외나 그들을 위해 형성된 마을에 모여 살게 되었다. 그들은 일정한 시간 동안 공장에 갇힌 채로 쉽고 단조로운 작업을 하면서 비교적 좋은 보수를 받았다. 도시에는 사무실에서 일하는 사람, 상점, 은행에 종사하는 사람, 공무원, 의사, 변호사, 교사들이 밀집되어 살면서 직간접적으로 상업과 공업을 통해 생계를 꾸리고 있다. 공장과 사무실은 크고 밝으면서 청결하며 온도 또한 일정하다. 근대적인 난방과 냉방장치로 겨울에는 온도를 올리고 여름에는 온도를 낮추고 있다. 대도시는 고층 빌딩 때문에 음산한 협곡처럼 변했다. 그러나 빌딩 안에서는 자외선이 높은 전기가 태양을 대신해 빛을 발하고 있다. 배기가스로 오염된 거리의 공기 대신에 옥상의 환기장치를 통해 상공의 맑은 공기를 끌어들이고 있다. 대도시의 시민은 악천후로부터도 보호를 받고 있다. 그러나 선조들이 해왔던 것처럼 자신의 일터에서 가까운 곳에서는 살 수가 없어졌다. 부자들은 큰 도로에 접해 있는 커다란 빌딩에서 살고 있다. 기업의 거물들은 현기증이 날 정도로 높은 탑의 꼭대기에 나무와 잔디와 꽃으로 둘러싸인 멋진 주거지에서 살고 있다(뉴욕의 펜트하우스와 같은 곳). 그곳은 마치 산의 정상처럼 소음이나 먼지 등의 번잡스러움에서 벗어난 곳이다. 그들은 성벽으로 둘러싸인 호화찬란한 요새 같은 성에서 살았던 봉건시대의 영주들보다도 완벽하게 일반 대중들과 격리되어 있다. 중산층의 사람들도, 그리고 아주 평범한 생활을 꾸려나가고 있는 사람들조차 루이 14세나 프리드리히 대왕을 능가하는 안락한 아파트에서 살고 있다.

대다수 사람의 주거지는 도심에서 멀리 떨어져 있다. 매일 밤 수많은 사람이 급행열차로 교외로 돌아가야 했는데, 그곳에는 녹색 풀과 가로수 사이로 넓은 도로가 펼쳐져 있고, 깔끔하고 아늑해 보이는 집들이 도로를 따라 즐비하게 늘어서 있다. 그 옛날 부자들보다 노동자나 가장 낮은 계층의 종업원들이 훨씬 설비가 잘된 곳에서 사는 것이다. 자동으로 집안 온도를 조절해 주는 난방기구, 목욕탕, 화장실, 냉장고, 전기스토브, 식사나 청소를 위한 가정용 기기, 거기에 자동차 전용 주차장까지, 도시와 교외뿐만이 아니라 시골의 거의 모든 가정까지 이전에는 일부 특권계급에만 누릴 수 있었던 쾌적함을 누리고 있다.

주거환경의 개선과 함께 생활방식도 변해왔다. 이 변화는 주로 교통과 통신수단의 진보가 큰 영향을 끼쳤다. 의문의 여지 없이 현대의 철도, 항만, 항공, 자동차, 통신, 무선 등이 세상 사람들과의 관계와 국가 간의 관계를 크게 바꾸어 주었다. 개개인은 이전보다 훨씬 많은 일을 하고 훨씬 많은 일에 참가하고 있다. 매일 훨씬 많은 사람과도 만나고 있다. 살아 있는 동안에는 한가롭게 아무것도 하지 않는 시간이 거의 없다. 가족이나 마을의 작은 공동체는 해체되고 말았다. 더 이상 친밀한 관계는 존재하지 않는다. 소수의 공동체 생활은 군중의 일원으로써의 생활로 바뀌어버렸기 때문이다.

고독은 벌로 여기거나 혹은 지나친 호사로 여겨지게 되었다. 영화, 극장, 스포츠, 호텔 등이 군중 속의 일원으로써 생활하는 습관을 만들어 버렸다.

전화, 라디오, 레코드 등은 방방곡곡의 깊은 산촌에까지 전파되어 끊임없이 군중의 저속한 취미뿐만이 아니라 군중들의 오락과 심리까지 전파하게 되었다. 각 개인은 직간접적으로 항상 타인과 커뮤니케이션을 유지하면서 자신이 사는 마을에서 시작해 지구 반대편에서 일어나고 있는 일까지 하나도 빠짐없이 소식을 전해 듣고 있다. 프랑스의 외딴 시골에 있더라도, 웨스트민스터 사원의 종소리를 들을 수 있다. 게다가 원하기만 한다면 미국의 버몬트 주에 사는 농부라도 베를린이나 런던, 파리에 가지 않더라도 강연을 들을 수 있다.

시골이든 도시든, 가정이든 공장이나 작업장이든, 도로든 초원이나 밭이든 어디서든 간에 기계는 힘든 노동을 대신해 준다. 이제는 더 이상 걸을 필요도 없다. 계단 대신에 엘리베이터가 있다. 가까운 곳을 가더라도 모든 사람이 버스나 열차를 탄다. 비와 바람과 태양, 더위와 추위 속에서 걷거나, 울퉁불퉁한 자갈길을 뛰고, 산을 오르고, 손으로 밭을 일구거나 도끼로 벌목을 하는 등의 자연스러운 육체적 운동을 대신해 전혀 위험이 없이 정해진 규칙에 따른 스포츠나 근육을 쓰지 않아도 되는 기계가 대신하게 되었다. 테니스 코트나 골프장, 인공의 스케이트장과 따뜻한 물로 가득 찬 수영장을 쉽게 찾을 수 있고, 지붕이 덮여 있는 경기장은 악천후를 피해 연습을 하거나 시합을 할 수 있게 되었다. 과거 원시적인 생활을 할 때는 육체를 움직이기 위해서는 피로와 고생이 동반되었지만, 이제는 그럴 필요 없이 이런 방법으로 근육을 발달시킬 수가 있다.

우리 선조들은 주로 거친 밀가루와 고기와 알코올음료를 통해 영양분을 섭취했지만, 이제는 훨씬 부드럽고 맛있는 온갖 음식들이 그것을 대신하고 있다. 소고기와 양고기는 더 이상 주식이 아니다. 현대의 음식물은 이제 우유, 크림, 버터, 껍질을 벗겨 정제된 곡물, 온대 지방의 것들은 물론 열대지방의 과일, 생채소나 통조림, 샐러드, 파이와 캔디, 푸딩 등에 이용되는 대량의 설탕 등이다. 그러나 알코올만은 여전히 그 지위를 지키고 있다. 아이들의 먹거리도 큰 변화가 일어났다. 대단히 인공적이고 종류도 많다. 이것은 어른들의 음식물도 마찬가지다. 사무실이나 공장에서의 근무시간은 매우 규칙적이어서 식사시간 또한 규칙적으로 되었다. 수년 전까지만 해도 대체로 세상은 풍요로웠고(1927년 대공황이 일어났음을 가리킴), 종교심도 옅어져 단식을 하는 일도 없어져 전에 없이 규칙적으로 식사를 거르지 않고 먹을 수 있게 되었다.

지식은 힘이다

교육이 널리 보급된 것도 제1차 세계대전 이후의 풍요로움 덕분이다. 여기저기에 초, 중학교, 전문학교와 대학들이 세워지면서 학생들로 가득 차게 되었다. 청년들은 현대사회에서의 과학의 역할을 잘 이해하고 있다. 베이컨은 '지식은 힘이다.' 라고 했다. 모든 교육기관이 아이들과 젊은이들의 지적 향상에 온 힘을 기울이고 있다. 그와 동시에 육체적 상태에도 주목하고 있다. 이 교육기관들의 주된 목적이 지적, 육체적 능력을 향상하는 데 있다는 것은 명명백백한 것이다. 과학이 얼마나 많은 도움이 되는지는 이미 명백하게 증명이 되었기 때문에 교과과정에서도 최우선의 지위를 차지하고 있다. 남녀를 막론한 수많은 사람이 과학 공부에 전념하고 있다. 과학연구소와 대학과 생산회사가 많은 실험실을 만든 덕분에 기술관계자들은 모두 그 특수한 지식에 도움이 될 기회를 얻게 되었다.

현대인의 생활양식은 위생학, 의학, 파스퇴르의 발견에 기반을 둔 모든 원리에 깊은 영향을 받고 있다. 파스퇴르 학설의 보급은 인류에게 있어 가장 중대한 사건 중의 하나였다. 이 학설을 적용함으로써 가끔 문명사회를 혼돈에 빠지게 하는 전염병과 여러 나라에서의 풍토병을 빠르게 억제할 수 있었다. 청결이 얼마나 중요한 것인가가 증명되었다. 유아기의 사망률도 순식간에 떨어졌다. 평균수명은 놀랄 만큼 늘어나 미국에서는 59세가 되었고, 뉴질랜드에서는 65세가 되었다(이 책이 발행된 1935년 당시). 근본적인 인간의 수명이 길어진 것은 아니지만 장수를 누리게 된 사람의 수가 훨씬 늘어나게 된 것이다. 위생학의 보급으로 인구 또한 상당히 늘어났다. 그와 동시에 의학은 병의 성질을 더욱 깊이 있게 파악하여 외과 기술을 활용해서 허약한 사람이나 결함이 있는 사람, 세균에 감염되기 쉬운 사람, 이전에는 힘겨운 삶을 버틸 수 없었던 사람들에게도 은혜를 베풀어 주었다. 그리고 문명사회의 인적자원을 큰 폭으로 늘릴 수 있게 해주었다. 개개인들 또한 통증과 병으로부터 훨씬 더 나은 보호를 받을 수 있게 되었다.

　우리를 둘러싼 지적, 정신적인 환경 또한 마찬가지로 과학에 의해 모습을 갖추고 있다. 현대인의 마음에 자리 잡고 있는 세계와 선조들이 살았던 세계와는 큰 차이가 있다. 부와 안락함을 가져다준 지성의 승리 앞에서 도덕적인 가치는 자연스럽게 추락하고 만 것이다. 이성이 종교적 신념을 몰아냈다. 자연의 법칙에 관한 지식과 이 지식을 통해 얻은 물질의 세계에 대한 힘, 거기에 인간에 대한 힘, 이것들만이 중요한 것이 되고 말았다. 은행, 대학, 연구소, 의과대학과 병원 등이 그리스 사원과 고딕 양식의 대성당이나 교황의 궁전 등과 마찬가지로 화려해졌다. 최근의 경제위기(1929년의 대공황)가 일어나기 전까지는 은행과 철도회사의 사장이 젊은이들의 꿈이었다. 큰 대학의 총장은 과학을 다루었기 때문에 여전히 사람들의 존경을 받는 높은 지위였다. 과학은 부와 안락함과 건강의 모태이다. 그러나 현대인이 살고 있는 지적 분위기는 급속도로 바뀌었다.

　재계의 거물과 대학교수, 과학자, 경제전문가들은 대중에 대한 힘을 잃기 시작했다. 현대의 대중들은 충분한 교육을 받았기 때문에 신문과 잡지를 읽을 수 있고, 정치가와 사업가와 광산업자와 전도자들이 방송하는 연설을 들을 수도 있다. 또한 상술과 정치와 사회에 대한 선전도 충분히 들었으며 그 선전 기술은 날이 갈수록 점점 완벽해졌다. 그리고 논설기사나 책도 읽고 있지만, 그 속에는 과학과 철학은 통속화되어 있다. 물리학과 천문학은 우리의 우주가 매우 뛰어나고 장대하다는 사실을 발견했다. 만약 원하기만 한다면 누구라도 아인슈타인의 이론에 귀를 기울일 수가 있으며, 에딩턴 (Arthur Stanley Eddington, 1882~1944: 영국의 천문학자)과 진스(James Hopwood, Jeans, 1887~1946: 영국의 천문학자, 물리학자)의 책을 읽을 수 있고, 새플리(Harlow Shapley, 1885~1972: 미국의 천문학자)나 밀리컨(Robert Andrews Millikan, 1868~1953: 미국의 물리학자)의 논문도 읽을 수 있다.

일반인들은 영화 스타나 야구선수와 마찬가지로 우주선(宇宙線: 우주에서 끊임없이 지구로 내려오는 매우 높은 에너지의 입자선을 통틀어 이르는 말)에도 관심 이 있다. 누구나 공간에는 비틀어짐이 있다는 것, 세계는 맹목적인 미지의 힘으로 만들어져 있다는 것, 우리는 광대한 우주를 떠다니고 있는 티끌의 표면에 붙어 있는 아주 작은 입자에 지나지 않는다는 것, 그리고 이 우주가 생명도 의식도 전혀 가지고 있지 않다는 것을 알고 있다. 우리의 우주는 완 전히 기계적인 것이다. 그것은 물리학과 천문학의 기술로 미지의 기체(基體) 로부터 창조되었기 때문에 그 이외의 것은 될 수가 없다. 마치 현대인을 둘 러싼 모든 것들이 그러하듯이 우리의 우주 또한 생명이 없는 물질에 관한 모든 과학이 이뤄낸 훌륭한 진보의 표현인 것이다.

과학은 진정한
'행복'을 가져다주었는가?

과학을 이용하면서 인간의 습관이 큰 폭으로 변하게 된 것은 최근 들어서의 일이다. 우리는 지금 산업혁명의 한복판에 서 있다. 그 때문에 자연스러운 삶의 방식이 어떻게 인위적인 생활방식으로 바뀌었는지, 환경이 크게 변하면서 문명화되어 가고 있는 인간이 어떤 영향을 받았는지에 대해 단언하기는 어렵다. 그렇지만 변하고 있다는 사실만은 틀림이 없다. 모든 생물은 환경에 깊이 의존하고 있기 때문에 스스로 변함으로써 주변의 변화에 대응한다. 따라서 우리는 현대문명으로 바뀐 생활양식과 풍습, 식사, 교육, 지적·도덕적 습관으로부터 어떤 영향을 받고 있는지를 반드시 살펴봐야 한다. 이 중대한 문제의 답을 얻기 위해서는 일단 과학에 의한 발견의 혜택을 처음으로 누렸던 모든 나라의 상황을 주의 깊게 조사해볼 필요가 있다.

인간 스스로가 현대문명을 받아들인 것은 틀림없는 사실이다. 사람들은 고향을 버리고 도시와 공장 주변에 모여들게 되었다. 그리고 열심히 신세대의 생활양식과 새로운 활동과 사고방식을 받아들였다. 옛 방식은 뼈가 휠 정도로 힘들다는 이유로 주저 없이 버려버렸다. 밭에서 일하는 것보다는 공장이나 사무실에서 일하는 것이 훨씬 편하다. 그러나 시골에서조차 새로운 기술이 들어와 삶의 무게가 한층 가벼워졌다. 현대식 주택은 생활을 편리하게 해 주었다. 살기 편하고 따뜻하고, 밝고 안락한 집 안에서 사람들은 편히 쉬며 만족해했다. 이런 근대적 설비들 덕분에 과거에는 온종일 눈코 뜰 새 없이 바빴던 여성들의 가사노동도 크게 줄어들었다. 육체적인 노동이 줄어 쾌적해졌을 뿐만이 아니라 혼자 있는 일이 거의 사라져버렸다. 눈 앞에 펼쳐진 셀 수 없을 정도로 많은 오락을 즐길 수 있으며 수많은 사람과 함께 살면서 고민할 필요가 없는 특권을 즐겼다.

또한 지적능력의 교육을 통해 청교도의 규율과 종교적 계율에 기반을 둔 정신적 속박으로부터 기꺼이 해방되었다. 실제로 사람들은 현대생활 덕분에 자유를 얻게 되었다. 만약 교도소에 들어가야 할 범죄만 저지르지 않는다면 가능한 모든 수단을 동원해서 돈을 벌 수 있는 세상이 된 것이다. 덕분에 이 세상의 어떤 나라든 갈 수가 있다. 미신에서부터 완전히 해방된 것이다. 또한 자주 성적 흥분을 느끼게 되었고, 그것을 쉽게 만족시킬 수도 있게 되었다. 속박이나 훈련이나 노력과 같은 불편하고 고생스러운 모든 굴레를 벗어던진 것이다.

인간, 특히 하류계급에 속하는 사람들은 물질적인 면에서 과거보다 훨씬 행복해졌다. 그러나 현대생활이 선물한 오락과 저속한 쾌락을 달가워하지 않는 사람들도 조금씩 생겨났다. 인간을 억압하고 있던 굴레가 벗겨지면서 영양의 과다섭취와 알코올과 섹스를 즐기게 되었지만, 건강 때문에 한없이 쾌락을 즐길 수 없는 사람들도 생겨났다. 게다가 그런 사람들은 직장과 생활수단, 저축과 재산을 모두 잃는 것이 아닌가 하는 불안에 떨게 되었다. 모든 사람의 마음속에 잠재된 안전에 대한 염원을 충족시킬 수 없게 된 것이다. 사회보험이 있지만, 미래가 불안하다. 사람들은 생각하게 되면서 만족을 느낄 수 없게 되었다.

우리가 저 먼 과거의
고대인들에게 배워야 할 점

그러나 건강상태가 개선되었다는 사실에는 틀림이 없다. 사망률이 줄어든 것은 물론이고 사람들의 체격도 크고 강해졌다. 아이들도 자신의 부모들보다 훨씬 키가 커졌다. 영양이 풍부한 음식과 운동을 통해 체격이 커지고 근육도 강해졌다. 국제시합에서 우승한 선수들은 거의 미국사람들이다. 미국의 대학 운동부에서는 인류의 위대한 표본이 될 수 있는 사람들이 많다.

현재의 교육 상태라면 뼈와 근육은 완벽하게 발달을 할 수 있다. 미국은 고대의 미를 남김없이 재현하는 데 성공했다. 그러나 온갖 종류의 스포츠에 뛰어나고 현대생활의 모든 장점을 즐기고 있다고는 하지만 선조들보다 수명이 길다고는 장담할 수 없다. 때로는 짧은 경우까지 있다. 피로와 고민에 대한 저항력은 감소한 것처럼 여겨진다. 우리의 선조들처럼 자연스럽게 몸을 이용하고 역경과 악천후에도 익숙한 사람들이 현대의 운동선수들보다 훨씬 열심히, 훨씬 오랫동안 지속할 수 있는 지구력을 가지고 있는 것처럼 보인다. 현대 교육을 통해 만들어진 사람에게는 충분한 수면과 훌륭한 식사와 규칙적인 습관이 필요하다는 것은 잘 알려진 사실이다. 그들의 신경조직은 대단히 예민하다. 그것은 대도시의 생활 형태나 사무실에 갇혀 있어야 하고, 사업에 대한 근심, 그리고 매일의 생활 속에서의 근심·걱정조차 견딜 수 없다. 쉽게 말해서 신경쇠약을 일으키고 만다. 아마도 위생학과 의학과 현대교육은 우리가 믿고 있는 것처럼 인간에게 썩 좋은 것만은 아닐지도 모른다.

또한 유아사망률이 매우 낮아진 것이 과연 좋은 일인지에 대해서도 생각해 보게 된다. 실제로 강한 아이뿐만이 아니라 약한 아이까지 살려내고 있다. 자연도태는 더 이상 적용하지 않는다. 민족이 의학의 힘으로 이렇게 완벽하게 지켜지면 먼 장래에는 어떻게 될지 아무도 장담할 수 없다. 그러나 우리는 이보다 심각한 문제에 직면하고 있으며, 당장에라도 해결하도록 강요당하고 있다. 유아의 설사, 결핵, 디프테리아, 장티푸스 등이 사라진 대신에 변질 퇴행성 병원균이 그 자리를 대신하고 있다. 또한 신경과 마음의 병도 많다. 어떤 주에서는 정신병원에 입원한 환자가 다른 병원에 입원한 환자 전부를 합친 것보다 많다. 정신병과 마찬가지로 신경병이나 지적장애와 같은 병이 훨씬 많이 늘어난 것이다. 이것은 개인에게도 비참한 것이며 가정 붕괴의 가장 큰 원인이기도 하다. 지금까지 위생학자와 의사는 대부분 전염병에 주의를 집중해 왔지만, 지능적으로 퇴행하는 것이 문명사회에 있어서는 훨씬 더 위험하다.

자연도태가 만든 지적 엘리트

미합중국이 청소년 교육에 막대한 돈을 쏟아붓고 있는데도 불구하고 지적 엘리트가 늘어난 것처럼 보이지는 않는다. 일반인들은 남녀를 막론하고 이전보다 훨씬 많은 교육을 받아 적어도 표면적으로는 한층 더 세련되게 보인다. 독서량도 점점 늘어났다. 대중은 과거에 비해 많은 평론 잡지나 책들을 구입하게 되었다. 과학과 문학과 미술에 흥미를 갖게 된 사람도 많이 늘어났다. 그러나 그런 대부분의 사람은 주로 저속한 문학과 가짜 과학과 미술에 마음을 빼앗기고 있을 뿐이다. 아이들을 키워낸 뛰어난 위생 상태나 학교에서의 세심한 배려는 지적, 도덕적 수준을 높이는 데는 별 도움이 되지 않는 것처럼 보인다. 아마도 육체의 발달과 지적 향상의 사이에는 상반된 것이 있는 것 같다. 과연 특정 민족의 신장이 커졌다는 것이 오늘날 생각하는 것처럼 진보의 수준을 가리키고 있는 것인지, 아니면 퇴보를 가리키고 있는 것인지는 알 수 없다. 학교에서는 강제적 제재가 사라지고 흥미를 느끼는 과목만 공부할 수 있게 되어, 지적인 노력과 자발적인 행위를 추구하지 않아도 되었기 때문에 아이들의 학교생활은 이전보다 행복해 보인다. 그러나 그런 교육의 결과는 과연 어떠한가? 현대문명에 있어서 인간의 특색은 주로 상당히 활발하게 활동하고 있지만, 그것은 거의 인생의 실제적인 면에만 향해 있다는 것, 너무나 무지하지만 빈틈이 없다는 것, 그리고 일종의 정신적인 나약함 때문에 우연히 조우한 환경의 영향을 받기 쉽다는 것이다. 성격이 약해지면 지성까지 떨어진다. 아마도 이런 이유에서 과거에는 프랑스의 특징이었던 지성이 이렇게까지 추락했을 것이다. 미국에서는 중학교, 고등학교, 대학교의 수는 늘고 있으나 지적 수준은 그대로이다.

현대문명은 상상력과 지성과 용기의 혜택을 받은 인간을 탄생시키는 능력이 없는 것처럼 보인다. 실제로 어떤 나라든 간에 책임감이 있어야 할 공무를 다루는 사람들의 지적, 도덕적 소질이 저하되고 있다. 금융과 공업과 상업 기구들은 몸집이 거대해졌다. 그리고 그것은 본거지인 나라의 상태뿐만이 아니라 주변 국가들, 더 나아가 전 세계의 상황에 영향을 받고 있다. 모든 나라의 경제 상태와 사회 상태가 급속도로 변하고 있다. 대부분의 곳에서 현재의 정부에 대해 재검토되고 있다. 위대한 민주주의 국가는 대단히 위험한 문제에 직면하고 있다는 사실을 깨닫고 있다. 민주주의의 존재 그 자체에 관해 당장에 해결해야 할 문제이다. 우리는 인간이 현대문명에 큰 기대를 하고 있음에도 불구하고, 그것이 방황하면서 진행하는 위험한 길을 제도로 인도할 수 있는 지성과 용기를 가진 사람들을 육성하지 못했다는 사실을 깨닫게 되었다. 인간은 머릿속으로 그려낸 조직처럼 빨리 성장하지 않는다. 현대국가를 위험에 빠뜨리는 것은 주로 정치적 지도자들의 지적, 도덕적으로 부족한 무지함 때문이다.

마지막으로 우리는 새로운 생활양식이 어떻게 민족의 장래에 영향을 끼치는지를 파악해야만 한다. 공업 문명으로 선조들의 생활습관에 일어난 변화에 대한 여성들의 반응은 대단히 빠르면서도 결정적이다. 순식간에 출산율이 떨어졌다. 이 사실은 직접적이든 간접적이든 간에 과학적 발견을 이용해서 제일 처음 진보의 혜택을 누린 사회층과 그런 나라들에서 가장 빠르고 심각하게 엿볼 수 있다. 세계사 중에서 자발적 단종은 그리 새로운 것이 아니다. 과거의 문명 중에서도 이미 그 사실을 확인할 수 있다. 그것은 고전적 징후이다. 우리는 그 의미를 잘 알고 있다.

따라서 과학기술 때문에 일어난 환경의 변화가 우리에게 깊은 영향을 끼쳤다는 것은 명백한 사실이다. 그 결과는 생각지도 못했던 성질을 가지고 있다. 그것은 우리가 희망했던 것과 주거, 생활양식, 식사, 교육, 인간의 지적환경에 불러일으킨 온갖 종류의 개선으로 미루어 볼 때, 당연히 기대하고 있던 것과는 너무나도 거리가 멀다. 어째서 이런 역설적인 결과를 낳게 된 것일까?

자연의 섭리를 무시한
문명은 유해하다

이 의문에 대해서는 간단히 대답할 수 있을 것이다. 현대문명은 우리 인간에게 잘 맞지 않기 때문에 문제가 일어나는 것이라고. 현대문명은 우리의 본질을 전혀 모른 채 만들어져 버린 것이다. 과학적인 발견의 변덕스러움과 인간의 욕망과 환영, 이론과 요구로 인해 탄생했다. 인간의 노력을 통해 만들어진 것임에도 불구하고 우리의 크기와 모양에 맞지 않는다.

틀림없이 과학에는 계획성이 없다. 엉터리로 발달하는 것이다. 그 진보는 천재가 태어났다거나, 인간의 마음이 그것에 맞는 형태를 하고 있다거나, 호기심이 그쪽을 향하고 있었다는 식의 우연의 요소에 의지하고 있다.

모든 것이 인간의 상황을 개선하려고 하는 바람대로 작용하고 있지는 않다. 공업 문명을 일으킨 원인이 된 모든 발견은 과학자들의 변덕스러운 직관과 다소의 경험을 통해 우연히 탄생한 것이다. 만약 갈릴레오나 뉴턴과 라부아지에가 그 지적능력을 육체와 의식의 연구에 쏟아부었다면 오늘날 우리가 사는 세상은 완전히 바뀌었을 것이다. 과학자들은 자신들이 어디로 향하는지 깨닫지 못하고 있었다. 그들은 우연한 기회와 예민한 추리와 일종의 투시력에 이끌렸다. 그들 개개인은 그 자체의 법칙을 따르면서 완전히 격리된 세계에 살고 있다. 때로는 다른 사람들에게는 불분명한 사실들이 그들에게는 너무나도 잘 아는 것이기도 하다. 대체로 모든 발견은 그것이 얼마나 중대한 결과가 될지 미리 알지 못한 채 이루어졌다. 그러나 이 모든 결과가 세계에 혁명적 변화를 일으켜 지금과 같은 문명을 만들어 냈다.

과학의 풍요 속에서 우리는 특정 부분을 선택했다. 그것은 인간의 최고의 이익에 대해서는 전혀 고려하지 않은 선택이다. 그러나 우리의 타고난 천성이 지시하는 대로 따랐을 뿐이다. 새로운 발명이 성공할지 실패할지를 결정하는 것은 가장 편리하고 가장 손쉽다는 원칙에 맞는다거나, 속도와 변화와 쾌적함이 충분히 즐거움을 선사하는지, 자기 도피의 요구에 맞는지와 같은 요인들이다. 그러나 빠른 교통기관, 전신과 전화와 현대의 상거래의 방식, 쓰거나 계산하는 기계와 힘든 가사노동을 대신해주는 기계 등으로 생활 리듬이 대단히 빨라졌지만, 과연 그것을 견뎌낼 수 있는지를 스스로 자문해 본 사람은 한 사람도 없다. 온 세상이 비행기와 자동차, 영화, 전화, 라디오, 그리고 TV까지 이용하게 된 것은 암흑시대에 우리의 선조들이 술을 마시게 된 것과 마찬가지로 모든 것이 자연스러운 일이다. 스팀 난방이 된 집, 전등, 엘리베이터, 남녀 간의 풍기, 식품의 화학물 첨가와 같은 것이 받아들여지게 된 것은 이런 새로운 모든 것들이 단지 쾌적하고 편리하다는 이유 때문이다. 인간에게 나쁜 영향을 미칠 수 있다는 고려는 전혀 염두에 두고 있지 않다.

과학이 인간에게 끼친
명백한 '악영향'

공업사회의 구조 속에서 공장이 노동자의 생리적, 정신적 상태에 어떤 영향을 끼쳤는가에 대해 돌아보지 않았다. 현대 공업은 개인, 혹은 개인의 집단이 가능한 많은 돈을 벌 수 있도록 가장 낮은 비용으로 최대의 생산을 가능하게 하기 위한 사고에 기반을 두고 있다. 그리고 기계를 작동시키고 있는 사람의 진정한 성질은 전혀 모르는 채, 공장의 강압적이고 인공적인 생활양식 때문에 우리의 자손들이 어떤 영향을 받을지에 대해서는 전혀 고려하지 않은 채로 근대 공업은 끊임없이 확장됐다. 인간과는 상관없이 대도시가 건설됐다. 고층 빌딩의 모양과 높이는 최소한의 토지에서 최대의 수입을 거두기 위해서 빌리는 입장에서 좋아할 만한 사무실과 아파트를 제공해야 한다는 필요성에 의해서만 결정된다. 이 법칙에 따라 지나치게 많은 사람이 모여 사는 거대한 빌딩이 세워지게 되었다. 문명인은 이런 생활양식을 좋아한다. 인간은 그런 주거지의 쾌적함과 평범한 호사를 누리고 있는 동안에 생명이 필요로 하는 것들을 잃고 있다는 사실을 깨닫지 못하고 있다. 현대의 도시는 거대한 건물과 어둡고 좁은 통로로 되어 있어 거리에는 매연 냄새와 유독가스로 가득 차 있으며, 자동차들은 찢어질 듯 시끄러운 소리과 수많은 사람이 끊임없이 떠들어대는 소리로 가득 차 있다. 이것은 틀림없이 주민들의 행복을 고려해서 계획된 것이 아니다.

상업광고가 우리에게 미치는 영향은 엄청나다. 이런 광고는 대부분 광고주의 이익을 위해 행해질 뿐 소비자를 위한 것이 아니다. 예를 들어 일반 대중은 흰 빵이 검은 빵보다 좋다고 착각하고 있다. 때문에 밀가루는 더욱 곱게 제분되어 가장 몸에 좋은 성분을 잃어버리게 된다. 이렇게 처리를 하면 훨씬 오랫동안 보존을 할 수가 있게 되어 빵을 만드는 것이 쉬워지기 때문이다. 덕분에 제분업자와 제과업자는 더 많은 부를 축적할 수 있게 된다. 소비자는 질이 더 좋다고 믿으면서 질이 떨어지는 빵을 먹고 있다. 그리고 빵이 주식인 나라의 국민들은 퇴화하게 된다. 막대한 돈이 선전을 위해 쓰이고 있다. 그 결과 문명인은 도움이 되기는커녕 해로운 영양제나 약을 대량으로 섭취해야만 한다. 이런 현대의 세계는 팔려고 하는 제품에 대한 대중의 수요를 부추길 방법을 잘 알고 있는 영리한 인간들의 욕심에 휘둘리고 있다.

그러나 우리의 생활을 인도하는 선전이 항상 이기적인 동기에 의한 것만은 아니다. 개인과 단체의 경제적 이익이라는 동기 대신에 일반 대중의 행복을 목적으로 한 것도 있다. 하지만 그것을 인간에 대한 잘못된 관념과 불충분한 개념을 가지고 있는 사람이 하게 된다면 그 역시 나쁜 영향만 끼칠 뿐이다. 예를 들어, 만약 의사가 대부분 사람이 하는 대로 특별한 음식을 처방해서 어린아이의 성장을 촉진했다면 어떨까? 이럴 경우 그들의 행위는 대상에 대해 완전한 지식을 가졌다고 할 수 없다. 덩치가 크고 몸이 무거운 어린아이가 과연 작고 가벼운 아이들보다 뛰어난 걸까? 지능과 민첩성, 대담함과 병에 대한 저항력 등이 체중이 늘어나는 요인과는 관계가 없는 걸까? 학교와 대학에서 행해지고 있는 교육은 주로 기억과 근육을 훈련시키고, 사회적인 매너를 가르치고, 운동선수를 숭배하게 하고 있다. 그런 훈련은 균형을 이룬 지성과 안정된 정신상태, 건전한 판단력, 대담함, 도덕적 용기, 인내력 등이 다른 무엇보다 필요한 현대인에게 있어서 정말로 적절한 것일까? 인간이 신경병이나 정신병의 위험에 노출되어 정신력도 약해져 있는데도 불구하고, 어째서 위생학자들은 마치 전염병만이 인간과 관계가 있는 것처럼 행동하는 걸까?

의사와 교육자와 위생학자들은 인류의 이익을 위해 아낌없는 노력을 다하고 있다. 하지만 그 목적을 달성하지는 못했다. 왜냐하면 현실의 아주 작은 일부분이 그려진 것에 불과한 도표만을 이용하고 있기 때문이다. 구체적인 인간상 대신에 자신의 바람과 꿈과 주의로 바꿔버린 사람들에게도 이와 같은 말을 할 수 있을 것이다. 이런 공론가(空論家)가 문명을 만들었기 때문에 인간을 위해 설계되었음에도 불구하고 불완전하고 기괴한 인간관에만 적합하고 말았다. 공론가들의 마음속에서만 조립된 정치의 조직은 가치가 없다. 프랑스 혁명의 이론과 마르크스, 레닌의 환상은 추상적인 인간에게만 어울린다. 인간관계에 관한 법칙은 아직 찾아내지 못했다는 것을 확실하게 인정해야만 한다. 사회학과 경제학은 억측의 과학 즉, 사이비 과학인 것이다.

이렇게 보면 과학과 과학기술이 인간을 위해 개발을 했던 모든 환경이 정작 인간에게는 적합하지 않아 보인다. 왜냐하면 그 환경은 참된 인간의 모습과 관계없이 멋대로 만들어졌기 때문이다.

인간을 고통스럽게 하는
최고의 재난

요약을 해보자. 무생물의 과학이 대단한 진보를 거둔 한편으로 생물의 과학은 초보적 단계에 멈춰있다. 생물학의 진보가 더딘 것은 인간의 생존 상태와 생명의 현상이 복잡하기 때문에 우리의 지성이 기계적인 구조와 수학적인 추상을 추구하게 되어 있기 때문이다. 과학적 발견을 응용함으로써 물질적인 세계도 정신적인 세계도 완전히 바뀌었다. 이 변화는 우리에게 깊은 영향을 끼쳤다. 그로 인한 나쁜 결과는 인간의 본성에 대해 생각하지 않고 이루어졌다는 사실에 의한 것이다. 자기 자신에 대해 무지하기 때문에 기계학, 물리학, 화학에 조상 대대로 이어져 온 생활 형태를 맘대로 바꿀 힘을 부여하게 된 것이다.

'만물의 척도' 로써의

인간상

인간이 모든 것의 기준이 되어야 한다. 그럼에도 불구하고 인간은 자신들이 만들어 낸 세계에서 이방인이 되고 말았다. 이 세계는 자기 자신을 위해 조직하는 능력이 부족하다. 왜냐하면 자기 자신의 본질에 대해 실질적인 지식을 갖고 있지 않기 때문이다. 따라서 생물이 아닌 무생물을 연구하는 과학이 승리한 위대한 진보가 인간을 고통스럽게 하는 최대의 재난 중의 하나가 되고 말았다. 우리의 지성과 발명으로 탄생한 환경이 우리의 신장이나 모습에 전혀 어울리지 않는다. 우리는 행복하지 않다. 도덕적으로도, 정신적으로도 퇴보하고 있다. 공업 문명이 가장 발달한 집단과 국가야말로 쉽게 약해지고 말았다. 그리고 가장 빨리 미개한 상태로 되돌아가고 있다. 그러나 그들은 그것을 깨닫지 못하고 있다. 과학이 자신들의 주변에 만들어 낸 적대적 환경에 대한 무방비상태이다. 사실 우리의 문명은 이전의 문명과 마찬가지로 어떤 이유에서인지 확실하지는 않지만 살아 있다는 것 자체에 견딜 수 없는 생존 조건을 만들어 버렸다. 현대의 도시인들은 그 정치적, 경제적, 혹은 사회적인 기구를 통해, 그러나 그 이상으로 자신들의 나약함 때문에 걱정과 고민의 비명을 지르고 있다. 우리는 생명에 관한 과학이 이런 것들에 관해 매우 뒤처졌기 때문에 희생자가 되는 것이다.

이런 큰 결점을 고치기 위한 구체적인 방법은 인간에 대해 좀 더 깊은 지식을 가지는 것이다. 그런 지식이 있다면 어떤 방법으로 현대의 생활이 인간의 의식과 육체에 영향을 끼치고 있는지를 알 수 있을 것이다. 그러면 어떻게 환경에 적합해야 좋을지, 혹은 대변혁이 절대적으로 필요하다면 어떻게 해야 그것을 바꿀 수 있을지를 알 수 있을 것이다.

인간의 본성과 가능성과 그것을 실생활에서 표출할 방법을 밝힘으로써 이 '인간의 과학'은 인간이 심리적으로 약해지는 이유와 도덕적, 정신적 병의 이유를 설명할 수 있을 것이다. 육체적 행동과 정신적 행동에 대한 엄격한 법칙을 배우고, 법에 적합한 것과 금지된 것을 구별하기 위해서는, 그리고 인간의 환경과 자기 자신을 원하는 대로 맘대로 바꿀 수 없다는 것을 깨닫기 위해서는 다른 방법이 없다. 현대 문명으로 자연스러운 생존의 상태가 파괴되었기 때문에 '인간의 과학'이야말로 모든 분야의 과학 중에서 제일 간절한 상황이다.

제2장

'인간의 과학'

―분석에서 종합으로

As long as you live,

keep learning how to live.

당신이 살면 살수록

어떻게 살 것인가를 계속 배워야 한다.

· Lucius Annaeus Seneca(로마의 정치가, 철학자, 시인) ·

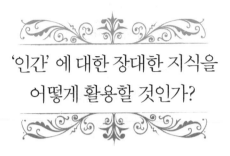

'인간'에 대한 장대한 지식을
어떻게 활용할 것인가?

인간이 자기 자신에 대해 무지하다는 것은 너무나 기묘한 성질이다. 그것은 필요한 정보를 얻는 것이 어렵다거나, 정보가 부정확하거나, 부족하기 때문에 발생하는 것이 아니다. 아니, 오히려 그 반대로 오랜 세월 동안 인간이 축적해온 데이터가 너무나 풍부하고 난잡하기 때문이다. 게다가 과학이 인간의 육체와 의식에 대한 지나친 연구 노력 때문에 인간을 무수히 많은 조각으로 나누어 버렸기 때문이다. 이 지식은 대부분 활용되고 있지 않은데, 실제로 거의 도움이 되지 않는다.

그 증거로 고전적인 추상개념, 다시 말해서 의학, 위생학, 교육, 사회학,

경제학의 기초가 되는 도표의 빈약함에서 잘 드러나고 있다. 그러나 인간이 자신을 알고자 하는 노력이 드러난 정의나 관찰, 교리, 바람, 꿈 등은 무수히 많지만, 그 속에서 생생하고 풍부한 진실이 묻히고 말았다. 과학자와 철학자의 학설과 사색이 더해져 과거 수세대에 걸친 경험을 통해 얻은 확실한 결과와 과학의 정신, 혹은 이따금 과학 기술로 행해지는 수많은 관찰이 있다. 그러나 우리는 이렇게 복잡하고 다양한 모든 것들로부터 현명한 선택을 해야만 한다.

브리지먼(Percy Williams Bridgman)의
'작업개념'과 생물학의 적용

인간에 관한 수많은 개념 중에서 어떤 것들은 마음속에서 그려낸 단순한 이론에 불과하다. 현실 세계에서는 그에 해당하는 것을 전혀 찾아볼 수 없다. 또 한편으로는 단순한 체험의 결과인 것도 있다. 브리지먼은 이것들을 작업개념(operational concept)이라고 부르고 있다. 작업개념이란 뭔가를 습득하는 데 필요한 하나의 특정 작업, 혹은 일련의 작업과 같은 것이다. 실제로 특정한 지식을 얻기 위해서는 특정 기술, 즉 특정한 육체적이거나 정신적인 작업이 필요한 것이다. 어떤 물체의 길이가 1m라고 말할 때는 그것이 나무나 금속 봉과 같은 길이라는 것이며, 또한 그 봉의 길이는 파리에 있는 국제도량형국(BIPM)에 보관된 기준 척도의 길이와 같다는 것을 의미한다. 스스로 관찰할 수 있는 것만이 정말로 알고 있는 것이라는 것은 너무나도 명백하다. 앞서 예를 들었던 바와 같이 길이의 개념은 그 길이를 측정하는 것과 같다. 브리지먼은 실험이 불가능한 분야에 관한 개념은 무의미하다고 말하고 있다. 이처럼 대답할 수 있는 실험을 찾을 수 없는 질문은 의미가 없다.

개념이 정확한지는 그것을 반증해 줄 실험의 정확도에 달려있다. 만약 인간을 '물질과 의식으로 구성된 생명체이다.' 라고 정의한다고 하더라도 그런 명제는 의미가 없다. 의식과 육체라고 하는 물질 간의 관계는 아직 실험할 수 있는 분야가 아니기 때문이다. 그러나 인간을 물리화학적, 생리학적, 심리학적 모든 활동을 배제하고 표현할 수 있는 유기체로서 본다면 인간에 대한 작업개념을 부여했다고 할 수 있다.

물리학과 마찬가지로 생물학에서도 항상 현실적으로 과학의 기초가 되어야 하는 개념은 특정 관찰방법과 연결되어 있다. 예를 들어 현재 우리가 알고 있는 대뇌피질 세포는 피라미드 형태를 하며 나무 모양의 돌기가 있고 신경조직의 중심인 축삭돌기는 매끄럽다고 한다. 이 대뇌피질 세포에 관한 개념은 라몬 이 카할(Santiago Ramon y Cajal, 1852. 5. 1~1934. 10. 17: 에스파냐의 신경 해부조직 학자)이 발명한 기술에 의한 것이다. 이것은 작업개념이다. 이런 개념은 새롭고 더욱 완전한 기술이 발견되지 않는 한 바뀌지 않는다. 그러나 대뇌의 세포가 정신작용의 중추라고 하는 것은 대뇌의 세포 속에서 정신작용이 일어나고 있는 것을 관찰할 수는 없기 때문에 가치가 없는 주장이다. 작업개념만이 그 위에 한 층 더 쌓아 올릴 수 있는 튼튼한 기초이다. 우리가 가지고 있는 인간에 대한 장대한 지식의 저장고 속에서 우리의 마음속뿐만이 아니라 자연계에 존재하는 것들에도 적용할 데이터를 선택하지 않으면 안 된다.

19세기의 기계주의적
생리학이 범한 하나의 '과오'

인간에 관한 개념 중에 어떤 것은 인간 특유의 것이지만 모든 생물의 공통점인 것이 있는가 하면 화학, 물리학, 기계학의 개념과 통하는 것이 있다는 사실을 우리는 잘 알고 있다. 생물의 조직 속 층과 같은 만큼 개념에 대해서도 수많은 체계가 있다. 인간의 조직 중에 전자구조, 원자구조, 분자구조의 단계에서는 나무나 돌과 구름 등과 마찬가지로 시간의 연속체, 에너지, 힘, 질량, 엔트로피(entropy: 자연계의 '무질서도'를 나타내는 양) 등의 모든 개념이 사용된다. 거기에 침투압(삼투압), 전하, 이온, 모관현상(毛管現象), 투수성, 확산 등의 모든 개념도 이용된다. 분자보다 큰 형태로 결합된 물질의 단계에서는 미셀(micelle), 분산, 흡수, 응집 등의 모든 개념이 나타난다. 분자와 그 결합물이 조직 세포를 만들고, 그 세포가 모여 기관과 조직을 형성한 단계에서는 염색체와 유전자, 유전, 적응, 생리적 시간, 반사시간, 본능 등의 모든 개념이 다시 더해져야만 한다.

이런 것들이야말로 생물학의 개념이다. 이것들은 동시에 물리화학의 개념에서도 존재하기는 하지만, 그렇다고 해서 같은 것으로 치부할 수는 없다. 전자나 원자, 분자, 세포, 조직에 더해 기관의 가장 고등한 단계에서는 기관과 체액과 의식으로 이루어진 하나의 전체가 나타난다. 그렇게 되면 물리학과 생리학의 개념으로는 불충분해진다. 인간의 특징인 지능과 도덕적 관념, 미적관념, 사회적관념과 같은 심리학적 개념을 더해서 생각해야만 한다. 최소의 노력으로 최대의 생산을 한다는 원리나, 최대의 쾌락을 얻는 원리, 자유와 평등의 추구 등이 열역학과 적응의 모든 법칙을 대신해야만 한다.

각 계통의 개념은 그것이 속해 있는 과학 분야에 있어서만 제대로 사용할 수 있다. 물리학, 화학, 생리학, 심리학의 모든 개념은 육체 조직의 표면적인 단계에는 적용이 가능하다. 그러나 특정 단계에 들어맞는 개념을 다른 특정 단계에 특유의 개념과 무차별적으로 함께 적용해서는 안 된다. 예를 들어 열역학의 제2 법칙과 자유에너지 소실의 법칙은 분자의 단계에서는 절대적으로 필요하지만, 최소의 노력으로 최대의 쾌락이라는 법칙이 들어맞는 심리학적 단계에서는 도움이 되지 않는다. 또한 모관현상과 침투압의 개념은 의식에 관한 문제의 해결 단서가 되지 않는다. 세포 생리학과 양자 역학의 언어로 심리학적 현상을 설명하는 것은 말장난에 지나지 않는다.

그러나 19세기의 기계주의적 생리학자들과 지금도 여전히 우리의 주변에 남아 있는 그들의 후계자들은 인간을 물리화학적인 것으로만 환원시키려고 노력하며 지금까지 말했던 과오를 범하고 있다. 올바른 실험의 결과를 이렇게 부당하게 일반화시키는 것은 지나치게 전문적이기 때문이다. 개념을 잘못 활용해서는 안 된다. 각각의 개념은 과학의 각 단계의 올바른 장소에 배치해야 할 것이다.

지적노예의
사슬을 끊을 것

인간에 관한 지식이 혼란을 일으키고 있는 것은 확실한 사실 이외에 주로 과학적, 철학적, 종교적 체계의 인습이 남아있기 때문이다. 만약 우리의 마음이 어느 하나의 체계를 신봉하고 있다면 구체적인 현상의 견해와 의미가 바뀔 것이다. 어떤 시대든 간에 인간은 교의와 신념과 현상과 같은 색안경을 통해 인간 자신을 바라봐 왔다. 이렇게 해서 얻은 관념은 잘못된 것은 물론이고 부정확하기 때문에 버려야만 한다. 오래전에 클로드 베르나르

(Claude Bernard, 1813. 7. 12 ~1878. 2. 10: 프랑스의 생리학자. 실험의학과 일반생리학의 창시자)는 그의 저서에서 철학적, 과학적 방법에서 벗어나 지적 노예로 만드는 사슬을 끊어야 한다고 적고 있다. 그러나 인간은 아직 그런 자유를 쟁취하지 못하고 있다. 생물학자, 특히 교육자와 경제학자, 사회학자는 매우 복잡한 문제에 당면했을 때면 이론을 만들어 내고 훗날 그것을 신조로 믿게 하는 유혹에 굴복하는 경우가 많다. 그리고 그들의 과학은 종교의 교리와 마찬가지로 경직된 신조로 굳어져 있다.

우리는 지식의 모든 분야에서 이런 불편한 과오가 아직 남아있다는 사실과 직면하게 된다. 생기론자(生氣論者: vitalist)와 기계론자(mechanist)의 논쟁은 이런 과오 중에 가장 유명한 것 중의 하나인데, 오늘날 우리는 그것이 얼마나 무익한 것인가에 경악을 금치 못한다. 생기론자는 기관이 기계이며 각각의 부분은 물리화학적이지 않은 요소로 서로 통합되어 있다고 생각했다. 그들의 주장에 따르면 생물의 통합과 관계가 있는 작용은 독립된 정신적 원칙 즉, 생명력(entelechy)에 의해 지배되고 있다고 했지만, 이것은 기계를 설계하는 기술자와 비교한 사고방식이다.

이 자율적 요인은 에너지의 일종이 아니기 때문에 에너지를 분출할 수 없다. 단지 기관을 지배하는 작용만 한다. 생명력은 분명 작업개념이 아니라 머릿속에서 조합한 것에 불과하다. 다시 말해서 생기론자는 육체를 생명력과 자신들이 기술자라 명명한 것에 의해 움직이는 기계라고 생각한 것이다. 그리고 정작 이 기술자는 관찰자의 지력(知力)이라는 것을 깨닫지 못했다. 기계론자는 육체적, 심리적 활동 모두가 물리, 화학, 기계의 법칙으로 설명할 수 있다고 믿었다. 그래서 기계를 만들어낸 후 생기론자들처럼 스스로 이 기계를 조종하는 기술자라 여겼다.

그러나 우저(Joseph Henry Woodger, 1894~1981: 영국의 생물학자)가 지적한 것처럼 기계론자들은 정작 자신이라는 기술자가 있다는 사실을 망각하고 있다. 이런 개념도 실험에 의한 것이 아니다. 기계론자도 생기론자도 다른 이론과 같은 이유에서 사라져야 한다는 사실이 명백하다. 그와 동시에 수많은 환영과 과오, 제대로 관찰되지 않은 사실, 과학의 분야에서 저능한 자들에 의해 조사되고 있는 거짓된 문제, 날마다 신문에서 떠들어 대고 있는 헛소리와 과학자들에 의한 거짓 발견, 등에 마음을 빼앗기지 않도록 조심해야 한다. 또한 전혀 도움이 되지 않는 조사나 의미가 없는 것을 오랜 세월 연구하고, 생물의 연구가 교원, 목사, 은행원 등과 마찬가지로 직업으로써 인정받게 된 지금 높게 가로막힌 해결 불가능한 잡다한 문제들로부터도 해방되어야만 한다.

창조력으로서의
'충동'과 '호기심'

　이 모든 장애물이 걷힌 뒤에 인간에 관해 모든 과학자가 감수해온 인내와 노력의 결과, 그리고 그 위에 축적된 풍부한 경험이 흔들리지 않는 지식의 기반으로써 남게 될 것이다. 인간의 역사 속에서 우리의 기초적인 모든 활동의 표출방식은 한눈에 들여다볼 수 있다. 거기에는 확실한 관찰과 명백한 사실에 더해 확실하지 않고 명백하지 않은 것들도 다수 포함되어 있다. 이것들을 거부해서는 안 된다. 작업개념만이 과학을 확립하는 기본이라는 사실은 물론이지만, 창조적인 상상력만이 미래세계를 잉태하는 추측과 꿈을 자극할 수 있다.

　정통적인 과학 관념에서 비판하자면 의미가 없는 질문까지도 끊임없이 지속해야만 한다. 가령 불가능하거나 어떻게 해야 좋을지 모르는 것을 추구하는 것을 그만두려고 하는 노력은 불가능할 것이다. 호기심이란 인간에게 있어서 부속품과 같은 것이며 맹목적인 충동은 그 어떤 규칙도 따르지 않는 것이다. 우리의 마음은 너구리가 재주 많은 앞발로 아무리 작은 것이라도 찾아내듯이 본능적이고 참을 수 없는 충동으로 외부 세계의 모든 것을 뒤집어 보거나 마음속 깊은 곳까지 들어가기도 한다. 호기심이 우주의 발견을 촉진시켰다. 호기심이 거침없이 우리를 미지의 세계로 인도한다. 그리고 연

기가 바람을 맞아 사라지듯이 오를 수 없을 것처럼 보였던 산도 인간의 호
기심 앞에는 무너지고 말았다.

분석에서
종합으로

인간을 남김없이 조사하는 것은 필요한 일이다. 지금까지 기본적인 개념이 불모지였던 것은 지식은 광범위하게 펼쳐져 있으나 하나의 큰 틀로 받아들이기 위해 깊이 고찰하는 노력을 하지 않았기 때문이다. 그래서 인간의 평생 중에서 특정 생활의 일부분만을 생각하는 것이 아니라 그 이상의 것들을 생각해야만 한다. 인간의 모든 활동, 평소의 밝은 부분만이 아니라 잠재된 모든 것을 포함해서 파악해야만 한다. 이것은 현재와 과거의 모든 육체적, 정신적 능력의 표출을 주의 깊게 관찰함으로써 가능하다. 그리고 인간의 구조와 환경에 대한 육체적, 화학적, 정신적인 모든 관계를 분석적이고 종합적으로 연구해야만 한다.

데카르트는 '방법서설'에서 진실을 추구하는 사람들에게 부여된 현명한 충고에 따라, 대상을 필요한 만큼 많은 부분으로 나누고 각 부분에 대해 완벽하게 조사해야만 한다. 그러나 이렇게 분류하는 것은 인간이 만들어낸 방법론적 수단에 불과하며 인간 그 자체를 나눌 수 없다는 것만은 가슴속 깊이 새겨두어야 할 것이다.

'진실'은 끝없이
온갖 국면을 가지고 있다

특별한 대접을 받는 분야는 없다. 인간 내면세계의 심연에서는 모든 것이 의미가 있다. 감정과 상상과 인간 정신의 과학적, 철학적인 형태 등의 명령을 받은 대로 좋아하는 것만을 선택해서는 안 된다. 어렵고 불분명하다고 해서 그런 문제를 등한시해서는 안 된다. 모든 수단을 동원해야만 한다. 질적인 것은 물론 양적인 것 또한 진실이다. 수학적인 언어로 표현할 수 있는 관계라고 해서 표현할 수 없는 것보다 진실이라고는 할 수 없다. 다윈과 클로드 베르나르(Claude Bernard, 1813. 7. 12~1878. 2. 10: 프랑스의 생리학자. 실험의학과 일반생리학의 창시자)와 파스퇴르의 모든 발견은 대수의 법칙으로 표현할 수는 없지만, 그들은 뉴턴과 아인슈타인과 마찬가지로 위대한 과학자이다. 진실이 반드시 단순명료하다고는 단정할 수 없다. 언제나 항상 이해할 수 있는 것이라고도 단정할 수 없다. 게다가 끝없이 온갖 국면을 지니고 있다.

의식의 상태도 상박골(위팔뼈)도 다친 상처도 모두 진실인 것이다. 그 연구에 이용되는 과학기술의 난이도에 따라 그 현상이 중요한지가 결정되는 것이 아니다. 관찰자나 그 방법 때문에 결정되는 것이 아니라 대상, 즉 인간의 목적에 따라 생각해야만 한다. 아이를 잃은 어머니의 슬픔과 '어둠의 미로' 에 갇힌 인간의 신비적인 영혼의 고통, 암에 걸린 환자의 고뇌 등은 측정이 불가능한 명백한 사실이다. 투시 능력은 신경의 크로낙시(chronaxie: 시치(時値), 근육수축 전류 최소 시간)를 간단한 방법으로 정확하게 측정할 수 있는 것과 비교할 때, 측정이 불가능하면서 자신의 의지로 어떻게 할 수 있는 것이 아니지만, 크로낙시의 연구와 마찬가지로 그 현상의 연구를 게을리해서는 안 된다. 이 연구를 하는 데 필요한 모든 방법을 이용해 비록 그 현상을 측정해서 관찰하는 것은 불가능하더라도 만족해야만 한다.

다른 부분을 희생해서 특정 부분만이 부당하게 중요시 여겨지는 경우가 자주 있다. 우리는 인간의 모든 측면, 즉 물리화학적, 해부학적, 생리학적, 형이상학적, 지적, 도덕적, 예술적, 종교적, 경제적, 사회적인 모든 면을 고려해야만 한다. 모든 전문가가 직업적 편견이 있다는 것은 잘 알려진 사실인데, 그런 편견 때문에 실제로는 아주 일부분밖에 모르면서도 자신이 인간 전체를 이해하고 있다고 착각하고 있다. 단편적인 부분임에도 불구하고 전체를 표현하고 있다고 생각한다. 게다가 이 부분은 그 당시의 유행으로 다루어지며, 그럴 때마다 중시되는 것들이 개인이거나 사회이고, 생리적 욕구이거나 정신적 활동이고, 근육의 발달이거나 지능의 발달이고, 아름다움이거나 실용성이기도 하다. 그래서 인간은 이면적 얼굴을 많이 가진 것처럼 보인다. 사람들은 멋대로 그중에서 맘에 드는 것을 골라내고 다른 것들은 잊어버린다.

적극적으로 역경을
헤쳐 나가는 정신을 키우자

손안의 진실 중에서 그 일부를 무시하는 과오를 저지르기도 한다. 그에는 많은 이유가 있다. 인간은 간단한 방법으로 쉽게 분리해서 몰두할 수 있는 조직체를 연구하는 것을 좋아한다. 때문에 일반적으로 복잡한 것은 무시하는 경향이 있다. 인간의 마음은 정확하고 명쾌한 해결과 그로 인해 발생하는 지적인 확실함을 특히 좋아한다. 연구대상을 선택하는 데 있어서 그것이 중요하기 때문이 아니라 기술적으로 쉽고 확실하기 때문이라는 경향에서 거의 벗어날 수 없다. 따라서 현대 생리학자들은 주로 살아있는 동물의 몸 안에서 이루어지고 있는 물리화학적 현상에 몰두하고, 생리학적이고 기능적인 작용에는 거의 주목을 하지 않는다.

의사의 경우도 마찬가지로 연구를 위한 상상력을 발휘해서 새로운 기술을 끌어낼 필요가 있는 변질 퇴행성 질환이나 노이로제, 정신병과 같은 것보다는 기술적으로 쉽고 이미 알고 있는 분야를 전문으로 선택하는 경향이 있다. 그러나 아무도 생물을 만들어내는 법칙 중에 몇 가지를 발견하는 것이 기관 세포 섬모의 주기성을 밝히는 것보다 중요하다는 사실을 알고 있다. 병이 드는 과정에서 명백해지는 것 중에 이차적으로 중요한 물리화학적 현상의 세세한 연구에 몰두하기보다 암, 결핵, 동맥경화, 매독, 그리고 신경과 정신병 때문에 발생하는 수많은 불행으로부터 인간을 해방시키는 것이 훨씬 유익하다는 사실은 의심의 여지가 없다. 기술적으로 곤란하기 때문에 몇몇 과학적 연구 분야에서 추방당한 것도 있는데, 그것들은 정체를 분명히 밝힐 기회를 잃고 말았다.

시대의 편견을 버릴 것

중요한 사실이 완전히 무시되었을 수도 있다. 인간의 정신은 선천적으로 현대의 과학적, 철학적 신념의 틀에 맞지 않는 것은 받아들이지 않는다는 경향이 있다. 어쨌거나 과학자들 또한 인간이다. 그런 환경과 시대의 편견에 맞서고 있다. 현대의 이론으로 설명할 수 없는 사실은 존재하지 않는다고 기꺼이 믿고 있다.

생리학이 물리학과 동일시되었던 시대, 자크 러브와 베일리스(William

Maddock Bayliss)의 시대에는 지적인 기능의 연구는 등한시되었다. 아무도 심리학과 정신병에는 흥미를 느끼지 않았다. 현재에도 생리작용 중에서 물리적, 화학적, 물리화학적인 측면에만 관여하는 과학자는 여전히 텔레파시나 그 밖의 형이상학적인 모든 현상을 환영으로 치부하고 있다. 명백한 사실이라고 할지라도 겉으로 보기에 정통성이 없으면 억압을 받는다. 이런 어려움 때문에 인간을 좀 더 잘 이해할 수 있는 방향으로 인도해줄 수 있는 사실들을 완벽하게 갖추기에는 여전히 부족하다. 따라서 우리는 인간의 모든 측면을 편견 없이 관찰할 수 있는 시점으로 돌아가 모든 것을 받아들이고 본 것을 있는 그대로 기술해야만 한다.

인간의 전체상을
과학적으로 받아들이자

어떻게 보면 과학적인 방법이란 인간의 모든 활동을 분석하기에는 적합하지 않아 보인다. 인간이라는 존재는 여러 방면으로의 확장성이 있기 때문에 관찰자들이 그것을 모두 쫓을 수는 없다. 인간의 기술로는 크기나 무게가 없는 것을 잡아낼 수가 없다. 공전(空前)과 시간 속에서 존재한다는 사실밖에 파악할 수 없다.

허영, 혐오, 사랑, 아름다움, 과학자의 꿈, 시인의 영감, 신에 대한 신비적인 영혼의 양양 등을 측정할 수는 없다. 그러나 생리적 면이나 심리상태의 물질적 결과는 쉽게 기록할 수 있다. 생활 속에서 지적, 정신적으로 중요한 일을 할 때는 다른 사람을 향한 특정한 행동이나 태도를 보임으로써 그 형태를 나타낸다. 도덕적, 심미적, 신비적인 기능을 과학적 방법으로 밝히기 위해서는 이 방법밖에 없다.

그리고 거의 알려지지 않은 분야에서 방황하는 사람의 이야기도 이용할 수 있다. 그러나 그런 경험을 말로 표현하면 대부분 당황스러운 것들이 많다. 지성의 영역에서 벗어나면 확실하게 정의할 수 있는 것이 없다. 물론 그것이 파악하기 어려운 것이라고 해서 존재하지 않는다는 것이 아니다. 짙은 안개 속을 항해하다 보면 바위는 잘 보이지 않지만, 바위가 있다는 것은 사실이다. 이따금 그 모습이 안개 속에서 위협하듯이 나타난다. 그리고 다시 안개 속으로 사라진다. 이 현상이야말로 예술가, 특히 신비론자의 순간적 계시체험과 비교할 수 있다. 이런 것들은 인간의 기술로 밝혀낼 수는 없지만 그럼에도 불구하고 영감을 받은 사람의 눈에는 또렷하게 각인된다. 이런 간접적인 방법으로 정신의 세계를 알 수 있지만, 과학적인 정의에서 말하자면 그런 세계로 들어가는 것은 금지되어 있다. 인간을 전체성으로 미루어 볼 때 인간은 과학적 기술의 관할 안에 있는 것이다.

'인간'에 대한
참된 과학이란?

인간에 관한 데이터를 비판적으로 되짚어 보면 명확한 정보를 대량으로 확인할 수 있다. 이렇게 해서 인간 활동에 대한 완전한 '목록'이 만들어진다. 그 목록에 따라 과거의 것보다 풍성한 기본개념이 완성될 수 있을 것이다. 그러나 우리의 지식은 이런 방법으로는 도저히 발전을 이룰 수 없을 것이다. 우리는 더 나아가 진정한 인간의 과학을 만들어 내야만 한다. 이미 알고 있는 모든 기술을 이용해서 인간의 내면세계를 좀 더 철저하게 조사할 수 있는 과학, 그리고 각 부분을 전체의 기능으로써 생각해야 한다는 사실을 깨닫고 있는 과학을 만들어 내야만 한다.

그런 과학을 발달시키기 위해서는 한동안 기계적인 발견에서, 그리고 어느 정도는 고전적인 위생학과 의학에서도 인간 존재의 순수하게 물질적인 면에서도 잠시 벗어나야만 한다. 누구나 부와 쾌락을 증대시키는 것에 흥미가 있다. 그러나 각 개인의 신체 구조와 기능과 지능의 질을 향상시켜야 한다는 사실은 아무도 깨닫지 못하고 있다. 지성과 감성의 건전함, 도덕적 질서, 정신적 발달 등도 육체의 건강과 전염병 예방과 마찬가지로 필요한 것이다.

'과학의 눈'과
인간의 내면적 정신

과학적 발견의 숫자만 늘린다고 해서 이로울 것이 전혀 없다. 물리학과 천문학과 화학의 발견에 너무 큰 비중을 두지 않는 것이 좋을지도 모르겠다. 사실 순수 과학은 직접적으로 아무런 해를 주지 않는다. 그러나 그런 매력적인 아름다움에 마음을 빼앗겨 무생물의 세계의 사상적 노예가 된다면 순수한 과학도 위험한 것이 될 수 있다. 인간은 이제 자기 자신을 향해 눈을 돌리고 도덕적이며 지적인 결함상태의 원인에 주의를 기울여야 한다. 우리의 문명이 지닌 쾌락과 호사, 아름다움과 크기와 복잡함을 더 늘린다고 하더라도 인간의 나약함 때문에 최선의 활용이 불가능하다면 대체 무슨 장점이 있을까?

위대한 민족을 퇴화시켜 고결한 기질을 잃어버리게 하는 생활방법만 향상시킨다면 전혀 가치가 없는 것이다. 더 빨라진 열차나 쾌적한 자동차도, 더 싸진 라디오와 저 멀리 하늘의 별자리를 관찰하는 망원경을 만드는 것보다도 좀 더 인간 자신에게 주의를 기울이는 것이 훨씬 나을 것이다. 비행기로 몇 시간 내에 유럽에서 중국으로 날아갈 수 있더라도 그것이 참된 진보라고 할 수 있는 것일까? 쉴 새 없이 생산을 확대해서 아무런 도움도 되지 않는 것을 대량으로 소비하는 것이 필요한 일일까? 기계와 물리와 화학 부문의 과학에는 인간의 지성과 도덕적 규율, 건강과 정신의 안정, 안전과 평화 등을 보장하는 능력이 없다는 것에는 의심할 여지가 한 점도 없다.

구래(舊來)의 과학을
근본적으로 변혁시키기 위해서는

우리는 호기심을 지금 상태에서 다른 방향으로 전환해야만 한다. 지적, 정신적 방향으로 전환하기 위해 물리적, 생리학적 방향에서 벗어나야만 한다. 지금까지 인간에 관한 과학은 인간의 특정 부분의 활동에만 국한되어 있어 데카르트의 이원론에서 벗어나지 못한 채 기계론이 우세한 상황이다.

교육, 정치, 사회경제의 연구뿐만이 아니라 생리학, 위생학, 의학에서도 과학자들은 주로 인간의 기관, 체액, 지성의 연구에만 집중하고 있다. 그들은 인간의 감정과 정신의 형태, 내면생활과 성격과 아름다움과 종교를 추구하는 마음, 육체적, 심리적 행위의 일반적 기반과 인간의 지적, 정신적 환경과의 밀접한 관계 등에는 거의 주의를 기울이지 않고 있다. 따라서 근본적인 변혁이 필요한 것이다. 그러기 위해서는 인간의 육체와 정신에 관한 전문지식을 추구하는 연구에 전념하는 과학자와 그들이 발견한 것을 전체로서의 인간 기능이라는 점에서 종합할 수 있는 과학자와의 협력이 필요하다. 새로운 과학은 분석하는 자와 그것을 종합하는 자의 노력으로 우리 행동의 기본이 될 수 있는 완전하고 명쾌한 인간의 개념을 추구하며 발전해야만 한다.

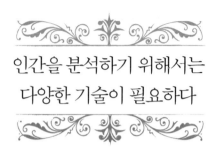

인간을 분석하기 위해서는
다양한 기술이 필요하다

인간을 각 부분으로 분해할 수는 없다. 만약 각 기관을 서로 분리해 버린다면 살아 있을 수가 없다. 분해는 할 수 없지만, 인간은 여러 가지 면을 보여주고 있다. 인간이 지닌 여러 가지 면이란 모든 감각기관에 대해 통일체로서의 인간이 온갖 이질의 표현을 한다는 것을 의미한다.

인간은 예를 들어 전등이 온도계나 전압계나 사진판이나 셀레늄 전지 등의 여러 가지 방법으로 그 존재를 기록할 수 있는 것과 비교할 수 있다. 전체로서의 인간을 직접적으로 파악할 수는 없다. 그러나 우리의 감각과 과학적인 도구에 의해 파악할 수 있다. 그런 조사방법에 의하면 인간의 작용은 물리적, 화학적, 생리학적, 심리학적인 것으로 여겨진다. 그런 다양성을 분석하기 위해서는 당연히 온갖 기술의 도움이 필요하다. 이렇게 온갖 기술을 매개로 해야만 인간을 밝혀낼 수 없기 때문에 인간은 필연적으로 다양한 외관을 드러내게 된다.

모든 과학을 동원해야 하는
'인간의 과학'

인간의 과학은 다른 모든 분야의 과학을 이용한다. 하지만 진보가 느리고 어려운 것은 하나의 이유일 것이다. 예를 들어 감성적인 사람에게 심리적 요소가 어떻게 영향을 끼치는지를 연구하기 위해서는 의학과 생리학과 물리학과 화학의 방법을 이용해야만 한다. 가령 그 사람이 나쁜 결과를 얻었다고 치자. 이 심리적 사건은 동시에 정신적인 고민, 신경의 흥분, 순환계통의 장애, 피부병, 혈액의 물리화학적 변화 등으로 나타날지도 모른다. 인간을 상대로 하고 있을 때는 가장 간단한 검사라 할지라도 몇 가지 분야에 걸친 방법과 개념을 이용해야만 한다. 특정 그룹에 고기나 채소의 특정한 음식물의 효과를 실험하려고 한다면 일단 그 음식의 화학적 성분을 조사해야 한다. 또한 조사 대상이 되는 사람들의 생리적 상태, 심리적 상태, 유전적 소질도 조사해야 한다. 그리고 실험 도중에 일어날 수 있는 체중, 신장, 골격의 형태, 근육의 힘, 질환에 대한 저항력, 혈액의 물리적, 화학적, 해부학적 성질, 신경의 균형, 지성, 용기, 생식능력, 수면의 변화에 대해 정확하게 기록해야 한다.

시야가 좁은 전문가만큼
위험한 것이 없다

인간에 관한 단 한 가지 문제를 연구하는데 한 사람의 과학자로는 필요한 기술을 모두 습득할 수 없다는 것은 명백한 사실이다. 따라서 인간에 관한 지식을 발전시키기 위해서는 온갖 전문가의 노력이 필요하다. 각각의 전문가가 육체와 의식과 환경과의 관계 등의 일부분만을 책임진다. 그것은 해부학자, 생리학자, 화학자, 심리학자, 의사, 위생학자, 교육자, 성직자, 사회학자, 경제학자들이다. 그리고 각각의 전문분야는 다시 세세하게 나누어진다. 분비샘의 생리학, 비타민, 직장의 질환, 코의 질환, 유아교육, 성인교육, 공장과 교도소의 위생, 개인의 모든 측면에 관한 심리학, 가정학, 농업 경제 등의 전문가도 필요하다. 이런 분업으로 각각의 과학 발전이 가능했다. 따라서 전문화는 피할 수 없는 현실이다.

과학자들은 지식이 있는 일부분에 집중해야 한다. 그리고 자신의 전문

분야 연구에 적극적으로 몰두하면서 인간을 전체로서 받아들이고 이해하는 것은 전문가들에게는 불가능한 일이다. 사실 각각의 과학 분야는 대단히 광범위하기 때문에 꼼짝없이 이런 상태가 된 것이다. 그러나 이에는 특정한 위험이 동반된다. 예를 들어 세균학의 전문가인 칼메트(Leon Charles Albert Calmette, 1863. 7. 12~1933. 10. 29)는 프랑스에 만연하고 있던 결핵을 막고자 했다. 그리고 당시 자신이 발명한 백신을 쓰라고 지시했다. 만약 그가 세균 학자에 그치지 않고 위생학과 의학의 일반적 지식을 가지고 있었다면 주거와 음식, 노동 상태와 생활양식에 대해 여러모로 충고할 수 있었을 것이다. 그와 마찬가지 상황이 미국의 초등학교 교육에서도 일어나고 있다. 철학자 존 듀이(John Dewey, 1859. 10. 20~1952. 1. 6)는 미국의 초등 교육 개선에 앞장섰다. 그러나 그의 방법은 추상적이고 도표적인 개념에는 적합했지만, 그것을 직업적 편견으로부터 아이들이라는 구체적인 대상에 적용하고 만 것이었다.

편견은 이성의
눈을 멀게 한다

의사들의 극단적인 전문화에 의해 한층 폐해가 심해지고 있다. 의학은 환자를 작은 부분으로 나눠놔서 부분별로 전문가가 있다. 특정 전문가가 처음부터 인체를 아주 일부분에만 국한해서 연구하게 되면 다른 부분의 지식은 거의 초보적인 수준이기 때문에 결국은 자신의 전문 분야에서조차 완전하게 이해할 수 없게 된다. 만약 교육자와 성직자와 경제학자와 사회학자가 자신의 특수한 분야에만 갇혀 있기 전에 인간에 관한 일반적인 지식을 얻고자 노력하지 않는다면 이와 마찬가지 상황이 벌어질 것이다. 그 사람이 유명한 전문가이면 전문가일수록 위험은 더욱 커진다.

위대한 발견으로 매우 유명해진 과학자는 흔히 하나의 대상에 대하여 자신의 지식을 모든 대상에 적용할 수 있다고 믿게 된다. 예를 들어 에디슨은 철학과 종교에 관한 자신의 의견을 거리낌 없이 일반 사람들에게 발표했다. 그리고 대중은 존경심을 가지고 그의 말을 경청하고 이 새로운 분야에서도 그의 말은 발명의 경우와 마찬가지로 중요하다고 믿어버린다. 이렇게 위대한 인물이 실제로는 제대로 이해하고 있지 않은 것에 관해 이야기를 하면 특정 분야에서는 큰 공헌을 했어도 다른 분야에서는 발전을 방해할 뿐이다. 매일 신문지상에서는 심리적인 면을 너무 전문적으로 다루면서 현대의 중대 문제의 깊이를 제대로 파악하지 못하는 제조업자와 은행가와 법률가와 대학교수와 의사 등의 사회, 경제, 과학에 관한 의견을 자주 싣고 있지만 그 효과는 대단히 의심스럽다. 그러나 현대 문명은 절대적으로 전문가가 필요로 하고 있다. 그들이 없다면 과학의 발전도 없었을 것이다. 연구의 결과를 인간에 적용하기 전에 분석을 통해 얻은 각각의 데이터를 알기 쉽게 종합적으로 정리할 필요가 있다.

분석은 종합되어야
큰 힘을 발휘할 수 있다

이런 종합은 전문가들이 테이블에 모여 앉아 한 번 검토했다고 해서 가능한 것이 아니다. 종합을 위해서는 단 한 사람의 노력이 필요할 뿐, 그룹의 노력만으로는 불가능하다. 예술작품은 결코 예술가들의 위원회에서 만들어지는 것이 아니며, 대 발견 또한 학자들의 위원회에 의해 얻어지는 것이 아니다.

인간에 관한 지식을 발전시키는 데 있어 필요한 종합은 한 사람의 두뇌에 의해 이루어져야만 한다. 모든 데이터를 종합해서 인간을 전체적으로 생각한 사람은 아직 한 사람도 없다. 오늘날 과학에 종사하는 사람들은 많지만 참된 과학자는 거의 없다. 이 기묘한 상태는 높은 지적 업적을 거둘 수 있는 사람이 많지 않기 때문에 발생한 것이 아니다. 종합하기 위해서는 발견과 마찬가지로 뛰어난 지력과 생리적 인내력이 필요하다. 폭넓고 강인한 정신은 정확하고 좁은 정신보다 훨씬 드물다. 위대한 화학자, 위대한 물리학자, 위대한 생물학자, 위대한 심리학자, 위대한 사회학자가 되기는 쉽다. 하지만 그와 반대로 몇몇 다른 분야의 과학 지식을 익히고 그것을 제대로 활용할 수 있는 사람은 거의 없다. 그러나 없는 것은 아니다.

과학 연구소와 대학에 의해 좁은 부분의 전문에 연구하도록 강요를 받는 사람 중에서도 복잡한 대상을 종합적으로도 부분적으로도 파악할 수 있는 사람이 있기는 하다. 지금까지는 과학의 아주 좁은 분야에서, 일반적으로 말하자면 하잘것없는 세부를 오랜 세월을 거쳐 연구하는 과학자를 우대해 왔다. 별로 중요하지 않은 독창적인 연구가 과학 전체에 대해 정통하는 것보다 가치가 있다고 여겨지고 있다. 대학의 총장과 그의 고문들은 종합력이 분석력과 마찬가지로 필요하다는 사실을 깨닫지 못하고 있다. 만약 이런 종류의 지성의 우위가 인정되어 발전이 촉진된다면 전문가도 위험하지 않게 될 것이다. 왜냐하면 전체의 조직 중에서 부분이 차지하는 의미도 그렇게 되면 올바른 평가를 받을 수 있기 때문이다.

한 과학의 역사가 시작되었을 때는 그 전성기보다 우수한 지성이 필요하다. 위대한 의사가 되기 위해서는 위대한 화학자가 되는 것 이상의 상상력과 판단력과 지력이 필요하다. 현재 인간에 관한 지식은 강력한 지적 엘리트 집단을 모아 그들의 힘에 의지하는 수밖에 없다. 생물학을 연구하는 젊은이들은 강한 정신력이 필요하다. 과학의 분야에서 연구하는 사람이라도 한정된 일부의 작은 대상을 연구하는 몇몇 그룹으로 세분되어, 너무나 전문화되었기 때문에 지성이 발전하지 않고 위축되어 버린 사람들이 늘어나고 있는 것 같다. 특정 한계를 넘어 그룹의 사람들이 늘어나면 그 질이 저하되고 마는 것은 분명하다.

미국의 최고 재판소는 아홉 명으로 구성되어 있는데, 이 사람들은 직업적 능력의 면에서도, 인격의 면에서도 대단히 뛰어나다. 그러나 만약 아홉 명이 아니라 구백 명의 재판관으로 구성되어 있다면 대중은 이 나라의 최고 재판소에 대한 존경심을 잃을 것이 당연하다.

'지적 창조'의
필요조건

과학자의 지성을 높이는 최선의 방법은 숫자를 줄이는 것이다. 특히 인간에 관한 지식은 극히 적은 사람들의 그룹으로 진행할 수 있을 것이다. 이때 이 사람들이 독창적인 상상력이 뛰어나고 연구를 지속할 수 있는 강력한 수단을 가지고 있는 것이 중요하다. 이 임무를 부여받은 사람들이 새로운 세상의 정복자가 되는 데 필요한 소질을 가지고 있지 않아 프랑스에서도 미국에서도 해마다 과학 연구를 위해 막대한 돈을 허비하고 있다. 그리고 이 위대한 소질을 가지고 있는 극소수의 사람들은 지성의 창조를 방해받는 상태에 처해있다.

실험실도 장치도 조직도 성공에 없어서는 안 될 환경을 과학자에게 주지 않는다. 현대생활은 정신생활과 상반되어 있다. 그런데도 과학자는 순수하게 물질적인 것에만 흥미를 느끼며 그런 습관 때문에 자신들의 것과 다른 군중의 일원에 불과하다. 그리고 충분히 사색해야 할 필요한 조건을 추구하며 불필요한 정력과 시간을 허비하며 살고 있다. 옛날 같으면 대도시라 할지라도 누구의 방해도 받지 않고 조용하게 있을 수 있었지만, 지금은 모든 과학자가 그럴 수 있을 정도로 부자가 아니다.

시끄러운 도심 속에서 명상에 잠길 수 있는 고독의 섬을 만들고자 하는 계획은 전혀 이루어지고 있지 않다. 그러나 이런 개조가 필요하다는 것은 명백하다. 1년 내내 시끌벅적해서 마음이 산만해지는 현재의 생활양식 속에서는 광범위한 지식을 종합적으로 조합하는 것은 불가능하다.

인간 과학의 발달은 다른 과학의 부문보다 훨씬 광범위한 지적 능력에 달려 있다. 따라서 과학자라고 하는 개념을 수정하는 데 그치지 말고 과학 연구를 하는 상태를 개혁해야만 한다.

'인간의 과학'은
비교실험이 불가능하다

인간은 과학적 관찰의 대상에 그다지 적합하지 않다. 같은 특성을 가진 사람들을 찾아내는 것은 쉬운 일이 아니다. 대상이 되는 인간을 만족시킬 정도로 충분히 유사성이 있는 조건에서 특정한 실험의 결과를 검증한다는 것은 거의 불가능에 가깝다. 예를 들어 두 개의 교육방법을 비교했다고 하자. 그런 연구의 경우에는 가능한 비슷한 아이들의 그룹 두 개를 만든다. 그러나 이 아이들이 같은 나이에 같은 체격하고 있더라도, 만약 다른 사회층에 속해 있거나 음식물이 다르고, 사는 곳의 심리적 분위기가 다르다면 그 결과는 비교가 될 수 없다.

이와 마찬가지로 한 가정의 아이들을 다른 양식으로 제각각 다른 생활을 시키고 그 결과를 조사하는 것도 거의 의미가 없다. 인간의 가계는 단순하지 않기 때문에 같은 부모에게서 태어난 아이라 할지라도 큰 차이를 보이는 경우가 많다. 만약 하나의 수정란에서 태어난 쌍둥이의 행위를 다른 상황에서 비교해 본다면 그 결과는 확실할 것이다. 인간은 거의 모두 어쩔 수 없이 대략적인 정보에 만족하고 있다. 이것도 인간에 관한 과학의 발달을 방해하는 원인의 하나이다.

비범한 정신과 육체를 지닌
'르네상스의 사람들'

물리, 화학과 생리학의 연구에서는 비교적 순수하게 조직을 분리하여 정확한 상태를 확인할 수 있는 실험이 이루어지고 있다. 그러나 인간을 전체로서, 그리고 환경과의 관계에 있어서 연구해야만 하는 경우에는 대상에 그런 제한을 둘 수가 없다. 관찰자는 복잡한 온갖 사실 속에서 방황하지 않도록 건전한 판단력이 뛰어난 사람이어야 한다. 과거를 되돌아 조사하는 경우의 역경은 극복할 수 없을 정도로 크다. 이런 연구에는 충분한 경험이 있는 사람이 필요하다. 물론 역사라고 불리는 이 억측의 과학은 가능한 사용하지 않게 되어 있지만, 과거의 특정 사건을 보면 거기에는 비범한 능력이 존재하고 있었다는 것이 명백해진다. 이런 능력의 발생에 관한 지식은 대단히 중요하다.

페리클래스 시대에는 어째서 그렇게 많은 천재가 동시에 출현할 수 있었을까? 르네상스 시대에도 비슷한 일이 일어났다. 무엇 때문에 지성과 과학적 상상력과 미에 대한 직관력뿐만이 아니라, 체력과 대담함과 모험정신과 같은 것까지 그들에게 널리 퍼져 있었던 걸까? 어째서 그들은 육체적으로도 정신적으로도 그렇게 강력한 활동력을 지닐 수 있었을까? 위대한 사람들이 한 덩어리가 되어 화려하게 등장했던 시대의 바로 직전 시대에 살고 있던 사람들의 생활양식, 음식, 교육, 지적, 도덕적, 미적, 종교적 환경에 대해 정확한 지식을 얻는 것이 얼마나 중요한지를 쉽게 이해할 수 있을 것이다.

'시간' 이라는 큰 흐름 속에서
인간의 활동을 파악할 것

인간을 조사하는 것이 어려운 또 하나의 이유로서 관찰자가 대상과 거의 같은 리듬으로 생활하고 있다는 것을 들 수 있다. 특정 음식물과 특정의 지적, 정신적 훈련과 정치적, 사회적 변화의 결과는 아주 느리게 알 수 있다.

30년, 40년의 세월이 흘러야 겨우 특정 교육방법의 가치를 평가할 수 있다. 특정 그룹 사람들의 육체적 활동과 정신적 활동의 면에서 특정 생활양식이 어떤 영향을 끼치는지는 한 세대가 흐르지 않으면 명백하게 밝힐 수 없다. 영양, 체육, 위생, 교육, 도덕, 사회경제 등에서 새로운 방법을 발견한 사람들은 항상 자신의 발견에 대한 성공을 일찍 발표하고 만다.

몬테소리 교육방법과 존 듀이의 교육 원리의 결과를 분석해 보더라도 그 효과가 드러나게 된 것은 오늘날에 이르러서이다. 심리학자가 과거 몇 년 동안에 학교에서 행해왔던 지능 테스트의 의미를 파악하기 위해서는 앞으로 사반세기를 기다려야 한다. 특정 요소가 인간에게 어떤 영향을 끼쳤는지 확인하기 위해서는 수많은 사람의 죽을 때까지의 일생의 변천을 추적하여 조사하는 방법밖에 없다. 이렇게 힘겹게 얻은 지식조차도 완벽한 것이 아니다.

인간의 진보는 관찰자인 우리가 그 무리의 일원이기 때문에 대단히 느리게 느껴진다. 우리는 극히 일부분밖에 관찰할 수 없다. 인간의 생명이 너무나 짧다. 수많은 실험은 적어도 1세기를 계속되어야 한다. 연구소는 특정 과학자가 시작한 관찰과 실험이 그의 죽음으로 인해 중단되지 않도록 조치를 해야만 한다. 그러나 과학의 분야에서는 아직 그런 기관을 찾아볼 수 없다. 다른 부문에서는 이미 그런 노력을 기울이고 있다.

솔렘 수도원에서는 베네딕트 수도사들이 3대에 걸쳐 약 55년 동안 그레

고리오 성가의 부흥에 전념하고 있다. 인간의 생물학적 문제를 조사하는 데도 이와 같은 방식을 받아들여야만 한다. 연구소도 수도회와 마찬가지로 어느 정도 영속적으로 필요한 모든 실험을 끊임없이 이어가면서 각각의 관찰자들이 오래 살 수 없다는 단점을 보완해야 한다.

당장 시급한 종류의 데이터는 생명이 짧은 동물들의 도움을 받아 얻을 수 있으며, 주로 실험용 쥐들이 이 목적으로 사용되고 있다. 이 동물들 수천 마리를 이용해서 몇 개의 그룹으로 나눈 뒤 온갖 먹이를 주고 그것의 성장 속도와 크기와 질환과 수명 등에 끼치는 영향에 대해 연구해 왔다. 그러나 아쉽게도 쥐는 인간과 유사성이 거의 없다. 때문에 동물 실험으로 얻어진 결과는 인간의 어린이에게 적용하기에는 그 소질 자체에서 큰 차이가 있기 때문에 위험성이 높다. 게다가 인간은 음식과 생활양식의 영향을 받아 뼈와 조직과 체액 등에 해부학적, 기능적 변화가 일어나고 그와 함께 정신상태도 바뀌지만, 하등동물에서는 이런 점에 대해 심도 깊게 조사할 수 없다. 원숭이나 개처럼 좀 더 지능이 높은 동물을 관찰한다면 좀 더 상세하고 중요한 정보를 얻을 수 있을 것이다.

원숭이는 대뇌가 발달했지만 그다지 좋은 연구 자료가 아니다. 녀석들은 혈통을 거슬러 올라갈 수 없기 때문이다. 번식시키기 까다롭고 연구에 필요한 만큼 쉽게 잡을 수도 없다. 게다가 다루기도 힘들다. 그와 달리 영리한 개는 쉽게 구할 수 있다. 그리고 그 혈통상 특성도 쉽게 거슬러 올라가 조사할 수 있다. 게다가 번식도 빨라 1년이면 성숙해진다. 그리고 평균적으로 약 15년은 살 수 있다. 특히 셰퍼드 종은 예민하고 지능도 높은 데다 기민하고 주의력이 깊기 때문에 섬세한 심리적 관찰이 쉽다. 이런 순수 혈통의 동물을 필요한 개체만큼 모아 개인이 환경으로부터 받는 복잡하면서도 중대한 영향을 명백하게 밝힐 수 있다.

예를 들어 미국인의 신장이 커지고 있는 것이 바람직한지를 확인할 수 있다. 현대 생활과 음식이 아이들의 신경조직, 지능, 기민함, 대담함 등에 어떤 영향을 끼치고 있는지를 파악하는 것도 중요하다. 20년에 걸쳐 수백 마리의 개를 이용해 광범위한 실험이 이루어진다면 이 문제에 대해 어느 정도 정확한 정보를 얻을 수 있을 것이다. 그것은 수백만의 사람들에게 있어서 대단히 중요한 일이다. 이것은 인간을 관찰하는 것보다 훨씬 빠르기 때문에 음식과 생활방법을 어떤 방향으로 바꾸어야 할지를 가르쳐 준다. 영양의 전문가들은 현재 단기간의 불완전한 실험에 만족하고 있다. 이런 연구는 그것을 효과적으로 보충해 줄 것이다. 그러나 가장 지능이 높은 동물을 관찰했다고 하더라도 그것이 인간에 대한 관찰을 전부 대신해 줄 수는 없다. 확실한 지식을 얻기 위해서는 과학자들이 몇 세대에 걸쳐 연구를 지속하겠다는 의지 하에 인간의 그룹에 대한 실험을 시작해야만 한다.

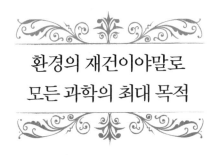

환경의 재건이야말로
모든 과학의 최대 목적

인간에 대한 더 다양한 지식을 얻기 위해서는 단순히 인간에 관한 많은 정보 속에서 명확한 사실만을 골라내거나 행동에 관한 완전한 기록을 만드는 것만으로는 안 된다. 새로운 관찰과 실험을 통해 모든 정보를 완전하게 만들어 참된 인간의 과학의 틀을 세웠다고 하더라도 그것만으로 충분하다고 할 수 없다. 우리는 그 무엇보다도 실제로 도움이 될 수 있는 종합적 지식이 필요하다. 이 지식의 목적은 호기심을 만족시키는 것이 아니라 인간 자신과 환경을 재건하는 데 있다. 그런 목적은 가장 실질적인 것이다. 대량의 새로운 정보를 얻을 수 있더라도 그것이 전문가의 머릿속이나 책 속에 흩어져 있어서는 전혀 도움이 되지 않는다. 사전을 가지고 있더라도 문학이나 철학에 관한 교양이 생기지 않는 것과 마찬가지다. 몇 안 되는 걸출한 사람들의 지성과 기억력에 의해 온갖 사고들이 생생한 전체로서 정리되어야 한다. 그래야만 인간이 인간에 대해 더 나은 지식을 얻기 위해 기울인 노력, 그리고 여전히 멈추지 않고 계속되고 있는 노력이 효과를 거둘 수 있다.

'인간의 과학'은 미래의 작업이 될 것이다. 지금은 과학적 비판 때문에 진실로 증명된 인간의 모든 특징을 분석과 종합의 수단에 의해 해명되기 시작했다는 사실에 만족해야만 한다. 앞으로의 모든 장에서 인간은 관찰자와 모든 테크닉에 대해 보여주는 것과 마찬가지로 꾸밈없는 모습을 보여줄 것이다. 우리는 인간을 가능한 모든 테크닉으로 나눠진 단편으로 보게 될 것이다. 그러나 이 단편들은 가능한 전체로 되돌릴 수 있도록 한다. 물론 이런 지식은 여전히 불충분하다. 그러나 확실한 것이기도 하다. 형이상학적인 요소는 포함되어 있지 않다. 그리고 이것들은 경험에 기반을 둔 것이다. 왜냐하면 관찰의 선택과 순서는 그 어떤 원칙의 지배도 받지 않기 때문이다.

우리는 어떤 이론이든 긍정도 부정도 하려 하지 않는다. 인간의 온갖 측면은 마치 산을 오를 때 사람들이 바위와 급류와 초지와 나무들과 계곡의 그림자 위의 정상에 비치는 빛을 생각할 때와 마찬가지로 단순하게 생각할 수 있을 것이다. 어떤 경우라 할지라도 관찰은 여정 속의 우연에 의해 결정된다. 그러나 이 관찰들은 과학적이고 다소간의 조직적인 지식의 형태를 만든다. 물론 물리학자와 천문학자가 만들어 내는 것처럼 정확하지는 않다.

예를 들어 인간은 기억력과 미적 센스가 뛰어나다는 사실을 알고 있다. 또한 췌장은 인슐린을 분비한다는 것, 특정 정신병은 뇌의 장애로 인해 일어난다는 것, 어떤 사람은 투시 능력을 가지고 있다는 것도 알고 있다. 기억력과 인슐린의 작용은 측정이 가능하다. 그러나 미적 감정과 도덕적 센스는 측정이 불가능하다. 텔레파시의 특성과 정신병과 뇌의 관계에 대해서는 여전히 부정확한 연구만이 이루어지고 있다. 하지만 이 모든 데이터는 대략적이기는 하지만 확실한 것이다.

유기적인 관찰만이
미래에 대한 단서가 된다

이런 지식이 진부하고 불완전하다고 비난할지도 모른다. 육체와 의식, 지속, 적응, 개성 등은 해부학, 생리학, 심리학, 형이상학, 위생학, 의학, 교육, 종교, 사회학의 전문가에 의해 알려졌다는 이유로 진부함에서 벗어날 수 없다. 또 대단히 많은 사실 중에서 선택해야만 하므로 불완전 하기도 하다. 게다가 그 선택은 자의적(恣意的)이 되기 쉽다. 가장 중요해 보이는 것에만 국한되고 만다. 그리고 종합이라는 것도 간결하고 언뜻 보기에 이해할 수 있어야 하므로 나머지는 모두 무시당하고 만다.

인간의 지능으로는 어느 정도까지만 자세하게 기억할 수 있다. 따라서 인간에 관한 지식을 유효하게 활용하기 위해서는 불완전해야 한다. 초상화가 닮았다고 느끼기 위해서는 어떤 부분을 선택했는가에 달렸으며, 선택한 부분이 많을수록 좋다고 할 수는 없다. 회화가 사진보다 훨씬 강력하게 모델의 개성을 표현하고 있다. 우리는 칠판에 분필로 그린 해부도와 같이 그저 개략적인 스케치 정도로 묘사한 인간을 보기로 하자. 의도적으로 자세한 부분을 생략하지만, 그 스케치는 거짓이 아니다. 이론과 꿈이 아니라 확실한 데이터에 근거를 둔 것이다. 생기론도 기계론도, 실재론도 명목론도, 영혼도 육체도, 정신도 물질도 무시하는 것이다. 그러나 관찰할 수 있는 모든 것을 포함하고 있다. 그 속에는 인간의 고전적 개념에서 벗어나 설명이 불가능한 모든 사실과 예로부터 관념적 틀 속에 갇히기를 강하게 거부하는 모든 사실과 이것이야말로 미지의 분야에 대한 단서가 될 수도 있다고 여겨지는 모든 사실까지 포함하고 있다. 이렇게 우리의 데이터는 인간의 실제 행위와 잠재된 행위까지 완전히 포괄한 것이다.

이런 방법으로 우리는 인간에 관한 입문 지식을 갖게 된다. 그것은 단순히 기술적(記述的)인 것에 불과하지만 구체적인 것한테서 멀어지는 것이 아니다. 그리고 그런 지식이 결정적이고 완벽하다고 주장하지는 않는다. 그것은 경험에 기반을 두고 있는 개략적(概略的) 사실이자 평범한 일이며 불완전하다. 하지만 과학적이며 누구라도 이해할 수 있다.

제3장

행동하는
육체와 생리

Life is not a problem to be solved,

but a reality to be experienced.

인생은 풀어야할 문제가 아니라

경험해야할 현실이다.

· Kierkegaard(덴마크 철학자, 실존주의 창시자) ·

인간, 정신과 육체의
양면성에 대해

　인간은 자신이 존재한다는 것, 독자적으로 행동한다는 것, 다시 말해서 일개의 인간이라는 것을 의식하고 있다. 그리고 다른 사람과 다른 것을 알고 있다. 또한 자신의 의지는 자유라는 것을 믿고 있다. 그리고 행복하다고 느끼거나 불행하다고 여기기도 한다. 각 개인에게 있어서 이런 직관은 궁극적인 현실이다.

　인간의 의식 상태는 마치 강이 계곡을 따라 흐르는 것처럼 시간의 흐름을 따라 흘러간다. 강처럼 변하기도 하고 지속적이기도 하다. 다른 동물보다 훨씬 적게 환경의 영향을 받는다. 지능이 높은 덕분에 환경에 크게 의지하지 않아도 된다. 그 무엇보다도 도구와 무기와 기계를 발명해 냈다. 이런 발명 덕분에 인간의 특징을 발휘하여 다른 모든 생물과 인간을 구별할 수 있다. 인간은 그 내면의 특징을 조각, 사원, 극장, 대성당, 병원, 대학, 연구소, 공장 등을 세움으로써 객관적으로 표현했다. 이런 지구의 표면에 인간의 기본적인 활동—미적, 종교적 감정, 도덕적 관념, 지성, 과학적 호기심—의 표식을 각인해 왔다.

이 강력한 활동의 초점이 되는 것은 내면으로부터나 외부로부터의 관찰로 가능하다. 내면에서 봤을 때 그것은 한 사람의 고독한 관찰자가 자기 자신에 대한 스스로의 사상, 기호, 욕망, 기쁨, 슬픔으로 드러난다. 외면에서 본다면 그것은 자기 자신, 혹은 모든 동료의 육체로서 드러난다. 이렇게 인간은 전혀 다른 양면성을 가지고 있다. 이런 이유로 인간은 두 가지 부분, 즉 육체와 정신으로 이루어져 있다고 여겨왔다.

그러나 그 누구도 육체가 없는 정신만을 볼 수 없으며, 정신을 지니지 않은 육체만을 볼 수 없다. 우리에게 보이는 것은 그저 육체의 외면뿐이다. 그리고 육체의 기능이 작용하고 있다는 것은 막연한 행복감으로 지각된다. 그러나 그 어떤 기관의 어떤 부분도 의식하지 않는다. 육체는 우리에게 완전히 감춰져 있는 메커니즘을 따르고 있다. 이 조직은 해부학과 생리학의 기술로만 밝힐 수 있다. 그리고 언뜻 보기에 단순해 보이는 그 저변에는 상상을 초월할 수 없을 만큼 복잡한 것이 감춰져 있다는 것을 알 수 있다. 인간은 결코 외면적인 공공성과 내면적인 개인성을 동시에 보여주지 않는다. 설령 뇌 속의 복잡한 미로를 지나 신경 기능에 도달했다고 하더라도 자신들의 의식과는 절대 만날 수 없다. 육체와 정신이라는 것은 인간이 관찰의 수단으로써 만들어낸 것이다. 육체도 정신도 하나의 분리 불가능한 전체적 인간으로부터 관찰 수단으로써 만들어진 것이다.

복잡한 인간의
육체와 그 기능

이 전체는 조직과 체액과 의식으로 이루어져 있다. 그리고 공간적으로도 시간적으로도 동시에 퍼져 있다. 그것은 공간에 있어서 종, 횡, 높이의 삼차원과 시간의 차원 사이를 이질적인 것으로 채우고 있다. 그러나 이 네 개의 차원 속에 모든 것이 포함된 것은 아니다. 왜냐하면 의식은 뇌 물질 속에 있는 동시에 육체라고 하는 연속체의 외부에도 있기 때문이다. 인간은 전체로서 파악하기에는 너무나도 복잡하다. 따라서 관찰의 수법에 따라 작은 부분별로 나누어야만 한다. 그러기 위해서는 기술적인 필요성 때문에 인간은 기본형으로써 육체와 모든 기능으로 이루어졌다고 해야 할 것이다. 그리고 이 기능들을 시간적인 면, 적응력의 면, 각각의 특성의 면으로 나누어 생각해야만 한다. 그와 동시에 고전적 과오, 즉 인간은 육체적이라거나, 아니면

의식, 혹은 이 둘을 합친 것으로 환원하거나 인간의 머릿속에서 추상화로

만들어진 이 부분들이 각각 구체적으로 존재한다고 여기는 착각에 빠지지

않도록 주의해야만 한다.

인간 육체의
크기가 갖는 의미

인간의 육체는 크기 면에서는 원자(原子)와 별의 중간에 있다. 비교할 상대의 크기에 따라 크게 보이기도 작게 보이기도 한다. 인간의 신체는 20만 개의 조직 세포, 혹은 200만 개의 미생물, 혹은 20억 개의 알부민 분자를 이어놓은 길과 같다. 인간은 전자, 원자, 분자, 미생물과 비교하면 거대하다. 그러나 산과 지구를 비교해보면 미소한 차이뿐이다. 에베레스트산의 높이가 되기 위해서는 4천 명 이상의 인간을 차곡차곡 쌓아야 할 것이다. 지구와 자오선의 길이가 되기 위해서는 약 2천만 명을 빼곡하게 줄지어 놓아야 한다.

잘 알려진 것처럼 빛은 1초에 인간 크기의 1억 5천 배의 빠르기로 달린다. 행성 간의 거리는 대단히 멀기 때문에 광년으로 측정해야만 한다. 그런 것과 비교한다면 인간의 크기는 상상을 초월할 만큼 작은 존재다. 이런 이유에서 에딩턴(Arthur Stanley Eddington, 1882~1944)과 진스(James Hopwood Jeans, 1877~1946)는 일반인을 대상으로 한 천문학책 속에서 인간이 우주 안에서 얼마나 작은 존재인지를 독자들에게 잘 설명해 주고 있다. 실제로는 인간이 공간적으로 얼마나 큰지는 중요하지 않다. 왜냐하면 인간만의 특성이 되는 것은 물리적인 크기가 없기 때문이다. 인간이 이 세계에 존재하는 의의는 분명 그 크기와는 관계가 없다.

인간의 신장은 그 조직 세포의 성질과 육체의 화학적 교환, 즉 대사 작용에 적당한 것처럼 보인다. 신경의 자극은 모든 사람에게 같은 속도로 전달되기 때문에 체격이 큰 사람은 외계의 것을 느끼는 것이 늦어져 반응 속도도 둔할 것이다. 그와 동시에 신진대사도 훨씬 느릴 것이다. 큰 동물의 신진대사는 작은 동물보다 훨씬 느리다는 것은 잘 알려진 사실이다. 예를 들어 말은 쥐보다 훨씬 신진대사 작용이 적다. 인간의 신장이 커진다면 대사기능이 현저히 떨어질 것이다. 그리고 아마도 지각의 기민함과 속도도 떨어질 것이다.

그러나 인간의 체격 변화는 극히 한정된 좁은 범위 속에서만 이루어지기 때문에 그런 생각지도 못했던 일은 일어나지 않을 것이다. 인간 신체의 크기는 유전과 발육 조건에 의해 동시에 결정되어 있다. 한 특정 인종 중에서 키가 큰 사람과 작은 사람을 볼 수 있다. 이 골격 길이의 차이는 호르몬의 상태와 그 공간적, 시간적 작용의 상호관계 때문에 일어난다. 이것은 의미심장한 사실이다. 적절한 음식과 생활양식에 의해, 혹은 국가를 형성하는 개개인의 신장을 키울 수도 줄일 수도 있다. 마찬가지로 육체조직의 질, 그리고 정신까지도 바꿀 수 있을지도 모른다. 우리는 훨씬 아름다운 육체를 가지기 위해, 훨씬 강한 근육을 가지기 위해 억지로 몸의 크기를 바꾸어서는 안 된다. 크기와 형태가 바뀌는 것이 별일 아닌 것처럼 보이지만 실제로는 심리적, 정신적 활동에 심각한 변화를 일으킬지도 모른다. 인공적인 수단으로 신장을 키우더라도 아무런 이득이 없다. 민첩함, 인내력, 대담함은 체격이 커진다고 함께 커지는 것이 아니다. 천재의 키가 크다고는 단정할 수 없다. 무솔리니는 결코 키가 크지 않았고, 나폴레옹은 오히려 작은 편이었다.

개개인의 체형은 그 사람의
소질과 능력을 나타내 준다

사람은 체형과 행동과 얼굴 모습에 의해 특징이 지어진다. 외면적인 형태가 몸과 마음의 소질과 능력을 드러내고 있다. 어떤 민족에게 있어서 그런 외형은 개개인의 생활양식에 따라 다르다. 르네상스 시대 사람들의 생활은 끝없는 전투이자 그들의 일상은 위험과 혹독한 기후에 익숙해져 레오나르도 다빈치나 미켈란젤로의 걸작에도 감격하고, 또한 갈릴레오의 발견에도 흥분할 수 있는 소질이 있지만, 스팀 난방이 들어오는 아파트에 살면서 냉방이 되는 사무실에서 근무하고, 자동차를 몰고 다니며 허접스러운 영화를 보고, 라디오를 듣고 골프를 즐기는 현대인과는 전혀 다르다.

인간은 각각의 시대의 영향을 받는다. 우리는 자동차와 영화와 운동경기로 인해 만들어진 새로운 타입의 인간을 관찰하기 시작했다. 어떤 사람은 살이 쪄서 조직이 늘어나고 피부색이 변하고, 배가 나오면서 다리는 가늘어지고, 게으른 데다 지성을 느낄 수 없는 얼굴하고 있는데, 이런 타입의 사람들은 라틴계 나라에서 흔히 볼 수 있다. 그리고 앵글로 색슨계의 사람 중에는 어깨가 넓고 허리가 가늘며 새와 닮은 골격을 한 사람이 많다. 인간의 모습은 생리적 습관에 따라, 혹은 일상의 사고방식에 따라 다른 모습을 하고 있다. 그런 특징 일부는 피부 아래층에 있는 골격을 따라 퍼져있는 근육 때문이다. 이 근육들은 운동의 차이에 따라 크게 달라진다. 아름다운 몸은 근육과 골격의 조화가 잘 이루어져야 탄생한다. 페리클레스 시대의 그리스 경기자들의 육체는 그 절정으로 페이디아스(Pheidias: BC 5세기 고대 그리스의 조각가)와 그의 제자들이 그들의 조각상을 만들어 불멸의 것으로 만들었다. 얼굴, 입, 뺨, 이마의 형태, 얼굴의 주름, 피부 아래쪽의 지방조직 속의 평평한 근육의 습관적인 움직임 상태에 따라 결정된다. 그리고 이 모든 근육은 정신 상태와 깊은 연관성이 있다. 각 개인은 실제로 자신이 표현하고자 하는 표정을 지을 수가 있다. 그러나 영구적으로 그 가면을 유지할 수는 없다. 무의식중에 자신의 정신 상태를 조금씩 표정에 드러낸다. 나이가 들면 전체적 인간으로서 한층 더 감정과 욕구와 포부가 풍부하게 드러난다. 청년의 아름다움은 선천적으로 조화로운 얼굴 형태 때문이다. 나이를 먹은 사람의 아름다움은 정신으로부터 오는 것이며 극히 드물다.

'얼굴'은 자신의
설명서이다

표정은 감춰진 의식의 작용으로 한층 더 깊은 것을 표출하고 있다. 표정이라는 이 펼쳐진 책 속에는 그 사람의 악덕, 미덕, 지성, 어리석음, 감정과 매우 신중하게 감춰진 습관뿐만이 아니라 그 사람의 신체 구조와 걸리기 쉬운 육체적 정신적인 병까지 적혀 있다. 사실 뼈, 근육, 지방, 피부, 머리카락의 상태는 조직의 영양 상태와 관계가 깊다. 그리고 조직의 영양은 혈장의 성분에 의해, 다시 말해서 내분비샘과 소화기계통의 활동에 의해 지배된다. 기관의 상태는 몸의 겉으로도 드러나게 된다. 피부의 표면은 내분비샘, 위, 장, 신경조직의 기능 상태를 반영하고 있다. 그리고 개개인이 걸리기 쉬운 병을 알려주고 있다. 사실 형태학적으로 다른 부류에 속해있는 사람들 ―대뇌형, 소화기형, 근육형, 호흡기형 등에 속하는 사람들은— 육체의 병이든 정신병이든 간에 같은 형태의 병에 걸리는 경우가 드물다. 키가 크고 마른 사람과 살이 찌고 작은 사람은 기능적으로 큰 차이가 있다.

키가 큰 사람들은 건강하든 허약하든 간에 결핵과 조발(早發)성 치매에 걸리기 쉽다. 키가 작고 뚱뚱한 타입은 순환성 정신병, 당뇨병, 류머티즘, 통풍에 걸리기 쉽다. 병의 진단과 예후에 관해 옛날 의사들이 기질과 체질과 병적 특이성에 중점을 두었다는 사실은 정말 대단한 일이다. 개개인의 얼굴에 자신의 육체와 정신의 설명서를 달고 다니기 때문이다.

열린 세계와
닫힌 세계

피부는 몸의 겉을 둘러싸고 있으며 물과 기체를 통과시키지 않는다. 피부에 기생하는 미생물들이 몸속으로 들어가는 것을 절대로 허락하지 않는다. 선(腺)에서 분비되는 물질의 힘으로 그것들을 죽일 수 있다. 그러나 바이러스라 불리는 미세하고 대단히 위험한 생물은 통과할 수 있다.

피부 외면은 빛, 바람, 습기, 건조, 열, 한기 등에 노출되어 있다. 피부의 안쪽은 따뜻하고 빛이 없는 물의 세계와 접촉하고 있고, 그곳에서 세포는 수중동물처럼 살고 있다. 피부는 대단히 얇지만, 주변을 둘러싸고 있는 우주의 끊임없는 변화에 대해 충분히 체액을 보호하고 있다. 그것은 촉촉하고 유연하며, 신축성, 신장성, 내구성이 뛰어나다.

내구성은 피부조직의 상태에 따르며 세포는 몇 겹의 층으로 이루어져 있으며 느리나 끊임없이 번식하고 있다. 그리고 이 세포들이 죽더라도 남은 부분은 슬레이트 지붕처럼 서로 결합되어 있어 마치 슬레이트가 바람에 날리더라도 새로운 층으로 보충이 된다. 그런데도 피부가 습기와 부드러움을 잃지 않는 것은 작은 분비샘이 표면에서 수분과 지방분을 분비하고 있기 때문이다. 콧구멍, 입, 항문, 요도, 질에는 피부가 점막에 붙어 있으며 점막이 몸의 내부 표면을 둘러싸고 있다. 콧구멍 이외의 부분에는 모두 괄약근이라 불리는 탄력성과 수축성이 뛰어난 원형의 근육에 의해 닫혀 있다. 이렇게 피부는 감춰진 세상의 튼튼한 요새로 된 국경선처럼 되어 있다.

피부는 요새화된
국경선이다

육체는 피부 표면을 통해 외부세계의 모든 것과 관계를 유지한다. 사실 피부에는 무수히 많은 감각기관이 있으며 각각의 조직 나름대로 환경의 변화를 기록하고 있다. 촉각 소체는 몸의 전 표면에 퍼져 있어 압력, 통증, 더위, 추위에 대해 민감하게 반응한다. 혀의 점막에 있는 소체는 특정 음식이나 온도에 자극을 받는다. 고막과 중이의 골격을 매체로 내이의 극도로 복잡한 기관에 공기의 진동이 전달된다. 후각 신경망은 코의 점막에 퍼져있어 냄새에 민감하다. 태아에게 이상한 일이 일어난다. 뇌는 그 일부인 시신경과 망막을 몸의 표면으로 돌출시키려 한다. 새로운 망막 위에 덧씌워진 피부 일부는 놀랍도록 변화한다. 투명해지면서 각막과 수정체의 모양을 만들어내고 다른 조직과 결합하여 눈이라 불리는 놀라운 시각조직을 만들어내고 있다. 이렇게 해서 뇌는 빨간색과 자주색 사이에 포함된 전자파를 느낄수 있게 된다.

이 기관들의 전체에서 무수히 많은 신경조직이 사방으로 퍼지면서 척수와 뇌로 이어진다. 이 신경을 매개로 중심의 신경조직이 몸의 표면 전체에 거미집처럼 퍼지면서 외부세계와 접촉한다. 세상의 모든 사물이 감각기관의 조직과 감수성의 정도에 따라 다르게 보인다. 만약 망막이 파장이 긴 적외선을 감지했다면 자연은 다른 모습으로 눈에 비칠 것이다.

물과 바위와 나무의 색은 온도의 변화 때문에 계절마다 다르게 보인다. 7월의 화창한 날, 어두운 그림자를 배경으로 풍경이 구석구석까지 또렷하게 보이는 날도 붉은 안개가 낀 것처럼 흐릿하게 보일 것이다. 모든 사물이 열선 뒤에 감춰질 것이다. 겨울에는 주변 사물들의 윤곽이 또렷하게 보이겠지만 인간의 모습은 여전히 변한 모습일 것이다. 몸의 윤곽은 흐릿하게 보일 것이다. 얼굴은 입과 코에서 퍼지는 붉은 안개에 감춰질 것이다. 격한 운동을 한 뒤에는 피부에서 열이 발산되어 큰 후광과 같은 것에 둘러싸여 실제보다 훨씬 크게 보일 것이다. 마찬가지로 만약 망막이 적외선에 반응하여 피부가 광선에 반응하게 된다면 우주는 다른 모습으로 보일 것이다. 또한 인간의 감각기관 전체가 더욱 예민해진다면 전혀 다르게 보일 것이다.

우리는 피부표면에 있는 신경의 말단에 전달되지 않는 것은 무시하고 있다. 그 때문에 우주선(宇宙線)이 몸을 통과하더라도 느끼지 못한다. 뇌에 전달되기 위해서는 모든 것은 감각기관에 들어가야만 하는 것 같다. 다시 말해서 몸을 감싸고 있는 신경층에 영향을 주어야 한다. 텔레파시에 의한 반응과 같은 미지의 힘만이 이 법칙에 대한 유일한 예외일 것이다. 투시 능력을 가지고 있는 사람은 일반적인 신경 경로를 통하지 않고 직접 외부세계의 사물들을 파악하는 것처럼 보인다. 그러나 이런 현상은 극히 드물다. 일반적으로는 감각이 입구가 되어 그곳을 통해 물리적 세계도, 정신적 세계도 우리에게 전달된다. 따라서 개인의 소질은 일부, 피부의 소질에 의한 것이라고도 할 수 있다. 왜냐하면 두뇌는 끊임없이 받아들이는 외부세계의 통신에 의해 모습이 완성되어 가기 때문이다. 따라서 인간을 둘러싸고 있는 피부의 상태는 새로운 생활습관에 의해 가볍게 바꿔서는 안 된다.

예를 들어 우리가 빛을 쬐게 되면 몸 전체의 발육에 어떤 영향을 끼치는지 전혀 모르고 있다. 이 효과가 정확하게 입증될 때까지는 백색인종들은 전라(全裸)주의나 일광과 자외선으로 피부를 심하게 태우는 행동을 하지 않는 것이 좋다. 피부와 그 부속물들은 기관과 혈액을 보호하는 역할을 충실히 해내고 있다. 어떤 것은 신체 내부로 받아들이고, 또 어떤 것은 몰아낸다. 그것은 인간의 신경중추조직으로 들어가는 입구이며 항상 열려 있지만, 조심스럽게 주시를 하고 있다. 피부는 본질에서 인간에게 중요한 부분이라고 인식해야만 한다.

점막은 환경과 육체를
화학적으로 이어준다

인간의 내부 경계는 입과 코에서 시작하여 항문에서 끝난다. 외부 세계는 이 입구를 통해 호흡조직과 소화조직으로 들어간다. 피부는 물과 기체를 통과시키지 않지만, 폐와 장의 점막은 이것들을 통과시킨다. 이 점막들은 환경과 우리의 육체를 화학적으로 연소시키는 역할을 하고 있다. 몸의 내부 표면은 외부의 피부 표면보다 훨씬 넓다. 평평한 허파꽈리의 세포로 감싸여진 부분은 대단히 넓다. 그것은 약 5백 제곱미터에 달한다. 이런 세포로 만들어진 얇은 점막은 공기로부터 산소를 통과시켜 정맥혈에서 탄산가스를 통과시킨다. 그리고 유독가스와 박테리아, 특히 폐렴구균에 감염되기 쉽다. 외부의 공기는 허파꽈리에 도달하기 전에 코, 인두, 후두, 기관, 기관지를 거치면서 습기를 머금게 되면서 먼지와 미생물들이 제거된다. 그러나 현대 도시의 공기는 수많은 사람이 만들어 내는 석탄 먼지와 배기가스와 박테리아

등에 오염되어 있기 때문에 자연적인 방어력만으로는 충분하지 않다. 호흡하기 위한 점막은 피부보다 훨씬 예민하다. 강한 자극물에 대해서는 무방비 상태이다. 이런 취약함 때문에 만약 세계전쟁이라도 일어난다면 전 인류는 독가스로 인해 멸망할 수도 있다.

입에서 항문에 도달할 때까지 영양물질이 체내에 흐르고 있는데, 소화기관의 점막에 의해 외부세계와 조직과 체액으로 이루어진 신체 내부의 세계와의 화학적 관계가 결정된다. 그러나 그 기능은 호흡작용보다 훨씬 더 복잡하다. 소화기의 점막은 표면에 접촉되는 음식물을 완전히 바꿔 놓아야만 한다. 여과기일 뿐만이 아니라 화학 공장이기도 하다. 이 샘에서 분비되는 효소는 췌장으로부터의 효소와 함께 음식을 장 세포에서 흡수할 수 있는 물질로 분해한다. 이 소화기의 점막 면은 대단히 넓다. 점막은 대량의 액체를 분비하고 동시에 흡수한다. 세포는 음식물이 소화되면 그것이 체내에 들어오는 것을 허락한다. 그러나 소화기관 속에 세균 무리가 들어오는 것에는 저항한다. 엷은 장의 점막이 이 위험한 적들을 대부분 제재하며, 백혈구가 그것을 보호하고 있으며 세균은 언제나 위험한 존재이다. 바이러스는 인두와 코에서 번식한다. 연쇄상구균, 포도상구균, 디프테리아의 병원균은 편도에서 번식한다. 장티푸스균과 적리균(赤痢菌)은 장에서 쉽게 번식한다. 호흡기 점막과 소화기 점막의 건강상태에 따라 전염병에 대한 기관의 저항력과 건강, 균형과 효율과 지적 태도가 크게 달라진다.

이처럼 우리 몸의 외부는 피부로, 내부는 점막으로 감싸져 있기 때문에 닫힌 세계를 형성하고 있다. 만약 이 점막의 어딘가에 상처가 생기면 생존의 위기에 처하게 된다. 표면의 화상이라도 범위가 넓다면 죽음을 초래한다. 이 피막이 인간의 기관과 체액을 외부 세계와 격리시키고 있지만, 이 두 세계의 물리적, 화학적 연결 또한 매우 광범위하게 이루어지고 있다. 그리고 더 나아가 피막은 열림과 동시에 닫히는 것을 동시에 행하는 경이로운 장벽이기도 하다. 왜냐하면 정신적인 환경에 대해 인간의 신경조직을 보호하지는 않기 때문이다. 이런 해부학적 경계를 무시하고 의식을 공격하는 교활한 적들에 의해 인간은 상처를 받거나 죽임을 당하는 일조차 일어날지도 모른다. 그것은 비행사가 지상으로부터 아무런 공격도 당하지 않고 도시를 폭격하는 것과 마찬가지다.

살아있는 인간은
어떻게 구성되어 있는가?

몸의 내부는 고전적 해부학의 해설과는 차이가 있다. 이 과학은 인간을 그림으로 단순하게 구조적인 설명을 하고 있을 뿐 전혀 실질적이지 못하다. 인간이 어떻게 구성되었는지를 공부하기 위해서는 단순히 시체를 해부하는 것만으로는 부족하다. 물론 이 방법으로 구조와 골격과 근육을 관찰할 수 있고, 모든 기관은 이것들을 기반으로 존재한다. 척주(脊柱)와 늑골, 흉골로 만들어진 틀 속에 심장과 폐가 달려 있다. 간장, 비장, 위, 장, 생식선은 복막의 주름에 의해 커다란 공동(空洞)의 내면에 달려 있는데, 이 공동의 하부는 골반, 양옆은 복부 근육, 상부에는 횡경막으로 이루어져 있다. 기관 중에서 가장 취약한 뇌와 색상층(zona fasciculata) 뼈로 된 그릇인 두개골과 척주 속에 감춰져 있다. 그리고 점막조직과 체액이 쿠션의 역할을 하는 단단한 벽 덕분에 상처를 입지 않도록 보호를 받을 수 있다.

사체의 연구만으로는 살아 있는 인간을 이해할 수 없다. 왜냐하면 사체의 조직은 혈액의 순환도 없고 기능도 죽은 상태이기 때문이다. 실제로 영양이 공급되지 않는 기관은 더 이상 존재하지 않는 것과 마찬가지다. 살아 있는 육체는 어디라도 혈액이 공급된다. 그것은 동맥 속에서 맥박이 뛰고, 정맥을 통해 흘러 모세혈관을 채우고 모든 조직을 투명한 림프액으로 적신다. 이 내부의 세계를 있는 그대로 이해하기 위해서는 해부학과 조직학보다도 훨씬 섬세한 기술이 필요하다. 단순히 해부를 위해 준비된 사체의 기관이 아니라 외과수술 도중에 볼 수 있는 살아 있는 동물이나 인간의 기관을 연구해야만 한다. 그 구조는 정착액과 염료를 다소 첨가해서 현미경이 아니면 확인이 불가능한 죽은 조직의 조각과 기능을 하는 살아 있는 조직 모두를 연구해야 하며, 또한 그 움직임을 영상의 기록으로 남겨야 할 것이다. 해부학에서처럼 주변의 환경액으로부터 세포를 분리하거나 구조와 기능을 나눠서는 안 된다.

인간의 최소단위인
'세포'란 무엇인가?

세포는 체내에서 작은 유기체가 공기를 머금은 채로 영양이 풍부한 액체에 잠겨 있는 것처럼 행동한다. 이 환경액은 해수와도 닮았다. 그러나 염분은 그다지 높지 않고 성분 또한 영양가가 풍부하며 그 종류 또한 다양하다. 백혈구와 혈관과 림프관의 벽을 감싸고 있는 세포는 해저를 자유롭게 유영하거나 해저의 모랫바닥에 편안하게 누워있는 물고기와 같다. 그러나 조직을 구성하는 세포는 액체 속을 떠다니지 않는다. 그것은 물고기가 아니라 연못가 습지에 사는 양서류에 비교할 수 있다.

살아 있는 세포는 모두 이 환경액에 잠겨 있으며 환경액이 없이는 살 수 없다. 세포는 끊임없이 환경액을 변화시킴과 동시에 환경액에 의해 변화된다. 때문에 세포는 환경액으로부터 분리를 할 수가 없다. 마치 세포체가 세포핵으로부터 분리할 수 없는 것과 같다. 세포의 구조와 기능은 그것을 감싸고 있는 액체의 물리적, 물리화학적, 화학적 상태에 의해 좌우된다. 이 액체를 조직액이라 부르며 혈장을 만드는 동시에 혈장에 의해 만들어진다. 세포와 환경액, 구조와 기능은 서로 분리할 수 없다. 자연적 환경에서 세포를 서로 떼어내는 일은 절대로 해서는 안 된다. 그러나 방법론적 필요성 때문에 어쩔 수 없이 이 종합체를 단편으로 나누어 설명하기로 하겠다. 한쪽은 세포와 조직이고 다른 한쪽은 기관의 환경액, 즉 혈액과 체액이다.

세포는 서로 모여 집합체를 만들고 그것들은 기관이나 조직이라 불리고 있다. 그러나 이 집합체는 인간과 동물의 지역사회와 비교해보면 표면적으로만 약간 닮아을 뿐이다. 각각의 세포들의 특성은 인간은커녕 곤충의 경우에도 명백하게 밝혀진 것이 없다. 이 세포 집합체의 규율은 단순히 각각의 세포들의 온갖 선천적 성질이 드러난 것에 불과하다. 인간의 경우에는 개체로서의 인간 특성을 연구하는 편이 인간사회의 특징을 배우기보다 쉽다. 왜냐하면 생리학은 과학이지만 인간사회는 그렇지 않다. 세포 사회는 각각의 세포 구조와 기능에 관한 과학보다 많이 발전되어 있다. 해부학자와 생리학자는 이미 오래전에 조직과 기관에 대한 지식을 가지고 있었는데 그것이 바로 세포 사회학인 것이다.

학자들은 최근 들어서야 세포 자신, 다시 말해서 서로 모여 기관을 만들어내고 있는 각각의 세포의 성질을 분석하는 데 성공했다. 조직을 배양하는 새로운 방법으로 살아 있는 세포를 플라스크 속에서 마치 벌집 안의 벌처럼 쉽게 연구할 수 있게 된 것이다. 그리고 이 세포들은 생각지도 못했던 깜짝 놀랄 성질을 가지고 있다는 사실이 밝혀졌다. 정상적인 생활 상태에서는 잠재되어 있으나 병에 걸려 기관의 환경액이 특정 물리화학적 변화를 일으키게 되면 반응이 시작된다. 이 기능적인 특성은 그 구조적인 부분보다 살아 있는 육체를 만들어 내는 힘을 조직에 나눠주는 데 있다.

세포의
구조와 성분

각 세포는 매우 작음에도 불구하고 대단히 복잡한 유기체이다. '반침투성 막으로 감싸여진 한 방울의 젤라틴'이라고 하는 것이 화학자들이 즐겨 표현하는 추상개념이지만 실제로는 전혀 닮지 않았다. 생물학자가 원형질이라고 부르는 물질은 세포핵 속에서도 세포체 속에서도 전혀 찾아볼 수가 없다. 원형질(原形質)이란 객관적이지 않은 개념이다. 마치 인간의 육체에 대해 정의하려고 인류 원형질이라고 부르는 것과 같다. 현재 세포는 필름으로 찍고, 스크린을 통해 인간보다 크게 확대할 수 있게 되었다. 이렇게 해서 모든 기관을 볼 수 있다. 세포체 한가운데에는 일종의 난형(卵形)에 주변 벽이 신축되는 기구와 같은 세포핵이 떠 있는데, 그것은 자력으로 움직이지 않는 투명한 젤리로 가득 차 있는 것처럼 보인다. 이 젤리 속에 두 개의 소핵이 끊임없이 천천히 모습을 바꾸는 것이 보인다. 핵의 주변에는 작은 입자가 격렬하게 움직이고 있다. 그리고 그 움직임은 소포(베시클: vesicle) 주변에서 특히 격렬하게 활동하고, 해부학자들이 골지체라 부르는 것에 호응하며 그 움직임은 세포의 영양과 관계가 있다. 작고 명확하지 않은 미립자가 같은 장소에서 소용돌이와 같은 형태를 만들고 있다. 좀 더 큰 구체는 세포 속을 끊임없이 이리저리로 움직이며 시시각각 변하는 세포의 위족(僞足) 끝까지 가기도 한다. 그러나 가장 주목해야 할 기관은 긴 필라멘트, 다시 말해서 미토

콘드리아라 불리는 것으로 이것은 뱀처럼 생겼는데 세포에 따라서는 단간균(短桿菌)이라 불리는 짧은 박테리아와 닮았다. 소포, 미립, 소구체, 그리고 사상체(絲狀體, 필라멘트)는 세포 체내의 자유로운 공간을 영원히 구불구불 춤추며 떠돌아다니고 있다.

살아 있는 세포의 구조가 이렇게 복잡하다는 사실에 당혹스러움을 감출 수 없겠지만 화학성분을 살펴보면 더욱 복잡하다. 그 핵의 중심에는 소핵 이외에는 아무것도 없는 것처럼 보이지만 실제로는 놀랄만한 성질을 가진 물질을 포함하고 있다. 화학자들은 세포핵을 구성하는 핵단백질이 단순한 것이라고 여겼지만 그것은 착각에 불과하다. 사실 핵을 구성하는 물질은 유전인자를 포함하고 있는데, 이 신비적인 물질에 대해서는 그것이 세포와 인간의 유전적 성실이 된다는 사실 이외에는 아무것도 밝혀진 것이 없다. 단순하기는커녕 핵의 화학적 구성은 그 끝을 알 수 없을 정도로 복잡한 것임이 틀림없다.

유전인자는 대부분 눈으로 확인할 수가 없다. 그러나 그것이 염색체 안에 존재하며 세포가 분열할 때 핵의 투명한 액체 속에서 가늘고 긴 몸뚱이를 볼 수 있다는 것은 잘 알려져 있다. 이 순간에 염색체는 비교적 또렷한 형태의 두 그룹을 형성한다. 이 두 그룹은 서로 갈라져 나간다. 동시에 그 세포 전체가 격렬하게 떨리면서 내용물을 사방으로 퍼뜨려 두 개의 부분으로 나뉜다. 이것들, 즉 낭세포(娘細胞)는 신축성이 있는 사상(絲狀)체로 이어져 있는 순간에도 서로 늘어나다가 결국 끊어져 버린다. 이렇게 해서 유기체의 새로운 두 개의 요소였던 것들은 각각의 개체가 된다.

세포의
종류와 성질

세포들도 동물들처럼 다른 수많은 종족으로 나눠진다. 이 종족들과 종류들은 구조면과 기능면의 두 성질에 의해 결정된다. 세포는 갑상샘, 비장, 피부, 간장 등의 여러 다른 부문에서 생겨난다.

그러나 희한하게도 같은 부문에서 생겨난 세포가 시간이 흐름에 따라 다른 타입을 취하는 경우가 있다. 세포라고 하는 유기체는 공간은 물론 시간에 따라서도 성질이 변한다. 육체를 만들고 있는 세포는 크게 모여진 조직과 기관을 형성하는 고정된 세포와 유기체 내부를 빈틈없이 돌아다니는 세포의 두 종류로 구분할 수 있다. 섬유아세포와 상피세포는 고정된 부류에 속한다. 상피세포는 몸속에서 가장 고급스러운 부류에 속한다. 그것은 뇌, 피부, 내분비샘 등을 구성하고 있다. 섬유아세포는 기관의 틀을 만들고 있다. 그리고 몸속의 모든 곳에 존재한다. 그 주변에 연골, 칼슘, 섬유조직, 신축성이 있는 섬유와 같은 여러 종류의 물질이 있어서 골격, 근육, 혈관과 각

기관의 기능상 없어서는 안 되는 튼튼함과 탄력성을 유지시켜 준다.

또한 세포는 수축하는 요소로도 변한다. 심장, 혈관, 소화기관, 그리고 운동하는 조직 등의 근육이 바로 그것이다. 섬유아세포도 상피세포도 움직이지 않는 것처럼 보여 여전히 고정 세포라는 낡은 이름으로 불리고 있지만, 영상기술을 통해 확인할 수 있듯이 그것들은 움직이고 있다. 그러나 그 움직임은 매우 느리다. 기름이 수면에 퍼지는 것처럼 환경액 속을 미끄러지듯이 움직인다. 그리고 자기 몸속의 액체 속에 떠다니는 핵도 함께 끌고 다닌다. 고정세포와 이동세포 사이에는 현저한 차이가 있다. 이동세포는 혈관과 조직 속의 타입이 다른 백혈구를 가지고 있으며 속도가 빠르다. 백혈구는 몇 개의 핵을 가지고 있는 것이 특징으로 아메바와 닮았다. 림프구 세포는 작은 애벌레처럼 천천히 기듯이 움직인다. 단핵 백혈구는 훨씬 커서 문어와 같은 모습을 하고 있다. 너석들은 긴 촉수가 나 있으며 몸 자체는 얇은 파장의 막으로 둘러싸여 있다. 이 막의 주름으로 죽은 세포와 미생물을 감싸서 게눈 감추듯이 먹어 치운다.

이렇게 각각의 다른 세포를 플라스크에서 배양하면 각각의 성질은 온갖 종류의 미생물과 마찬가지로 명백해질 것이다. 제각각 선천적 성질을 가지고 있으며 그것은 원래의 조직에서 분리해 몇 년이 지나도 변하지 않을 것이다. 세포의 종류는 그 모습과 구조뿐만이 아니라 이동하는 방법, 서로 결합하는 방법, 집합체의 모습, 성장의 속도, 온갖 화학물질에 대한 반응, 분비물, 필요로 하는 먹이에 따라 특징이 나눠진다. 이렇게 광범위한 개념이 과

거의 해부학에 의한 단순하고 형태학적인 정의를 대신하기 시작했다.

세포의 집합체(기관)는 그것을 구성하는 법칙을 그 세포의 기본적 성질에서부터 끌어내고 있다. 조직 세포가 해부학에서 주장하는 특성만을 가지고 있다면 살아 있는 유기체를 만들어낼 수 없을 것이다. 그러기 위해서는 훨씬 고도의 능력이 필요한 것이다. 그 능력이 모두 겉으로 드러난 것은 아니다. 평소에 하던 활동 이외에 보통은 감춰져 있다. 환경액에 어떤 변화가 일어나면 그것에 반응해서 드러나는 다른 성질도 있다. 세포는 이렇게 해서 일상생활에서 벌어지는 뜻밖의 사건과 질환에 대응할 수 있다.

세포는 높은 밀도로 집합하고 그 집합체인 조직과 기관의 구조는 그 유기체 전체의 구성상, 기능상의 필요에 따라 조합되어 있다. 인간의 몸은 치밀하게 계획된 하나의 가동성이 있는 물체이다. 그리고 그 조화는 모든 세포 집합체를 통합하는 혈액과 신경의 쌍방에 의해 유지되고 있다. 환경액이 없는 조직의 존재는 상상조차 할 수 없다. 해부학적 요소와 영양을 공급해주는 환경액을 운반하는 관과의 필연적 관계에 의해 기관의 모양이 결정된다. 또한 이 모양은 선(腺)의 분비물을 운반하는 도관(導管)의 존재에도 영향을 받는다. 육체 조직의 공간적 배열은 모두 필요한 영양물에 의해 달려 있다. 각 기관은 그 세포가 항상 영양이 가득한 환경액에 잠겨 있으며 노폐물의 방해를 받지 않는 구조로 만들어져 있다.

인간의 기관과
'환경액(環境液)'

기관의 환경액은 조직의 일부이다. 만약 이것이 죽는다면 육체는 생존할 수 없을 것이다. 인간의 기관과 신경중추에서 엿볼 수 있는 생명의 현상은 모두 우리의 사상, 애정, 우주의 잔인함, 혹독함, 아름다움, 그리고 그 존재 자체에 이르기까지 인간 체액의 물리화학적 상태에 의존하고 있다. 기관의 환경액은 혈관 속을 흐르는 혈액과 모관의 벽에서 조직에 분비되는 림프장과 림프액으로 이루어져 있다. 혈액은 조직 전체의 환경액이고 조직액은 각 기관에 부분적인 환경액이다. 기관은 수생식물이 번식하는 연못에 시냇물이 흘러들어와 녀석들에게 영양을 공급해주는 것과 비교할 수 있다. 연못은 물이 고이고 노폐물과 식물의 썩은 부분과 그것들이 발산하는 화학물질로 탁해져 있다. 물이 고이고 탁해지는 정도는 시냇물의 속도와 양에 달려 있다. 쉽게 말해서 몸속 구석구석에 세포가 사는 부분적 환경액의 상태는 직간접적으로 혈액의 영향을 받고 있다.

혈액은 다른 모든 조직과 마찬가지로 조직의 일부이다. 약 25조에서 30조의 적혈구와 5백억의 백혈구에 의해 구성되어 있다. 그러나 이 세포들은 다른 조직의 세포들처럼 한곳에 고정되어 있지 않다. 점착성이 있는 액체, 즉 혈장 속을 떠다니고 있다. 혈액은 움직이는 조직으로 몸의 모든 곳에 흘러 들어간다. 그리고 각각의 세포에 적절한 자양분을 운반해 준다. 그와 동시에 살아 있는 조직에 의해 제거된 노폐물을 운반하는 하수도의 역할도 하고 있다. 또한 수리할 필요가 있는 조직이 있다면 그곳이 어디든 고칠 수 있는 화학물질과 세포도 가지고 있다. 이런 성질은 정말 불가사의하게 느껴진다. 왜냐하면 이렇게 놀랄만한 임무를 완수하고 있을 때의 혈액은 마치 급물살을 타고 흘러가서 진흙과 유목들을 이용해 언덕 위의 집을 수리하는 목수처럼 수리에 착수하기 때문이다.

혈구의 역할

혈구가 반드시 화학자들이 믿고 있는 것과 같지는 않다. 과거의 추상적 개념과 비교해 본다면 놀랄 만큼 복잡 다양하다. 혈장은 틀림없이 염기, 산, 염분, 단백질의 용액이며 물리화학적 균형은 반 슬라이크(Van Slyke)와 헨더슨(L.J. Henderson, 1878~1942)에 의해 발견된 법칙으로 잘 드러나 있다. 이 특별한 구성 덕분에 조직에서 끊임없이 산이 분비됨에도 불구하고 이온의 알칼리도가 거의 중성을 유지하고 있다. 이렇게 해서 혈장은 조직 전체의 각 세포에 산성이나 알칼리의 어느 한쪽에 편중되지 않고 일정한 환경액을 공급하는 것이다. 또한 단백질, 폴리펩타이드, 아미노산, 당, 지방, 효소, 극소량의 금속, 그리고 모든 선(腺)과 조직들의 분비물도 함유하고 있다. 이 물질들의 성질에 대해서는 아직도 다 밝혀내지는 못했다. 우리는 이것들의 대단히 복잡한 기능에 대한 이해를 아직도 시작조차 하지 못하고 있다. 각 종류의 세포는 살아가는 데 있어서 없어서는 안 될 영양물과 행동을 촉진하거나 늦추는 물질을 혈장 속에서 찾아낸다. 장액(漿液) 단백질과 결합하는 지방질의 화합물은 세포의 분열증식을 억제하는 능력이 있고, 또한 완전히 억제할 수조차 있다. 장액은 또한 박테리아의 증식을 억제하는 물질인 항체도 지니고 있다. 이 항체들은 조직에 침입해오는 미생물에 대항해 자기방어를 해야 할 때 나타난다. 또한 혈장 속에는 단백질의 일종인 섬유소(纖維素, fibrin)의 근원인 섬유소(纖維素原, fibrinogen)가 있어서 조직의 혈관 상처에 자연스럽게 달라붙어 응고되어 혈액을 멈추게 한다.

적혈구와
백혈구의 역할

적혈구와 백혈구는 기관의 환경액을 구성하기 위해 중요한 역할을 한다. 혈장은 대기 중의 산소를 아주 적은 양만을 녹인다는 것을 알고 있다. 만약 적혈구의 도움이 없었다면 막대한 양에 달하는 세포에 필요한 산소를 공급하지 못할 것이다. 이 적혈구는 살아 있는 세포가 아니며 혈색소(血色素)로 가득 담긴 작은 주머니이다. 폐를 통과하는 동안에 산소라고 하는 짐을 챙겨 곧바로 산소가 부족한 조직 세포에 공급한다. 산소를 받아들임과 동시에 세포들은 탄산가스와 다른 모든 노폐물을 혈관 속으로 배출한다.

이와 달리 백혈구는 살아 있는 유기체이다. 때로는 혈액의 흐름 속에 떠다니고, 또 어떤 때는 모세혈관의 벽을 타고 조직 속으로 들어가 점막과 장과 선(腺)과 모든 기관의 세포 표면에 달라붙는다. 이런 현미경적인 성분 때문에 혈액은 가동성이 있는 조직, 수리하는 기관, 고체(固體)이면서도 유동체이기도 한 환경액으로써의 작용을 하기 때문에 필요한 곳이라면 어디든 갈 수 있다. 기관 일부에 미생물의 침입이 발생하면 대량의 백혈구가 재빨리 그 주변을 둘러싸서 감염되지 않도록 싸운다. 또한 피부든 그 밖의 다른 기관이든 간에 상처의 표면에 대형 백혈구가 모여들어 조직의 재건에 힘쓴다. 이런 종류의 백혈구는 고정 세포를 대신하는 능력을 갖추고 있다. 그리고 이 세포들이 연결 섬유를 만들어 내면서 괴사한 조직을 상처라는 형태로 고쳐나간다.

모세관에서 흘러나온 액체는 조직과 기관의 국부적(局部的)인 환경액이 된다. 이 환경액의 구성을 연구하는 것은 거의 불가능에 가깝다. 그러나 조직의 이온 산성에 의해 색이 변하는 염료를 루(Wilhelm Roux, 1850. 6. 9 ~1924. 9. 15: 독일의 해부학자 · 동물발생학자)가 했던 것처럼 기관 속에 주사하면 그 기관의 색이 변한다. 국부적인 환경액의 다양성을 이렇게 확인할 수가 있다. 실제로 다양성은 이 실험에서 알 수 있듯이 훨씬 더 크다. 그러나 우리는 그 특성을 모두 찾아낼 수 없다. 인간의 육체라고 하는 광대한 세계에는 그 특성이 매우 다른 나라들이 있다. 이 나라들에는 같은 강의 지류에서 물을 끌어들이고 있음에도 불구하고 각각의 호수와 연못의 수질은 토양의 성분과 식물의 종류에 따라 달라진다. 각각의 기관, 각각의 조직은 혈장을 이용해서 제각각 자신의 환경액을 만들어 낸다. 인간 개개인이 건강할지 병에 걸릴지, 강할지 약할지, 행복할지 불행할지는 세포와 환경액 사이의 상호조정에 달린 것이다.

조직의 영양과
신진대사

기관의 환경액이 되는 여러 종류의 체액, 조직과 기관 전체 사이에는 끊임없이 화학변화가 일어나고 있다. 영양에 관한 활동은 세포에 있어서 구조나 형태와 마찬가지로 기본적인 것이다. 그런 화학 변화와 대사 작용이 멈춰버리면 기관은 당장에 환경액과 균형을 이루면서 죽어버리고 만다. 영양이란 생존과 같은 의미이다. 살아 있는 조직은 산소를 필요로 하며 그것은 혈액에 의해 공급된다. 물리화학적으로 이것은 조직이 고도의 환원능력을 갖추고 있기 때문에 화학물질과 모든 효소의 복잡한 구조에 의해 대기 중의 산소와 에너지를 만들어 내는 반응에 이용할 수 있다는 것을 의미하고 있다. 살아 있는 세포는 당분과 지방에 의해 공급된 효소, 수소, 탄소로부터 그 구조를 유지하며 활동하는 데 필요한 기계적 에너지, 기관의 상태를 바꿀 때마다 나타나는 전기 에너지, 화학반응과 생리적 작용에 없어서는 안 되는 열을 얻는다. 또한 혈장에서 질소, 유황, 인 등도 흡수하여 새로운 세포를 만들고 성장시키고 복구시킨다. 모든 효소의 도움을 받아 환경액에 포함된 단백질, 당분, 지방분을 보다 작은 조각으로 분해하고 거기서 떨어져 나간 에너지도 사용한다. 세포는 동시에 에너지 흡수반응에 의해 보다 복잡하고 보다 높은 에너지를 포함한 합성물질을 만들고 받아들여 자신의 것으로 만든다.

대사작용과
지적활동의 관계

세포의 집합체, 혹은 조직 전체에 있어서 화학적 대사의 강도가 기관의 생명력을 나타내고 있다. 대사 작용은 몸이 완전하게 안정을 취하고 있을 때 흡수하는 효소와 배출하는 탄소 가스의 양으로 측정할 수 있는데, 이것이 바로 기초 대사이다. 근육이 수축하면서 육체노동을 시작하면 순식간에 대사 활동이 매우 빠르게 증가한다. 대사 작용은 어른보다 아이들이, 개보다는 고양이가 활발하다. 앞에서 말했던 것처럼 만약 인간의 키가 훨씬 더 커진다면 아마도 신진대사도 줄어들 것이다. 뇌, 간장, 내분비샘은 다량의 화학적 에너지가 필요하다. 또한 근육운동이 대사를 격렬하게 만든다는 사실은 대단히 명확한 현상이다.

그러나 인간의 모든 활동을 화학적인 언어로 표현할 수 있는 것은 아니다. 희한하게도 지적 활동은 대사 작용을 증가시키지는 않는다. 에너지가 전혀 필요하지 않거나 어쩌면 현재의 기술로는 밝혀낼 수 없을 만큼 극소량의 소비밖에 하지 않을 수도 있다. 인간의 사고는 지구의 표면을 확 바꿔버리고, 국가를 파멸시키거나 재건시키고, 우주의 무한한 공간 속에 새로운 몇몇 우주를 발견했지만, 그런 사고를 하는 데 있어 그 에너지의 소비를 전혀 측정할 수 없다는 사실에 놀라움을 금할 수 없다. 지능적으로 최대한 노력을 다하더라도 대사 작용에는 이두박근이 불과 몇 그램의 무게를 들어 올렸을 때의 근육 수축과 비교하면 상대가 되지 않을 정도로 작은 영향밖에 끼치지 않는다. 시저의 야망도, 뉴턴의 묵상도, 베토벤의 영감과 파스퇴르의 정열적인 사고도 화학적 변화라는 점에서는 사소한 박테리아나 갑상샘의 작은 자극 정도로는 이 위인들에게 전혀 영향을 끼치지 못한 것이다.

기초 대사는 놀랄 만큼 일정하다. 생체는 가장 불리한 상황에서도 그 화학적인 대사 작용을 정상적으로 지속한다. 극한의 추위 속에서도 영양 보충의 리듬이 떨어지지 않는다. 체온은 죽음을 목전에 두고서야 떨어지기 시작한다. 하지만 곰이나 너구리는 겨울 동안 대사 작용을 떨어뜨리는 동면상태를 취하게 된다. 특정 종류의 마디동물, 완보동물은 건조해지면 완전히 대사 작용을 멈춰버린다. 잠재적 생명 상태는 이렇게 시작된다. 몇 주가 지난 뒤에 만약 누군가가 이 건조 상태의 동물에게 물기를 제공해 주면 다시 살아나 원래의 정상적인 생명 리듬을 되찾는다.

우리는 아직 가축과 인간에게 이런 영양 보급의 중지 상태를 일으키는 비밀을 찾아내지 못했다. 만약 추운 나라에서 겨울 동안 양이나 소를 잠재적 생명 상태로 만들 수 있다면 정말 좋을 것이다. 만약 인간이 필요에 따라 동면을 할 수 있다면 수명을 연장하거나 불치의 병을 고치고, 특히 유능한 인간에게는 더 많은 기회를 선물할 수도 있을 것이다. 그러나 우리는 갑상샘을 잘라내는 야만적인 방법 이외에는 대사 작용을 낮출 수가 없다. 그리고 그 방법조차도 여전히 불충분한 것이다. 인간에 관한 한 아직은 잠재적 생명 상태에서는 생존이 불가능하다.

순환기관과
폐, 신장

화학적인 대사 과정에서 노폐물과 이화작용(異化作用) 때문에 방출된 에너지가 조직과 기관으로부터 배출된다. 그것들은 국부적 환경액 속에 축적되어 세포가 살 수 없는 상태로 만들곤 한다. 그래서 영양 보급이라는 관점에서 림프액과 혈액이 빠른 속도로 순환하면서 조직들이 소비한 영양분을 확실하게 보충하고 노폐물을 제거해 주는 장치가 필요한 것이다. 순환하는 액체의 양은 기관의 용량과 비교하면 대단히 적다. 인간의 혈액 무게는 전체 중량의 10분의 1도 되지 않는다. 그러나 살아 있는 조직은 대량의 산소와 포도당을 소비한다. 그리고 그것들은 다량의 탄소 가스, 유산(젖산), 염산, 인산 등을 내부의 환경액 속으로 방출한다.

살아 있는 조직을 플라스크 속에 넣어 배양하기 위해서는 조직의 2천 배에 해당하는 양의 액체를 넣어 주지 않으면 며칠 내에 노폐물의 독 때문에 죽고 만다. 그리고 적어도 환경액의 10배에 달하는 가스 상태의 공기가 필요하다. 따라서 만약 인체를 흐물흐물한 상태로 만들어 시험관 속에서 배양한다고 하면 배양액이 약 20만 리터는 필요할 것이다. 우리의 조직이 20만 리터의 액체를 필요로 하지 않고 6~7리터의 액체만으로 살 수 있는 것은 혈액의 순환을 관장하는 기관이 대단히 완벽하다는 것과 영양물이 풍부하다는 것, 끊임없이 노폐물을 제거하고 있기 때문이다.

순환기작용은 인간의 행동, 사고를 규정한다

순환은 조직의 이화작용으로 만들어진 물질로 인해 혈액의 구조가 바뀌는 것을 막을 수 있을 만큼 빠른 속도로 이루어지고 있다. 혈장의 산성은 격렬한 운동 뒤에만 강해진다. 세포 조직 사이에 있는 림프액은 순환이 느리거나 멈추게 되면 산성이 된다. 그로 인해 장기들이 받는 피해의 정도는 그것을 구성하는 세포의 순환에 따라 다르다. 만약 개의 신장을 꺼내서 책상 위에 한 시간 동안 방치했다가 다시 이식을 시키면, 일시적으로 혈액 공급이 중단되었던 영향을 전혀 받지 않고 제 기능을 되찾아 다시 정상적으로 활동을 한다. 손발 또한 서너 시간의 혈액 중단은 아무런 악 영향을 끼치지 않는다.

그러나 뇌는 산소 부족에 대해 훨씬 민감하다. 순환이 멈추고 빈혈 상태로 약 20분이 지나면 죽고 만다. 단 10분 동안 혈액 공급이 제대로 되지 않아도 돌이킬 수 없는 장애를 일으키고 만다. 따라서 아무리 짧은 시간이라고 할지라도 혈액순환이 완전히 정지된다면 정상적인 상태로 돌아오기는 불가능하다. 혈압을 낮추는 것도 위험하다. 뇌와 다른 모든 기관은 어느 정도의 혈액 압력을 필요로 하고 있다. 인간의 행동이나 사고의 정도는 순환기관의 상태에 따라 크게 영향을 받는다. 인간의 모든 행동은 내부의 순환액의 물리적, 화학적 상태에 따라, 궁극적으로는 심장과 동맥의 지배를 받고 있다.

혈액은 조직에 의해 흡수된 만큼의 영양물질을 보급해 주거나 혹은 정화기관에 의해 끊임없이 통과함으로써 항상 그 성분을 일정하게 유지하고 있다. 정맥혈이 근육과 기관을 돌아 다시 돌아오면 탄산가스와 영양작용에 의한 노폐물로 가득 차게 된다. 그러면 심장의 고동은 커다란 그물망처럼 생긴 폐의 모세관으로 그것을 보내고, 여기서 각각의 적혈구는 공기 중의 산소와 접촉하게 된다. 어떤 단순한 물리화학적 법칙에 의해 산소는 혈액 속으로 침투하게 되고, 적혈구 속의 헤모글로빈이 그것을 흡수하게 된다. 동시에 탄소가스는 기관지로 배출되는데, 그것은 호흡운동을 통해 외부의 공기 중으로 방출된다.

호흡이 빠를수록 공기와 혈액 사이의 화학적인 대사 작용은 활발해진다. 그러나 혈액은 폐를 지나는 동안에 탄산가스만을 배출한다. 혈액은 휘발성이 없는 산과 대사 작용에 의한 노폐물 모두를 아직 가지고 있다가, 혈액이 신장을 통과할 때 모든 것이 완전히 정화된다. 신장은 혈액으로부터 특정 물질을 분리해서 오줌의 형태로 배출한다. 또한 혈장에 없어서는 안 될 염분의 양을 조절하여 침투압을 일정하게 유지하도록 조절한다. 신장과 폐의 기능의 효율성은 감탄을 금할 길이 없을 정도다. 이렇게 내장들의 격렬한 활동 덕분에 살아 있는 조직이 요구하는 순환액은 대단히 적은 양으로도 충분하기 때문에 인간의 몸은 이렇게 작은 몸집으로 경쾌함을 유지할 수 있다.

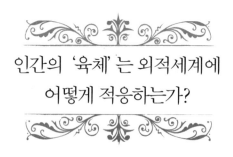

인간의 '육체'는 외적세계에
어떻게 적응하는가?

혈액이 조직에 운반하는 영양분은 세 개의 원천으로부터 받아들인다. 폐의 작용을 통해 공기로부터 받아들이는 것과 장의 표면에서 받아들이는 것, 내분비샘에 의한 것이다. 생체에 의해 소비된 물질은 산소 이외의 모든 것은 직간접적으로 장에 의해 공급된다. 음식물은 타액, 위액, 그리고 췌장, 간장, 위의 점막의 분비액에 의해 처리된다. 소화효소는 단백질, 탄수화물, 지방의 분자를 더욱 잘게 분해한다. 이 조각들은 인간의 내부 경계선을 지키고 있는 점막을 통과할 수 있다. 그런 다음 위 점막의 혈관과 림프관에 의해 흡수되어 기관의 순환액에 침투한다. 특정 종류의 지방과 당분만은 미리 변화의 과정을 거치지 않고 체내에 흡수된다. 때문에 지방부의 밀도는 음식물에 포함되어 있는 동물성, 혹은 식물성 지방의 성질에 따라 달라진다.

개에게 융해점이 높은 지방을 먹이로 주느냐, 액상 상태의 기름을 주느냐에 따라 그 개의 지방조직을 단단하거나 부드럽게 할 수 있다. 단백질은 소화효소에 의해 그 성분인 아미노산으로 분해되어 결국 각각의 독자성, 즉 원래의 특성을 잃게 된다. 이렇게 해서 소고기나 양고기, 밀가루에서 얻은 아미노산과 아미노산의 그룹은 각각 다른 것으로부터 만들어졌다는 흔적을 찾아볼 수 없게 된다. 그리고 체내에서 인간 특유의, 또한 개인 특유의 새로운 단백질을 만들어 낸다.

장막은 동물과 식물의 단백질이 혈액 속에 침투하는 것을 막음으로써 다른 생물의 조직에 속하는 분자에 의해 생체가 공격을 받지 않도록 거의 완벽하게 방어를 하고 있다. 그러나 때로는 다른 단백질의 침입을 막아내지 못하기도 한다. 그래서 생체는 수많은 이물질에 대해 몰래 민감해지거나 저항하게 되는 것일지도 모르겠다. 장이 만들어 낸 외부세계에 대한 벽이 절대로 통과하지 못하는 것은 아니다.

우리는 말 그대로
'공기 중의 먼지'로부터 만들어졌다

장 점막이 음식물 속의 필요불가결한 요소들을 반드시 소화하고 흡수할 수 있다고는 단정할 수 없다. 예를 들어 그 물질이 장의 내강(內腔)에 있더라도 우리의 조직으로 흡수할 수 없는 경우가 있다. 사실 외부의 화학적인 성분은 각 개인의 위 점막의 구성에 따라 각각 다른 작용을 한다. 이런 성분들에 따라 우리의 조직도 체액도 만들어지는 것이다.

인간은 말 그대로 공기 중의 먼지로부터 만들어졌다. 그 때문에 인간의 심리적, 지적 행동은 살고 있는 나라의 지질학적 구성과 평소에 섭취하는 동식물의 성질과 깊은 관계가 있다. 또한 인간의 구조와 기능은 동물성과 식물성의 음식물 중에서 취향에 따라 어떤 요소를 선택할지에 달려 있다. 지배자들은 언제나 노예들과는 전혀 다른 음식을 먹었다. 싸우고, 명령하고, 정복한 사람들은 주로 고기를 먹고 발효음료를 먹었지만 평화적인 사람과 약한 사람, 순종적인 사람들은 우유와 채소, 과일, 곡물로 만족했다. 우리의 적성과 운명은 어느 정도 우리의 조직을 구성하는 화학물질의 성질에 의해 결정된다. 인간에게도 만약 어릴 때부터 적절한 음식을 섭취하게 한다면 동물들과 같은 육체적, 혹은 정신적인 특성을 인공적으로 만들 수 있을 것이다.

공기 중의 산소와 장에서 소화된 음식물과 함께 혈액 속에 포함된 세 번째 영양물은 이미 말했던 것처럼 내분비샘의 분비물이다. 생체는 자기 자신을 만들어 내고 혈액의 화학물질로부터 새롭게 각종 합성물질을 만들어 내는 불가사의한 특성이 있다. 이 합성물들은 특정한 조직에 영양을 공급하고 특정 기능을 촉진하는 역할을 한다. 이런 종류의 자기 자신의 손으로 자기 자신을 창조하는 것은 자신이 의지와 노력으로 단련시키는 것과 닮아 있다. 갑상샘, 부신, 췌장과 같은 선(腺)은 기관의 환경액 속에 용해되어 있는 화학물질로부터 티록신, 아드레날린, 인슐린 등의 몇몇 새로운 합성물을 만들어 낸다. 이 선(腺)들은 그야말로 화학 변화기라고 부를 만하다.

이렇게 해서 세포와 조직의 영양과 심리적, 지능적 활동에 없어서는 안 될 물질이 만들어진다. 이런 현상은 마치 모터의 일부가 기계의 다른 부분에서 사용되는 기름과 연료의 연소를 촉진하는 물질을 만들어 내거나 기술자들이 생각해야 할 것까지 해내는 정말 불가사의한 기능이다. 조직의 영양은 장 점막을 통과한 음식물에 의해 공급된 합성물질만으로는 부족하다는 것은 명백한 사실이다. 이 합성물질은 선(腺)에 의해 바뀌어야만 한다. 온갖 활동을 하는 육체가 살아 있을 수 있는 것은 이런 선(腺)들 덕분이다.

인간은 제일 먼저 영양 작용 그 자체이다. 그것은 화학물질의 끊임없는 작용으로 성립된다. 그것은 촛불의 불꽃이나 베르사유 궁전 정원의 분수에 비유할 수 있다. 이것들은 연소하는 기체와 물로 이루어져 영구적임과 동시에 순간적이다. 그 존재는 기체와 액체의 흐름에 의존하고 있다.

　우리 자신과 마찬가지로 촛불의 불꽃과 분수는 그것을 움직이고 있는 물질의 질과 양에 따라 변화한다. 커다란 강이 외부 세계로부터 흘러갔다가 다시 외부로부터 돌아오듯이, 물질은 끊임없이 육체의 모든 세포를 따라 흐르고 있다. 그리고 흐르면서 조직에 필요한 에너지와 일시적이고 약한 기관과 체액을 구성하기 위한 화학물질을 전달해 준다. 인간의 모든 활동의 기초가 되는 육체는 생명이 없는 세계에서 출발해서 이르든 늦든 간에 그곳으로 돌아간다. 우리의 육체는 생명이 없는 물질과 같은 요소로 만들어져 있다. 따라서 지금도 여전히 현대의 생리학자들 일부에서는 우주에 존재하는 물리와 화학의 일반 법칙이 우리 자신 속에 작용하는 것을 보고 놀라는 사람이 있는데, 그것은 전혀 놀랄 일이 아니다. 우리도 물질세계의 일부이기 때문에 이런 법칙이 작용하지 않는다는 것은 상상조차 할 수 없는 일이다.

성적기관과
남녀의 차이점에 대해

원시시대에 성선(性腺)은 종족을 영속시키기 위한 행위로만 몰아왔지만, 지금은 다른 기능도 공유하고 있다. 그것은 생리작용과 지적 활동과 정신적 활동 모두를 증대시키는 것이다. 거세를 당한 남자 중에 위대한 철학자나 과학자가 된 사람은 없으며, 범죄자의 거물조차 된 사람이 없다. 고환과 난소의 기능이 얼마나 중요한 역할을 하는지 놀라울 따름이다. 먼저 남성과 여성의 세포를 만들어 낸다. 그와 동시에 혈액 속에 있는 물질을 분비하는데, 그것은 조직과 체액과 의식에 남성으로서, 혹은 여성으로서의 특성을 새기고 모든 기능에 성선(性腺)의 특성인 격렬함을 추가한다. 고환은 투우소의 수소와 밭두렁을 가는 거세된 소를 구별하는 대담함, 포악함, 잔인함과 같은 성질을 만들어 낸다. 난소는 여성의 몸에 그에 필적할 만한 영향을 끼친다. 그러나 그 작용은 여성의 일생 중에 특정 기간에만 작용한다. 폐경기가 되면 선(腺)은 다소 위축된다. 난소의 생명력이 짧기 때문에 나이를 먹은 여성은 고환이 노년이 되어도 활동하는 남성과 비교해 보면 크게 뒤처진다.

남성과 여성 사이에 존재하는 차이점은 생식기의 특정한 모양과 자궁의 존재, 임신과 교육방법에 의한 것이 아니라 훨씬 근본적인 성질 때문이다. 조직의 구조 자체와 난소로부터 분비되는 특수한 화학물질이 몸 전체에 퍼져 있기 때문이다. 이런 근본적인 사실에 대해 무지하기 때문에 여권신장의 추진자들은 남녀 모두가 같은 교육, 같은 권위, 같은 책임을 다해야 한다고 믿고 있어야 한다. 실제로 여성은 남성과 매우 차이가 있다. 여성 신체의 모든 세포 하나하나에는 여성의 특성이 있다. 여성의 모든 기관, 그중에서도 특히 신경조직은 더더욱 그렇다. 생리학의 법칙도 천문학의 법칙과 마찬가지로 부동의 것이다. 그것은 인간의 희망에 따라 바꿀 수 없다. 있는 그대로를 받아들여야 한다. 여성은 남성을 흉내 내려 하지 말고 본래의 성질에 따라 그 적성을 발휘해야만 한다. 문명의 진보 속에서 여성이 맡은 역할은 남성의 역할보다 크다. 여성은 자신들만의 독자적 기능을 포기해서는 안 된다.

종족 번식에 있어 남녀가 가진 중요성은 다르다. 고환 세포는 전 생애를 통해 멈추지 않고 매우 활달한 움직임을 하는 극히 미세한 동물인 정자를 생산해 낸다. 이 정자들은 질과 자궁을 가득 채우고 있는 점액 속을 헤엄쳐 자궁 점막의 표면에 있는 난자와 결합한다. 난자는 난소의 미성숙 난세포(여포)가 천천히 성숙해서 탄생한다. 젊은 여성의 난소 속에는 약 30만 개의 난자가 있다. 그중에 약 4백 개 정도가 성장을 한다. 월경과 월경 사이에는 난자를 감싸고 있던 포낭(包囊)이 터지면서 난자의 수란관 막 위에 방출되어 이 막 위의 섬모 진동으로 자궁으로 운반된다. 난자의 핵은 이때 이미 중요한 변화가 생기게 된다. 그것은 그 내용의 절반, 즉 각 염색체의 절반을 배출하고 정자가 그 표면을 뚫고 들어온다. 이때 정자의 염색체도 이미 절반을 잃은 상태로 난자의 염색체와 결합한다. 이렇게 해서 하나의 생명체가 탄생하는 것이다. 이 생명체는 단 하나의 세포로부터 탄생해서 자궁 점막에 자리를 잡게 된다. 그리고 이 세포가 두 개로 나눠면서 태아의 발육이 시작된다.

남녀는 각각 신성한 역할을 맡고 있다

부모는 난자의 핵을 형성하는데 동등하게 공헌하고 있으며, 그것이 새로운 생명의 모든 세포를 만들어 낸다. 그러나 어머니는 핵 물질의 절반이 아니라 핵을 감싸고 있는 원형질을 전부 제공하고 있다. 따라서 어머니가 아버지보다 태아의 탄생에 더 중요한 역할을 하고 있다. 실제로 부모의 특성은 핵에 의해 태아에게로 전달된다. 그러나 세포의 다른 부분 또한 어느 정도의 영향을 끼친다. 현재의 유전 법칙과 유전학자들의 이론으로는 이 복잡한 현상을 아직 완전히 해명하지는 못했다. 생식작용에 있어 부모의 중요성을 비교하여 논할 때는 반드시 자크 러브의 실험을 잊어서는 안 된다. 남성의 요소가 없더라도 적절한 방법을 이용해서 수정되지 않은 난소로부터 정상적인 개구리를 탄생시킨 것이다. 정자는 화학적, 혹은 물리적 자극으로 대신할 수 있다. 여성의 요소만이 반드시 없어서는 안 되는 것이다.

생식작용에 있어서 남성의 역할은 일시적일 뿐이다. 그와 달리 여성은 아홉 달이나 지속한다. 태아는 이 기간에 태반의 점막에 의해 어머니의 혈액으로부터 여과된 화학물질 덕분에 성장할 수 있다. 어머니는 태아에게 조직을 구성하는 요소를 공급해주는 한편, 태아의 기관이 분비하는 특정 물질을 받아들인다. 이런 물질은 유익할 수도 해로울 수도 있다. 실제로 태아는 어머니와 거의 같은 만큼의 것을 아버지로부터 물려받고 있다. 따라서 부분적으로 그 기원이 다른 것이 여성의 체내에 정착하게 되는 것이다. 그래서 임신 기간에는 그 영향을 받게 되는 것이다. 때에 따라서 어머니는 태아로 인해 중독을 일으키기도 한다. 그로 인해 어머니의 생리적, 심리적 상태가 변화하게 된다. 그러나 적어도 포유동물에 있어서 암컷은 한 번, 혹은 몇 번의 임신을 통해 드디어 완전한 성숙을 이루는 것처럼 보인다. 아이를 낳은 경험이 없는 여성은 마음의 평정을 유지하기 어려우며, 아이가 있는 사람보다 신경과민에 걸리기 쉽다. 따라서 태아를 잉태하고 있으면 어린 태아의 일부는 남편의 것이며 그 조직은 자신과 매우 상이하기 때문에 여성은 많은 영향을 받게 된다. 여성에게 있어 생식 기능이 얼마나 중요한 것인지에 대한 인식이 아직 부족한 상황이다. 이 기능은 여성이 완전히 발달하기 위해 필요한 것이다.

교육은 남녀의 차이를
최대한으로 고려해야만 한다

따라서 여성에게 모성으로부터 등을 돌리도록 하는 것은 어리석은 짓이다. 어린 소녀 소년에게 지성적으로 육체적으로 똑같은 훈련을 시키고, 같은 야망을 품게 해서는 안 된다. 교육자는 남녀의 육체적 정신적 특성과 타고난 모든 기능에 세심한 주의를 기울여야 한다. 남녀 사이에는 넘을 수 없는 차이가 있다. 문명사회를 건설하는 데 있어서 반드시 이것을 염두에 둘 필요가 있다.

신경조직,
종류와 그 역할

인간은 신경조직을 통해 주변 환경으로부터의 자극을 받아들인다. 그리고 기관과 근육은 적절한 반응을 일으킨다. 생존을 위해 정신은 육체 이상으로 악전고투를 거듭한다. 이 끊임없는 투쟁에 있어 심장, 폐, 간장, 내분비샘은 근육, 손, 도구, 기계, 무기 등과 마찬가지로 필요한 것이다. 척 보기에 이 목적을 위해서는 두 개의 신경계통이 있다. 중추신경, 즉 뇌척수계통은 의식적이고 수의적(隨意的)으로 근육을 움직인다. 교감계통은 자율적이며 의식의 지배를 받지 않고 기관을 제어한다. 그리고 후자는 전자에 의존하고 있다. 인간의 신체는 복잡하지만, 이 이중 장치를 통해 외부 세계에 대응하는 데 필요한 단순한 행동을 취하게 된다.

중추계통은 뇌수와 소뇌와 척수로 이루어져 있다. 그리고 근육의 신경에는 직접적으로, 기관의 신경에는 간접적으로 작용을 한다. 그것은 부드럽고 하얗고 매우 연약한 물질로 만들어져 있어서 두개골과 척주(脊柱)에 가득차 있다. 이 물질은 감각신경의 작용으로 신체의 표면과 감각기관이 보내는 신호를 받아들인다. 이렇게 해서 중추신경은 외부와 항상 접촉하고 있다. 그와 동시에 운동신경에 의해 모든 근육과 교감계통에 의해 모든 기관에 그 명령을 전달한다. 무수히 많은 신경섬유가 몸속을 사방으로 교차하고 있다. 그 끝에는 매우 가는 피부의 세포 간격과 선(腺)의 배설관과 선방(腺房, Acinus)의 주변, 동맥과 정맥의 외피, 위와 장이 신축하는 외피 속, 때로는 근육섬유의 표면 등까지 뻗어 있다. 이 섬세한 신경망은 전신에 꼼꼼하게 퍼져 있다. 그리고 이것들은 모두 중추신경계통에 의한 세포, 교감신경절의 이중의 연결고리, 기관 속에 퍼져 있는 소신경절로부터 나오고 있다.

　이 세포들은 상피세포 중에서 가장 정교하고 고등(高等)하다. 우리는 라몬 이 카할(Santiago Ramon y Cajal, 1852~1934: 스페인의 신경해부학자. 1906년 노벨 생리학, 의학상 수상)의 기술 덕분에 그 아름다운 구조를 볼 수 있게 되었다. 그것은 뇌의 표면에서 커다란 피라미드 형태로 확인할 수 있다. 이 대단히 복잡한 기관은 아직 그 기능에 대해 제대로 파악하지 못하고 있다. 이것들은 매우 가는 필라멘트 형태, 즉 수상돌기와 축삭(軸索)의 형태로 퍼져 있다. 축삭 속에는 대뇌의 표면과 축삭의 하부 사이의 먼 거리까지 뻗어 있는 것도 있다. 축삭, 수상돌기, 친세포(親細胞)는 하나의 또렷한 개체인 뉴런을 형성하고 있다. 한 세포의 소섬유(小纖維)는 결코 다른 세포와 결합하지 않는다. 그 말단에는 대단히 작은 공 모양의 것들이 모여 방(房)의 형태를 하고 있으며 거의 보이지 않을 정도로 작은 줄기에 붙어 있으면서 끊임없이 움직이고 있는데, 이것을 영상 필름을 통해 관찰할 수 있다. 그리고 이것들은 다른 세포의 그것들에 대응하는 말단에, 신경연결막이라고 부르는 점막에 의해 이어진다. 각각의 신경세포에 있어서 신경 흥분의 흐름은 항상 세포체에 대하여 동일한 방향으로 퍼진다. 이 방향은 수상돌기에 따라서 구심적이고, 축삭에 있어서는 원심적이다. 그것은 신경연결 점막을 가로질러 신경세포에서 신경세포로 점차적으로 전달된다. 마찬가지로 그것들은 근육의 섬유 표면에 접촉하는 구상체로부터 근육 속으로 침투한다. 그러나 그 과정은 대단히 독특한 조건을 따라야 한다. 시간의 값, 즉 시치(時值, chronaxie)는 접촉하는 신경세포끼리, 혹은 인접한 신경세포와 근육 조직 사이에서 동일한 것이어야만 한다. 신경흥분의 전도는 서로 다른 시간 기준을 가진 두 개의 신경세포 사이에서는 일어나지 않는다. 따라서 근육과 그 신경은 동시성을 가져야만 한다.

만약 신경이 근육의 크로낙시가 크라레(남미 원주민이 화살에 바르는 독)나 스토리키니네와 같은 독으로 변화하면 더 이상 신경 흥분의 흐름은 근육에 전달되지 않는다. 그리고 근육이 정상적이라고 하더라도 마비를 일으키게 된다. 이 신경과 근육의 시간적 관계도 공간적 연속성과 마찬가지로 기능이 정상적으로 작용하기 위해서는 없어서는 안 되는 것이다. 통증을 느낄 때나 수의적(隨意的)으로 동작할 때에 신경 내부에서 어떤 현상이 일어나는지는 아직 밝혀지지 않았다. 그러나 신경이 활동하고 있을 때는 그것을 따라 전위(電位)의 변화가 일어난다는 사실을 이미 알려진 사실이다. 실제로 에이드리언(Edgar Douglas adrian, 1889~1977: 영국의 신경생리학자)은 분리한 소섬유로 음전(陰電)의 파장이 뇌에 전달되면 통증이라는 감각으로 나타난다는 사실을 밝혀냈다.

감각신경 세포와
운동신경 세포

신경세포는 계전기(繼電器)와 마찬가지로 릴레이 방식으로 서로 연결되어 간다. 그것들은 두 개의 그룹으로 나눠어 있다. 하나의 그룹은 지각 세포와 운동신경 세포로 이루어져 있으며 외부와 기관으로부터의 자극을 받아 수의근(隨意筋)을 지배한다. 또, 한 그룹은 대단히 많은 연합된 신경세포들로 신경중추를 아주 정교하고 복잡한 것으로 만들고 있다. 인간의 지성은 대우주의 한계를 알 수 없는 것과 마찬가지로 뇌의 무한한 그 깊이도 알 수가 없다. 뇌는 120억이 넘는 세포를 가지고 있다. 이 세포들은 소섬유에 의해 서로 이어져 있으며 각각의 소섬유는 몇 개의 줄기를 가지고 있다. 이 소섬유를 통해 수조에 달하는 연합을 이루고 있다. 그리고 이 미소한 개체와 눈에 보이지 않는 소섬유가 셀 수 없을 정도로 모여 있는 집합체는 상상을 초월할 정도로 복잡함에도 불구하고 마치 처음부터 하나였던 것처럼 작용을 한다, 분자와 원자의 단순한 세계에 익숙해 있던 관찰자들에게 있어 뇌는 이해가 불가능한, 그러나 대단히 훌륭한 현상으로 여겨진다.

신경중추의 주요한 기능 중의 하나는 환경으로부터의 자극에 대해 적절한 태도로 대응한다는 것, 다시 말해서 반사 반응 작용을 일으킨다는 것이다. 개구리의 머리를 잘라 다리를 늘어뜨린 채로 걸어 둔다. 그리고 한쪽 발가락을 꼬집으면 통증에서 벗어나려고 발버둥을 친다. 이 현상은 반사궁(反射弓), 즉 감각신경 세포와 운동 신경세포 두 개가 삭상(索狀) 조직 속에서 서로 연락을 하기 때문이다.

일반적으로 반사궁은 그렇게 단순하지 않으며, 감각 신경세포와 운동세포 사이에 끼어 있는 하나 혹은 여러 개의 연합신경세포를 포함하고 있다. 신경계통은 일상생활의 거의 모든 행동은 물론이고 호흡하거나 마시고, 똑바로 서거나 걷는 등의 반사작용에도 깊은 관계가 있다. 이 움직임들은 자동적이다. 그러나 그중에 몇몇은 의식의 영향을 받는 것도 있다. 예를 들어 자신의 호흡운동에 대해 생각하게 되면 그 리듬이 금세 바뀌게 된다. 이와 달리 심장과 위와 장은 전혀 의식과는 관계가 없다. 그러나 너무 그것에 신경을 빼앗기게 된다면 자동성이 방해를 받을 수도 있다. 서고, 걷고, 달리기 위한 근육도 척수로부터 명령을 받는데, 이 공동 작업은 소뇌에 의해 조종

된다. 삭상조직과 마찬가지로 소뇌도 정신작용에는 관계가 없다.

대뇌피질과
조건반사, 학습

대뇌의 표면, 즉 뇌의 외피에는 다른 종류의 신경기관이 모자이크 모양으로 모여 몸 곳곳으로 이어져 있다. 예를 들어 롤란드(Luigi Rolando, 1773. 6. 16~1831. 4. 20: 이탈리아의 해부학자, 생물학자) 영역으로 알려져 있는 뇌의 측면은 파악과 운동과 나눠진 언어를 담당하고 있다. 외피의 훨씬 뒤에는 시각의 중추가 있다. 각각 다른 장소에 생긴 상처와 종양과 출혈은 각각 대응하는 기능의 장애를 일으킨다. 병의 발생 부위가 뇌 중추와 척수의 하부를 잇고 있는 섬유질일 경우에도 비슷한 장애를 일으킨다. 파블로프(Ivan Petrovich Pavlov, 1849. 9. 26~1936. 2. 27: 러시아의 과학자)의 조건반사라 불리는 반사작용도 대뇌피질에서 일어난다. 개는 입에 음식물이 들어가면 타액을 분비한다. 이것은 선천적인 반사이다. 그러나 항상 먹이를 주는 사람을 봤을 때도 타액을 분비한다.

이것은 후천적으로 획득한 반사, 즉 조건반사이다. 인간과 동물의 신경계통은 이런 성질을 가지고 있기 때문에 교육이 가능하다. 만약 뇌의 표면을 걷어낸다면 새로운 반사작용은 절대로 만들어지지 않는다. 이 복잡한 문제에 대해 인간은 아직 거의 초보적인 지식밖에 가지고 있지 않다. 의식과 신경작용의 관계와 정신과 대뇌의 관계에 대해서는 전혀 모르고 있다. 피라미드 형태를 하는 세포 속에서 벌어지고 있는 일이 어째서 이전의 사건, 혹은 미래에 일어날 일에 영향을 받는지, 또는 어째서 받아들인 자극을 억제로 바꾸는지, 그리고 그 반대의 경우를 성립시키는지 등에 대해서 모르고 있다. 또한 어째서 뇌에서 예상할 수 없는 상황이 벌어지거나, 혹은 어떤 식으로 사고가 생겨나는 것인지에 대해서는 훨씬 더 이해하지 못하고 있다.

신경과 운동의
상호작용

뇌와 척수는 신경과 근육과 함께 나눌 수 없는 하나의 조직을 형성하고 있다. 기능적인 관점에서 보면 근육은 단순히 뇌 일부에 지나지 않는다. 그 근육과 뼈의 힘을 빌려 인간의 지성은 이 세계에 발자취를 남기고 있다. 인간은 골격의 형태 덕분에 환경을 극복할 수 있다. 손발은 지렛대를 이어놓은 것으로 세 개의 부분으로 이루어져 있다. 팔은 움직이는 널빤지인 어깨뼈에 붙어 있는 한편, 다리는 골반과 연결되어 있는 둥근 뼈로 고정되어 거의 움직이지 않는다. 운동의 근육은 뼈를 따라붙어 있다. 팔 끝 근처에서 이 근육들은 힘줄로 바뀌며, 손가락과 손을 움직이게 한다. 손은 정말 걸작이라 부를만하다. 느끼면서 동시에 행동한다. 그것은 마치 눈이라도 달린 것처럼 움직인다. 손은 독자의 성질을 가진 피부, 촉각 신경, 근육, 뼈 덕분에 무기와 도구를 만들 수 있다. 인간은 손가락의 도움이 없었다면 절대로 물질계의 지배자가 될 수 없었을 것이다. 이 손가락은 다섯 개의 작은 지렛대로 각각 세 개의 부분이 관절로 이어져 있으며 장골(掌骨)과 손목의 뼈에 붙어 있다.

손은 매우 섬세한 작업도, 아주 거친 작업도 동시에 가능하다. 손가락은 원시시대 사냥꾼들의 부싯돌의 칼날, 대장장이의 망치, 나무꾼의 도끼, 농부의 낫, 중세 기사의 검, 현대 비행사의 조종 장치, 화가의 붓, 저널리스트의 펜, 견직공의 실을 똑같이 능숙하게 다루어 왔다. 그것은 죽일 수도 살릴 수도, 훔칠 수도 베풀 수도, 밭에서 씨앗을 추수할 수도, 참호에 수류탄을 던져 넣을 수도 있다. 다리는 탄력과 힘과 적응성이 있어 추와 같은 움직임을 통해 달리거나 걸을 수 있다. 바퀴의 원리를 응용하는 단순한 기계는 아직 다리의 능력에 미치지 못한다. 세 개의 지렛대는 골반에 관절로 이어져 있어 어떤 자세라도, 노력이라도, 움직임이라도 유연하고 훌륭하게 적응한다. 잘 닦여진 댄스홀에서도, 미끄러운 얼음판에서도, 광장의 보도블록 위에서도, 로키산맥의 경사에도, 어디든 간에 우리를 데려다준다. 그리고 어떤 조건이든 걷고, 달리고, 넘어지고, 오르고, 수영하여 지구 끝 어디까지라도 걷게 해 준다.

손에 뒤처지지 않고 다른 모든 생물에 대한 인간의 우위를 점하는 데 중요한 역할을 한 기관조직이 또 하나 있는데, 그것은 바로 대뇌피질, 신경, 근육, 연골로 이루어져 있다. 그것은 혀와 후두(喉頭)와 그 신경기관으로 구성되어 있다. 이 조직 덕분에 인간은 자기 생각을 표현하고, 소리라는 수단으로 동료들끼리 교류할 수 있다. 만약 언어가 없었다면 문명은 존재하지 않았을 것이다. 언어를 사용한다는 것은 손을 사용하는 것과 마찬가지로 뇌의 발달을 촉진시켰다. 손과 혀와 후두에 대응하는 대뇌의 부분은 뇌의 표면의 넓은 부분을 차지하고 있다. 신경중추는 쓰고, 말하고, 사물을 파악하고, 처리함과 동시에 역으로 이 모든 행위에 의해 자극을 받게 되어 있다. 결정도 하고 동시에 결정 당하기도 하는 것이다. 정신의 작용은 근육의 율동적인 수축에 의해 도움을 받는 것 같다. 그리고 특정 운동은 사고를 자극하는 것처럼 보인다. 아마도 이 이유 때문이겠지만, 아리스토텔레스와 그의 제자들은 철학과 과학의 기본적인 문제를 토의하면서 걷는 습관이 있었다. 신경중추의 그 어떤 부분도 개별적으로 작용하는 것은 없는 것처럼 보인다. 내장도 근육도 골반도 대뇌도 기능적으로는 결국 하나이다. 골격의 근육도 함께 작용하기 위해서는 뇌와 척수뿐만이 아니라 많은 기관에 의존하고 있다. 그것은 중추신경계통의 지령을 받아 심장, 폐, 내분비샘, 혈액에서 에너지를 얻는 것이다. 뇌의 지령을 행동으로 옮기기 위해서는 몸 전체의 협력이 필요한 것이다.

내장의
신경조직에 대해

자율신경의 작용에 의해 각 내장은 외부에 대응할 때 몸 전체와 협력을 할 수 있다. 위, 간장, 심장 등의 기관은 우리의 의지를 따르지 않는다. 동맥이 퍼진 정도와 맥박의 리듬과 장의 수축을 늘리거나 줄일 수가 없다. 이런 기능들의 자동작용은 기관 속에 있는 반사궁(反射弓)에 의한 것이다. 이것들은 국부적인 두뇌로 신경세포의 작은 집합체이자 조직 속과 피부 아래, 혈관의 주변 등에 퍼져 있다. 반사중추는 그 수가 많으며 내장을 독립시키고 있다. 예를 들어 장의 환상관 하나를 몸에서 떼어내 인공적인 혈액순환으로 배양하더라도 정상적인 움직임을 보인다. 이식된 신장은 신경이 끊어지더라도 곧바로 작용을 시작한다. 대부분 기관은 어느 정도 자유가 보장되어 있다. 덕분에 몸에서 떼어내도 기능을 할 수 있다. 그러나 모든 기관은 무수한 신경섬유에 의해 척주(脊柱)의 앞에 있는 이중의 고리 모양의 교감신경절과 복강의 혈관을 둘러싸고 있는 다른 신경절과 이어져 있다. 이 신경절들은 모두 기관을 통합하여 그 작용을 조절한다. 또한 척수(脊髓)와 뇌와의 관계를 통해 몸 전체에서 노력해야 하는 행위에 대해서는 내장의 작용과 근육의 움직임을 일치시킨다.

내장은 중추신경계통에 의존하고는 있지만, 어느 정도의 독립성도 보장받고 있다. 개와 고양이의 몸에서 혈관과 신경은 그대로 두고 심장의 고동과 혈액의 순환을 멈추지 않고 한꺼번에 폐, 심장, 위, 간장, 췌장, 장, 비장, 신장, 방광을 적출할 수 있다. 만약 적출한 장기들을 따뜻한 용액 속에 넣고 폐에 산소를 공급해 준다면 계속해서 살아 있을 것이다. 심장은 맥박이 뛰고, 위와 장은 음식물을 소화시킨다. 캐논(Waltor Bradford Cannon, 1871~1945: 미국의 생리학자)이 고양이를 대상으로 실험한 것처럼 교감신경의 이중 고리를 절제함으로써 간단하게 살아 있는 내장을 신경중추조직으로부터 떼어낼 수 있었다. 이 수술을 받은 동물은 우리 안에 있는 한 건강하게 살 수 있다. 그러나 자유롭게 살 수는 없다. 생존을 위한 투쟁에 있어서 심장과 폐와 선(腺)은 더 이상 근육과 발톱과 이빨을 돕는 작용을 하지 않기 때문이다.

교감신경과
부교감신경

교감신경의 이중 고리는 두개(頭蓋), 척추(脊椎), 골반의 세 개로 나누어진 신경을 따라 뇌척수조직과 연결되어 있다. 두개와 골반 부분의 자율신경은 부교감신경이라 불리고 있다. 등 부분은 교감신경이다. 부교감신경과 교감신경은 그 작용이 상반된다. 각 기관에는 동시에 이 두 개의 신경계통으로부터의 신경이 뻗어 있다. 부교감신경은 심장의 작용을 느리게 하고 교감신경은 촉진을 시킨다. 후자는 동공을 확장하고 전자는 수축을 시킨다. 그와 반대로 장의 움직임은 교감신경에 의해 둔해지고 부교감신경에 의해 활발해진다. 이 두 개의 신경계 중에 어느 쪽이 우세한가에 따라 인간의 기질이 달라진다. 각 기관의 순환작용은 이 신경들에 의해 조정되고 있다. 교감신경은 동맥을 긴축시켜 격정의 순간과 특정 병에 걸렸을 때 볼 수 있는 것처럼 얼굴을 창백하게 만든다. 그 부분은 다시 피부를 붉게 변하면서 동공이 수축한다. 뇌하수체와 부신(副腎)처럼 특정 선(腺)은 선(腺)세포와 신경세포로 이루어져 있다. 그리고 교감신경의 영향을 받아 활동한다. 이 세포들이 분비하는 화학물질은 혈관에 대해 신경을 자극한 것과 같은 효과를 가져다준다. 다시 말해서 교감신경의 작용을 강하게 하는 것이다. 아드레날린은 교감신경과 마찬가지로 혈관의 수축을 일으킨다. 실제로 자율신경계통은 그 교감신경과 부교감신경의 섬유에 의해 내장 전체의 세계를 지배하며 활동을 통합한다. 적응 기능에 의해 생체는 지속하지만 이 기능은 대부분 교감신경에 의존하고 있으며 그에 대해서는 뒤에서 다루기로 하겠다.

내장기관과
중추신경계통의 연관성

잘 알려진 바와 같이 자율기관은 중추신경계통과 이어져 있는데, 이것이야말로 기관의 모든 기능의 최고 조정자이다. 이것은 뇌의 기저(基底)에 있는 중추로 대표된다. 이 중추가 감정의 표현을 결정한다. 이 부분에 상처나 종양이 생기면 정서적인 기능에 특정한 장애를 일으킨다. 인간이 감정을 표현하는 것은 내분비샘의 작용에 의한 것이다. 수치심과 공포와 분노는 피부의 혈액순환을 바꾼다. 그리고 얼굴을 창백하고 붉게 만들거나, 동공을 수축시키고 확장시키거나, 눈이 튀어나오게 하고, 순환 중의 혈액에 아드레날린을 분비시키고, 위액의 분비를 방해한다. 인간의 의식 상태는 내장의 기능에 많은 영향을 준다. 위와 심장에 관한 수많은 병은 신경의 병에 의해 일어난다. 교감신경계통은 뇌로부터 독립되어 있으나 마음의 고민에 대해서는 충분히 기관들을 지키지 못한다.

기관에는 감각신경이 갖춰져 있다. 그리고 신경중추, 특히 내장의식의 중추로 민감한 신호를 보낸다. 일상의 생존경쟁 속에서 외부 세계의 일에 주의를 기울이고 있을 때는 기관에 의한 자극이 의식에 도달하지 않는다. 그러나 스스로 확실하게 감춰진 힘을 의식하지 않더라도 그 자극은 우리의 사고와 감정과 행동, 더 나아가서 생활 전체에 특정한 영향을 미친다. 인간은 가끔 아무런 이유도 없이 불행이 닥친 것 같은 느낌을 받는다. 또한 기쁘게 느끼거나, 설명할 수 없는 행복감에 젖어 들기도 한다. 이것은 기관조직의 상태가 느끼지 못하는 사이 의식에 작용하였기 때문이다. 병이 든 내장이 이런 방법으로 경고를 하는지도 모른다. 건강한 사람이든 병든 사람이든 위험에 처해있거나 죽음이 다가오고 있다는 것을 느낄 때는 아마도 그런 경고가 내장의식의 중추로부터 발산되기 때문일 것이다. 그리고 내장의식이라고 하는 것은 거의 틀리는 경우가 없다. 그러나 새로운 도시의 사람들은 교감신경의 기능이 정신적 활동과 마찬가지로 쉽게 균형을 이루지 못하는 경우가 있다. 자율신경계통에서는 심장, 위, 장, 선(腺) 등을 살기 위한 고민으로부터 지킬 힘을 점점 잃어가고 있는 것처럼 보인다. 교감신경은 원시시대의 위험과 거친 환경에 대해 충분히 기관을 방어하고 있다. 그러나 그것은 현대 생활의 끊임없는 충격을 견딜 수 있을 만큼 강하지는 않다.

육체의 복잡성과
단순성에 대해

　이처럼 육체는 대단히 복잡한 것으로 서로 다른 세포의 거대한 집합체
이자 각각의 종족은 수십억에 달하는 개개의 세포로부터 완성되어진 것처
럼 보인다. 이 각각의 세포들은 화학물질로 만들어진 액체 속에서 살고 있
으며, 그것은 기관에 의해 만들어진 것과 음식물에서 흡수된 다른 물질에
의해 이루어져 있다. 그리고 몸의 끝에서 다른 끝까지 화학물질을 중개하여
연결하는, 즉 분비물의 힘에 의존하고 있다. 그리고 세포는 신경조직에 의
해 통일된다. 과학적 기술에 의해 밝혀진 것처럼 그 집합체는 대단히 복잡
하다. 그럼에도 불구하고 이 거대한 개체의 집합체는 완전히 통합된 하나의
생물로써 행동한다. 우리의 활동은 단순하다. 예를 들어 작은 것의 무게를

정확하게 측정하거나, 세거나, 틀리지 않고 사물을 일정한 수만큼 골라내기도 한다. 그러나 이런 행위는 아주 많은 요소로 인해 성립되는 것처럼 여겨진다. 그러기 위해서는 근육과 촉각, 망막, 눈과 손의 근육, 무수히 많은 신경과 근육의 세포 등이 서로 잘 협조하여 작용해야 할 필요가 있다. 아마도 그런 단순함이 진짜이고 복잡한 것은 인위적인 것일 것이다, 다시 말해서 관찰하기 위한 기술에 의해 만들어진 것이다. 바닷물만큼 단순하고 균일해 보이는 것은 없다. 그러나 만약 이 물을 약 100만 배로 확대할 능력이 있는 현미경으로 볼 수 있다면 더 이상 단순함은 존재하지 않을 것이다. 맑은 물방울 하나는 서로 다른 크기와 형태를 지닌 분자들의 집단으로 각각 다른 속도로 움직이며 걷잡을 수 없이 무질서한 상태의 것이 되고 말 것이다. 이처럼 이 세상에 있는 것들은 그것을 연구하기 위해 선택하는 수단에 의해 단순하기도 복잡해지기도 한다. 사실 기능적인 단순함은 복잡한 기초로 이루어져 있다. 이것은 관찰에 관한 초보적인 사실이며 그대로 받아들여야만 한다.

기관의 구조적 한계와
기능적 한계

인간의 조직은 서로 다른 종류가 복잡하게 얽힌 상태의 구조물이다. 그것은 본질적으로 서로 다른 수많은 요소로 이루어져 있다. 간장, 비장, 심장, 신장은 특수한 세포의 집합체이다. 이것들은 명백하게 공간적으로 제한되어 있는 개체들의 집합이다. 해부학자와 외과의들에게 있어서 육체의 기관이 서로 다른 종의 혼합체라는 사실은 의심의 여지가 없다. 그러나 사실은 그 정도가 아닐지도 모른다. 기능은 기관만큼 명백하게 밝혀지지 않았다. 예를 들어 골격은 단순히 몸을 지탱하는 틀에 불과하다. 골반의 힘을 빌려 백혈구와 적혈구를 만들어내기 때문에 순환, 호흡, 영양계통의 일부와도 이어져 있다. 간장은 담즙을 분비하고, 독소와 미생물을 파괴하며, 글리코겐을 축적하여 몸 전체의 당질 대사 작용을 조정하고, 헤파린을 만들어 낸다. 췌장, 부신, 비장 등도 마찬가지로 하나의 기능에 국한되어 있지 않다. 각 내장은 많은 기능을 가지고 있으며 거의 모든 육체의 현상과 관계가 있다. 구조적 한계가 기능적 한계보다 좁다. 그런 생리학적 개성이 해부학적 개성보다도 영향을 끼치는 범위가 훨씬 넓다. 특정 세포의 집합체는 스스로 만들어 낸 물질에 의해 다른 모든 집합체에 침투한다. 내장이라 불리는 세포의 거대한 집합체는 이미 잘 알려진 바와 같이 하나의 신경중추가 지배하고 있다. 이 중추는 모든 기관의 온갖 부분에 무언의 지령을 하달한다. 이렇게 해서 심장, 혈관, 폐, 소화기관, 내분비샘의 모든 기관의 개성이 한데 섞여 전체로 결합해 작용을 하게 된다.

육체의 해부학적 이질성과
생리학적 동질성

신체가 서로 다른 종들의 혼합체라는 것은 사실 관찰자의 환상이 만들어낸 결과물이다. 특정 기관은 그 조직학적 요소에 의해 정의를 내려야 하는 걸까, 아니면 끊임없이 자신이 만들어내는 과학물질에 의해 정의를 내려야 하는 걸까?

해부학자는 신장을 명확하게 두 개의 선(腺)이라 보고 있다. 그러나 생리학자의 관점에서 기관이라는 것은 그 표면에 따라 국한되는 것이 아니다. 선(腺)은 자신이 분비하는 물질이 도달하는 곳까지 퍼져 있다. 실제로 기관의 구조적, 기능적 상황은 그 분비물이 배출되는 비율, 혹은 다른 기관에 의한 흡수율에 따라 달라진다. 각각의 선(腺)은 그 내분비물에 의해 몸 전체로 퍼져나간다. 고환에서 혈액 속에 배출되는 물질이 파랗다고 가정해 보자. 그러면 남성의 몸 전체는 파랗게 될 것이고, 고환은 훨씬 더 짙은 색을 띠게 될 것이다. 그러나 이 특수한 색은 모든 조직과 모든 기관은 물론 뼈의 끝 연골까지 물들이게 될 것이다. 그렇게 된다면 육체는 거대한 고환으로 되어 있는 것처럼 보일 것이다. 각 선(腺)의 확장성은 사실 공간적으로도 시간적으로도 몸 전체와 마찬가지인 것이다.

기관이 해부학적 요소로부터 이루어져 있는 것과 마찬가지로 내부의 환경액으로부터도 이루어져 있다. 특수한 세포와 특수한 액체, 즉 환경액에 의해 만들어져 있다. 그리고 이 내부의 환경액은 해부학적 경계를 훨씬 뛰어넘는다. 만약 선(腺)의 개념을 섬유질로 이루어진 구조, 상피세포, 혈관, 신경만으로 한정한다면 살아 있는 유기체로서의 실체는 파악이 불가능하다. 따라서 육체란 해부학적으로는 서로 다른 종의 혼합물이고 생물학적으로는 동질물이다. 마치 아주 단순한 것처럼 행동하지만 복잡한 기계임을 자랑한다. 그리고 이런 대조적 현상은 인간의 마음이 만들어낸 것이다. 우리는 항상 인간이라는 것이 마치 자신들이 만들어낸 기계처럼 조립되었다고 여기기를 좋아한다.

인간 육체의
'존재의식'에 대해

사실 기계나 인간의 몸이나 유기체인 것은 마찬가지이다. 그러나 육체의 조직은 기계의 조직과는 닮아 있지 않다. 기계는 별개의 부품들이 서로 모여 구성이 된다. 일단 하나로 조립이 되면 부품이 가진 다양성은 통합이 된다. 개개의 인간과 마찬가지로 특정한 목적을 위해 조립할 수 있다. 그리고 인간과 마찬가지로 단순하기도 복잡하기도 하다. 그러나 기계는 첫째가 복잡하고 둘째는 단순하다. 이와 달리 인간은 첫째가 단순하고 둘째는 복잡하다. 인간은 하나의 세포로부터 발생한다. 이 세포가 둘로 분열되었다가 계속해서 끊임없이 분열을 한다. 이렇게 해서 구조적으로 정교하게 만들어져 가는 과정에 있어서도 태아는 수정란일 때와 마찬가지로 단순한 기능을 유지하고 있다. 세포는 셀 수 없을 정도로 많은 요소가 된 뒤에도 본래의 단일성을 잃지 않는 것처럼 보인다. 그리고 자연스럽게 통일된 유기체 속에서 자신에게 주어진 기능을 깨닫는다. 만약 동물의 몸에서 상피세포를 떼어내서 몇 달 동안 배양을 하면 마치 표면을 보호하기라도 하듯이 모자이크 형태를 띠기 시작한다. 보호해야 할 표면이 없는데도 불구하고 말이다. 플라스크 속의 백혈구는 적의 습격을 대비할 기관이 없는데도 열심히 미생물과 적혈구를 먹어치운다. 몸의 각 요소들이 전체 속에서 맡은 바 임무에 대해 선천적으로 지식이 있고, 그에 따라 그 존재 양식이 결정되는 것이다.

분리된 세포는 지령을 받지도 않고 목적도 없지만 각 기관의 특성을 가진 조직을 재생하기 시작한다는 불가사의한 힘을 가지고 있다. 만약 림프액 속에 넣은 한 방울의 혈액에서 중력에 의해 적혈구가 조금 흘러나와 작은 흐름이 생겨나면 곧장 양측에 제방이 만들어진다. 그런 다음 이 제방은 섬유소의 단섬유로 자신을 감싸게 되고 흐름은 관을 형성하여 마치 혈관처럼 그 속을 적혈구가 흐르기 시작한다. 그리고 백혈구가 형성되어 관의 표면에 부착하여 물결 모양의 점막으로 감싼다. 그리고 피의 흐름은 수축 세포의 한 겹으로 감싸여 있는 모세혈관의 모양을 하게 된다. 심장도 순환작용도 관개(灌漑)해야 할 조직체도 없지만 분리된 적혈구와 백혈구는 어떻게 해서든 순환기관의 일부를 만들어내려고 한다. 꿀벌은 기하학적으로 작은 방들을 만들어 꿀을 모으고 유충에게 양분을 보급하는데, 마치 각각이 수학과 화학과 생물학을 알고 있는 것처럼 보이며 또한 집합체 전체의 이익을 위해

분골쇄신 일을 하는데, 세포는 이런 꿀벌과 흡사하다. 곤충이 사회적 적응성을 가지고 있는 것과 마찬가지로 조직을 구성하는 세포는 기관을 형성하려고 하는 자연 발생적인 경향이 있는데, 이것은 제일 먼저 관찰되는 사실이다. 게다가 현재의 개념에 비춰보더라도 여전히 설명이 불가능하다.

인간 특유의
복잡하고 신비로운 힘

기관은 인간이 아직 밝혀내지 못한 기술로 자기 자신을 만들어 낸다. 집처럼 외부의 재료로 만들어 내는 것이 아니다. 세포로 구성하는 것도 아니며 단순히 세포가 결합한 것도 아니다. 물론 집을 벽돌로 짓는 것과 마찬가지로 세포로 이루어져 있기는 하다. 그러나 마치 집이 다른 벽돌을 만들어 내는 마법의 벽돌 하나로 만들어졌다고 하듯이 하나의 세포로부터 탄생하는 것이다. 그리고 이런 벽돌이 건축가의 설계도와 벽돌공의 손길을 기다리지 않고 스스로 모여들어 벽을 형성한다. 게다가 유리창, 지붕, 연료용 석탄, 부엌과 목욕탕의 물로도 변신한다. 기관은 마치 어릴 적 들었던 옛날이야기 속의 요정들처럼 변신한다. 조직은 아무리 생각해 봐도 앞으로 어떻게 될지를 잘 알고 있는 세포에서 발생해 혈장에 포함되어 있는 물질까지 건축재료뿐만이 아니라 목수와 미장공까지 합성해 내는 것 같다.

육체가 이용하는 이런 방법들은 우리가 이용하는 방법처럼 단순하지 않다. 그것은 너무나도 불가사의하게 여겨진다. 기관 속의 세계에서는 인간의 지성과 비슷한 것을 만나는 경우가 없다. 그리고 지성은 질서정연한 우주의 단순함을 따르고 있으며 생물의 내부조직의 복잡함을 따르고 있지 않다. 지금의 우리로서는 육체 조직의 양식과 그 영양면, 신경면, 정신면에서의 활동 양식을 이해할 수 없다. 기계학, 물리학, 화학의 법칙은 자동 능력이 없는 물질에는 완전히 적용이 가능하다. 부분적으로는 인간에게도 해당한다. 19세기의 기계론자의 환상과 자크 러브의 독단, 인간을 물리화학적으로만 보는 유치한 개념을 여전히 많은 생리학자와 의사들이 신봉하는데, 이것은 반드시 폐기해야만 한다. 또한 물리학자와 천문학자의 철학적이면서도 인문주의적 꿈도 버려야만 한다.

다른 많은 사람을 모방해서 제임스 진스(Jeans J. H, 1877~1945: 영국의 천문학자)도 이 대우주의 창조주인 신은 수학자라고 굳게 믿고 또한 그렇게 가르쳤다. 만약 정말로 그렇다면 육체의 세계, 생물, 그리고 인간은 틀림없이 다른 신에 의해 만들어졌을 것이다. 인간의 사색은 정말로 소박하다. 실제로 인간의 육체에 관한 우리의 지식은 대단히 초보적 수준에 불과하다. 현재로서는 그 조직을 파악한다는 것은 불가능하다. 따라서 기관의 기능과 정신의 활동을 과학적으로 관찰하는 것으로 만족해야만 한다. 그리고 다른 이정표가 없더라도 미지의 것을 향해 전진해야 할 것이다.

강인한 육체를 받쳐주는
소질과 단련

인간의 육체는 대단히 강인하다. 극한의 추위와 열대의 더위, 그 어떤 기후에도 적응을 한다. 그리고 아사, 악천후, 피로, 곤경, 과로에 대해서도 저항한다. 인간은 다른 동물들 보다 훨씬 고통과 역경을 견딜 수 있으며, 그중에서도 백색인종은 이 문명을 이룩한 사람들이며 가장 강인하다. 그러나 인간의 기관은 취약하다. 아주 작은 충격으로도 파괴될 수 있다. 그리고 혈액의 순환이 멈추면 곧바로 무너지고 만다.

육체의 이런 대조적인 강인함과 취약함도 생물학에서 조우하는 많은 다른 상반된 것들과 마찬가지로 마음이 만들어낸 환영에 불과하다. 인간은 끊임없이 무의식적으로 자신들의 육체를 기계와 비교하고 있다. 기계의 강도는 제조하는 데 사용된 부품들의 조립 완성도에 달려있다. 그러나 인간의 경우에는 다른 원인이 있다. 그 내구성은 특히 조직의 순응성, 끊기, 소모되는 대신에 성장하는 특성, 그리고 새로운 상황에 조우했을 때 그것에 대응하여 변하고 적응할 때 육체가 보여주는 불가사의한 능력에 크게 의존하고 있다.

질환, 일, 근심에 대한 저항력, 노력하는 능력, 균형 잡힌 신경이 인간의 우수함을 나타낸다. 유럽의 경우에서처럼 미합중국에서의 문명 창시자들의 특징은 이런 자질을 갖추고 있다. 백색인종은 신경조직이 완벽하기 때문에 성공할 수 있었다. 그들의 신경조직은 쉽게 격양되기 쉽지만, 훈련을 통해 단련할 수 있다. 구미와 미국에 사는 수많은 사람이 다른 나라와 비교해서 탁월한 것은 그들의 조직과 의식이 대단히 뛰어나기 때문이다.

'문명인' 이야말로 육체적 노력,
정신적 규율 단련이 필요

우리는 기관의 강인함, 신경적으로 정신적으로 우수하다는 지식이 없다. 그것이 세포의 구성과 세포가 합성하는 화학물질과 체액과 신경에 의한 기관의 통합방법에 의한 것이라고 봐야 하는 것일까? 우리는 알지 못한다. 이런 소질들은 유전적인 것이다. 수 세기에 걸쳐 우리 민족 속에 존재하는 것이다. 그러나 가장 위대하고, 가장 풍요로운 국가라 할지라도 그것이 사라지는 경우가 있다. 과거 문명의 역사는 그런 재난이 일어날 수 있다는 것을 잘 확인시켜 주고 있다. 그러나 어째서 그렇게 되었는지는 명백히 밝혀지지 않았다.

위대한 국민에게는 모든 역경을 이겨내고 육체와 정신의 저항력을 유지해야만 한다는 것은 명백한 사실이다. 정신적으로, 신경적으로 강하다는 것은 근육적 강인함보다 훨씬 중요하다. 위대한 민족의 자손은 퇴보하지만 않는다면 역경과 공포에 대해 선천적으로 저항력을 가지고 있다. 그들은 자신의 건강과 안전에 대해 생각하지 않는다. 약에 흥미를 느끼지 않고 의사도 무시한다. 그리고 생리화학자들의 모든 비타민 종류와 내분비샘으로부터의 분비물을 순수한 상태로 구할 수 있게 된다면 '황금시대'가 온다는 말 따위는 믿지 않는다. 스스로 싸우고, 사랑하고, 생각하고, 정복하는 운명이라고 여기고 있다. 안전이 최우선이 되어서는 안 된다는 것을 잘 알고 있다. 그들이 환경에 대해 취하는 행동은 야생 동물이 먹이에 달려들 듯이 본질은 단순한 것이다. 동물이 자신의 복잡한 구조에 대해 생각하지 않는 것처럼 그들도 생각하지 않는다.

건강한 육체는 묵묵히 살아내고 있다. 그 모든 작용은 들리지도 느낄 수도 없다. 우리의 생존 강령은 전신에 느껴지는 감각에 의해 드러나고, 조용히 묵상하고 있으면 16 실린더의 모터가 부드럽게 회전음을 내듯이 의식의 깊은 곳을 채워준다. 기관의 기능이 조화를 잘 이루고 있으면 평화로운 느낌이 든다. 특정 기관이 쇠퇴하기 시작하면 이 평화는 깨지고 말 것이다. 고통은 쇠퇴의 증거이다. 병에 걸리지 않았는데도 건강하지 않은 사람이 많다. 아마도 조직의 특정 부분에 질적 결함이 있기 때문일 것이다. 결함이 있으면 선(腺)과 점막의 분비물이 너무 적거나 많아지게 될 것이다. 신경조직의 감수성이 너무 민감할 수도 있다. 기관의 기능이 공간적으로 시간적으로 제대로 연계가 이루어지지 않을 수도 있다. 또한 조직은 선천적으로 감염에 대한 저항력이 있어야 하지만 저항력이 떨어졌을 수도 있다. 이런 사람은 기관의 결함을 느끼며 대단히 초라해진다. 조직과 기관을 조화롭게 발달시키는 방법이 먼 미래에 발견된다면 아마도 파스퇴르 이상으로 인류에게 공헌하게 될 것이다. 왜냐하면 그것을 발견한 사람은 진정한 신의 선물이라 할 수 있을 정도로 귀한 선물, 즉 행복해지기 위한 적응성을 인간에게 선물하는 것이기 때문이다.

육체가 강해지기 위해서는 여러 가지 원인이 있다. 음식물이 부족하거나 너무 지나친 것과 알코올 중독, 매독, 근친상간, 그리고 번영과 오락으로 인해 조직의 소질이 저하 된다는 것은 잘 알려진 사실이다. 지나친 부유함은 무지와 빈곤과 마찬가지로 위험하다. 문명인은 열대 기후 속에서는 퇴화한다. 하지만 온난한 나라, 혹은 추운 나라에서는 번영한다. 문명인에게 있어 끊임없는 고투와 정신적, 육체적 노력과 심리적, 정신적 규율의 단련, 그리고 어느 정도의 부족함을 동반한 삶이 필요한 것이다. 이런 상황이 육체를 피로와 비애와 맞서 단련시켜 준다. 그리고 질환, 특히 신경계의 질환으로부터 육체를 지켜준다. 이것이 인간을 자극해서 거부하지 않고 미지의 세계를 정복하도록 만든다.

병을 극복하는
'인간의 과학'

병이란 기능적 부조화와 구조적 부조화로 인해 발생한다. 인간 기관의 활동은 그 수가 대단히 많으며, 병의 종류 또한 그에 뒤지지 않을 만큼 많다. 위, 심장, 신경계통 등의 병이 있다. 그러나 육체는 병이 들었을 때도 건강할 때와 마찬가지로 통합성을 유지하고 있다. 다시 말해서 전체로서의 병인 것이다. 어떤 장애도 엄밀하게 말하자면 한 기관에만 국한되는 것이 아니다. 의사들은 인간에 관한 낡은 해부학적 개념에 따라 각 질환을 하나의 전문분야로 여기도록 배워왔다. 인간의 각 부분과 전체의 양면을 해부학적, 생리학적, 정신적 관점에서 동시에 이해하는 사람만이 환자를 이해할 수 있다.

병은 크게 두 종류로 분류되는데, 전염성 병원균에 의한 것과 변질성의 것이 그것이다. 전자는 바이러스나 박테리아가 몸속에 침투했을 때 일어난다. 바이러스는 눈에 보이지 않는 생물로 매우 작아서 단백질의 분자보다 크다고는 할 수 없을 정도다. 그리고 세포 안에서 살고 있다. 녀석들은 신경 조직, 혹은 피부와 선(腺)의 조직을 좋아한다. 그리고 인간과 동물의 이런 조직들을 파괴하거나 기능을 퇴화시킨다. 소아마비, 유행성 감기, 기면성 뇌염, 또한 홍역, 발진티푸스, 황열(黃熱), 그리고 아마도 암 또한 이것 때문일 것이다. 이 바이러스는 해롭지 않은 세포, 예를 들어 암탉의 백혈구를 사나운 야수로 바꿔 근육과 기관을 공격하여 암탉을 이삼일 내에 죽게 만든다. 이 무서운 생물에 대해서 우리는 아는 게 전혀 없다. 아무도 그것을 본 사람이 없다. 그저 조직에 영향을 끼쳐야만 그 존재를 깨달을 수 있다. 이런 맹공격 앞에서 세포는 무방비상태이다. 나뭇잎이 연기에 무기력한 것과 마찬가지로 세포는 바이러스에 저항이 불가능하다. 바이러스와 비교하면 박테리아는 거인과 같은 것이다. 그러나 장, 코, 눈, 목구멍의 점막이나 상처를 파고들어 쉽게 체내에 침입한다. 그리고 세포 속이 아니라 그 주변에 점착한다. 그들은 기관을 분리하는 느슨한 조직을 공격한다. 그리고 피부 아래, 근육 사이, 복강, 뇌와 골수를 감싸고 있는 점막 속에서 번식한다. 녀석들은 간질 림프액에 유독물질을 분비한다. 또한 혈액으로 들어가는 경우도 있다. 그리고 모든 기관의 기능을 혼란시켜 버린다.

변질성 질환은 자주 특정 심장병이나 신장병과 같은 박테리아 감염 때문에 걸리는 경우가 많다. 또한 기관 속에 조직 자체로부터 유독물이 흘러나와 몸속에 그대로 남아 있기 때문에 걸리기도 한다. 갑상샘의 분비물의 양이 지나치게 많거나 독성을 띠게 되면 안구 돌출성 갑상샘종의 증상이 나타난다. 또한 특정한 장애는 영양상 없어서는 안 되는 분비물의 부족으로 일어난다. 갑상샘, 췌장, 간장, 위의 점막 등의 내분비샘에 장애가 일어나면 점액수종, 당뇨병, 악성빈혈 등을 일으킨다. 또한 비타민, 무기염, 요오드, 금속 등, 조직의 구성과 유지에 필요한 물질이 부족해서 일어나는 병도 있다. 만약 기관이 장을 통해 외부로부터 육체를 만들어 가는 데 필요한 물질을 얻지 못한다면 세균감염에 대한 저항력을 잃게 되어 조직구성에 장애를 일으켜서 독성을 내보내게 된다. 또한 현재로서는 미국, 유럽, 아프리카, 아시아, 오스트레일리아의 모든 의학연구에 전념하는 과학자들과 연구소들을 괴롭히고 있는 질환도 있다. 암, 신경, 정신계통의 질환이 그 안에 포함된다.

현대의학의
사명은 무엇인가

건강에 관해서는 금세기 초 이래 크나큰 발전을 거듭하고 있다. 결핵은 거의 정복을 했다. 유아가 설사, 디프테리아, 장티푸스 등으로 사망하는 일은 없어졌다. 박테리아가 원인인 병은 놀랄 만큼 감소했다. 평균수명이

1900년에는 겨우 49세에 불과했지만, 현재는 11살 이상 늘어났다. 각 연령층의 사람들이 살아남아 성숙하게 될 가능성이 눈부시게 늘어났다. 이런 의학의 승리에도 불구하고 질환에 관한 문제는 아직 갈 길이 멀다. 현대인은 섬뜩하다. 1억 2천만 명의 의학적 요구에 응하기 위해 백십만 명이 일하고 있다. 해마다 미국 국민 중에서 중증, 경증을 포함해 약 1억의 환자가 있다. 1년 평균 하루에 70만 개의 병원 침대가 사용되고 있다. 이 환자들의 치료를 위해 14만 5천 명의 의사와 28만 명의 간호사와 수습 간호사, 6만 명의 치과의사, 15만 명의 약사가 필요하다. 거기에 7천 곳의 병원, 8천 개의 진료소, 6만 개의 약국도 필요하다. 일반 대중은 약을 사는데 연간 7억 천 5백 달러를 지출하고 있다. 의료에는 모든 형태를 합쳐 연간 약 30억 달러의 비용이 필요하다. 질환은 아직은 무거운 짐이다. 그것이 현대생활에 얼마나 막대한 영향을 끼치고 있는지는 계산을 할 수 없다.

의학이 인간의 고민을 줄여줄 수 있다고 사람들이 믿도록 노력하고 있다. 하지만 아직 그렇게 되기에는 갈 길이 멀다. 감염에 의한 병의 사망자 수가 격감한 것은 사실이다. 그러나 인간은 결국 죽어야만 하고, 변질성 질환으로 죽는 사망자 수는 훨씬 많아졌다. 디프테리아, 천연두, 장티푸스 등을 정복해서 생명을 연장시켜 왔지만 그만큼 오랜 세월 동안 만성 장애, 특히 암과 당뇨병과 심장병으로 고통받으며 죽음의 문턱을 오가고 있다. 게다가 옛날처럼 만성 신염, 뇌종양, 동맥경화, 매독, 뇌출혈, 고혈압, 그리고 이 모든 병들로 인해 발생하는 지적, 정신적, 심리적 장애로부터 벗어날 수 없다.

또한 음식물의 과다 섭취, 운동 부족, 과로의 연속으로 인해 기관과 기능이 장애를 일으킨다. 정신의 평균적 결여와 내장신경계통의 신경증은 위와 장에 많은 장애를 불러일으킨다. 심장병도 늘어나고 있다. 당뇨병도 마찬가지다. 중추신경계통의 만성적 질환도 무수히 많다. 평생 각 개인은 끝없이 흥분, 소음, 근심에 노출되어 있기 때문에 어떤 형태로든 신경쇠약과 우울증으로 고민한다. 현대의 위생학에 의해 인간의 생존은 훨씬 길고 안전하고 쾌적해졌지만, 질환을 극복하지는 못했다. 단지 그 성격이 바뀌었을 뿐이다.

이 변화는 전염병을 제거한 결과라는 것은 의심의 여지가 없다. 그러나 새로운 생활양식의 영향으로 인해 조직에 체질적 변화가 일어났기 때문일 수도 있다. 인간의 육체는 퇴행, 변질성의 질환에 쉽게 영향을 받는 것 같다. 육체는 끊임없이 신경과 정신의 충격으로 인해 장애를 일으킨 기관이 만들어 내는 독소와 음식물과 공기 중에 포함되어 있는 유기물질에 노출되어 있다. 또한 본질적인 생리학적 기능의 결함에도 노출되어 있다. 음식물이 과거처럼 영양가 있는 물질이 포함되어 있지 않을 수도 있다.

대량생산으로 인해 밀, 달걀, 우유, 과일, 버터 등을 아주 쉽게 찾아볼 수 있지만, 성분은 변했다. 화학비료는 토양의 소모된 요소들을 보충하지 않은 채로 작물의 수확량을 증가시켜주었고, 간접적으로 곡물과 채소의 영양성분을 바꿔버렸다. 암탉도 인공사료와 생활양식 덕분에 대량생산자라는 지위에 오르게 되었다. 그런 달걀의 질이 과연 바뀌지 않을 수 있을까? 소들은 1년 내내 우리에 갇힌 채 인공적으로 생산된 사료로 사육되고 있기 때문에 우유에 대해서도 똑같은 의문이 생긴다. 위생학자들이 질환의 원인에 대해 충분한 주의를 기울이고 있다고 할 수 없다. 생활 상태와 음식물, 그것이 현대인에게 주어진 생리, 정신면에 끼치는 영향에 관한 연구는 표면적이고 불충분하며 그 기간도 너무 짧다. 위생학자는 이렇게 해서 우리의 육체와 정신이 나약해진 한 원인을 만들고 있다. 그리고 문명에 기반을 두고 일어나는 퇴행, 변성 질환에 대해 무방비인 채로 인간을 방치하고 있다. 우리는 인간의 정신 활동의 본질을 고려하지 않는 한 이런 영향의 특성을 이해할 수 없다. 질환에 대해서도 건강할 때와 마찬가지로 육체와 의식은 서로 다르지만 떼려야 뗄 수 없다.

제4장

창조하는 정신

There is more to life than increasing its speed.

속도를 올리는 것만이 인생은 아니다.

· Mohandas Karamchand Gandhi(인도의 변호사, 종교가, 정치 지도자) ·

'정신', 그 힘을
해명하는 역사

육체는 생리적인 활동과 동시에 '정신적'이라 불리는 또 다른 행동도 한다. 기관은 기계적인 작용, 열, 전기적인 현상, 화학적 변화로 표현되는데, 이런 것들은 물리, 화학기술에 의해 측정이 가능하다. 정신의 존재, 의식의 존재는 자기 성찰과 인간의 행동을 연구하는데 이용되는 또 다른 방법을 통해 알 수 있다. 의식의 개념이란 자기 자신이나 타인의 자기표현에 대해 스스로 분석하는 것과 같다. 분류한다는 것은 인위적인 것에 지나지 않지만, 편의상 정신 활동을 지적, 도덕적, 미적, 종교적 관점으로 나누기로 하겠다. 사실 육체와 정신은 하나의 대상을 다른 방법으로 파악하는 것으로 인간의 이성에 의해 인간이라는 구체적인 통일체로부터 얻어낸 추상개념이다. 육체와 정신이 대조적으로 상반되게 보이는 것은 단순히 두 가지 방법이 상반된다는 것을 보여주는 것에 지나지 않는다. 데카르트는 이 추상개념을 실제의 것으로 믿고 육체와 정신을 서로 다른 것, 즉 두 가지가 서로 다른 것으로 생각했다. 이것은 데카르트의 착각이다. 인간에 관한 인간 지식의 역사 전체를 통틀어서 이 이원론은 큰 부담이 되고 있다. 이것이 정신과 육체의 관계에 대해 잘못된 문제를 제기하고 있기 때문이다.

사실 그런 관계는 존재하지 않는다. 정신과 육체를 서로 분리하여 연구할 수는 없다. 우리는 단지 하나의 복합체를 관찰하는 것에 지나지 않으며 그 행동을 편의상 생리적인 것과 정신적인 것으로 나눌 뿐이다. 물론 인간은 영혼을 하나의 실존체로 여기며 이야기할 것이다. 마치 갈릴레오 시대부터 모든 사람이 태양은 움직이지 않는다는 사실을 알고 있으면서도 '해가 진다. 해가 떠오른다.' 라고 말하는 것과 같다. 정신은 인간의 일면이기는 하지만 그것은 인간 본질의 특성이자 인간을 다른 동물과 구별해 주는 것이다. 우리는 이렇게 가깝고도 대단히 불가사의한 존재를 정의할 수가 없다.

인간의 심원에 살면서 측정 가능한 양의 화학물질을 소비하는 일도 없다. 사고라고 하는 신비적인 존재를 과연 어떻게 받아들이는 것이 좋을까? 이미 밝혀진 에너지라는 형태와 관계가 있는 것일까? 물리학자들은 무시하고 있다. 빛보다 훨씬 중요하면서 이 우주에서 하나의 구성요소를 이루고 있는 것은 아닐까? 정신은 살아 있는 육체 속에 감춰져 생리학자와 경제학자에게는 완전히 무시를 당하고 있으며, 의사들조차 거의 주의를 기울이지 않고 있다. 그런데도 이 세계에서 가장 거대한 힘이기도 하다. 그것은 췌장이 인슐린을, 간장이 담즙을 만들어 내는 것처럼 대뇌의 세포에 의해 만들어진 것일까? 어떤 물질 때문에 이렇게 정교하게 만들어지는 것일까? 이미 존재하는 요소들로부터 만들어지는 것일까? 마치 글리코겐에서 글루코스(포도당)가 만들어지고, 섬유소원에서 섬유소가 만들어지는 것처럼. 물리학이 연구했던 것과는 다른 종류의 에너지로 구성된 걸까? 아니면 물질과는 다른 존재로 공간과 시간을 초월한 광활하고 무한한 우주를 벗어난 차원에 존재하며 미지의 방법으로 인간의 두뇌에 들어와, 그것이 자기를 표현하는 데 없어서는 안 될 조건이자 그 특성을 결정하는 요인이라고 생각해야 하는 걸까?

어떤 시대, 어떤 나라든 간에 철학자들은 이런 문제들을 해명하는 데 평생을 바쳤다. 그러나 여전히 그 해답을 찾지 못하고 있다. 우리도 똑같은 의문을 멈춰서는 안 된다. 단지 이 질문들은 의식 속의 훨씬 깊은 곳에 침투하여 새로운 방법이 발견되지 않는 한 대답을 얻을 수 없을 것이다. 그러나 그러는 사이에도 우리는 단순히 추측하거나 꿈만 꾸고 있지 않고 알고자 하는 충동을 일으킨다. 인간의 이런 본질적이고도 특유한 부분에 대한 이해가 발전되기 위해서는 현재의 관찰 방법으로 얻을 수 있는 현상과 생리적 활동과의 관계에 대해 주의 깊은 관찰이 필요하다. 그리고 사방이 온통 짙은 안개로 싸여 있어 지평선조차 확인이 불가능한 자신 속의 이 경계를 탐험할 용기를 가져야 할 것이다.

물질이 정신으로부터 분리되었던
르네상스 이후의 과학

　인간에게는 현실의 활동과 잠재적 활동이 있다. 특정 시기, 특정 환경에서는 표면적으로 드러나지 않은 기능도 끊임없이 드러나는 것들과 마찬가지로 실존하고 있다. 중세 네덜란드의 신비가로 칭송받는 루이스브렉(Jan van Ruysbroeck, 1293~1381)이 쓴 책도, C.베르나르(Claude Bernard, 1813~1878)의 책처럼 많은 진실을 포함하고 있다. '영적 결혼의 장식' 과 '실험의학의 서설' 은 같은 것이 가지는 두 가지 측면에 대해 적고 있다. 단, 전자는 비교적 희박하게 나타나고 후자는 훨씬 통상적인 현상이라는 차이가 있을 뿐이다. 플라톤이 생각한 인간 활동의 형태는 굶주림, 갈증, 성욕, 탐욕과 같은 것 보다 훨씬 인간의 본성에 특유한 것이 있다. 르네상스 이래 인간의 특정한 면만 중요시하게 된 것이다. 물질이 정신으로부터 분리된 것이다. 그리고 정신보다 물질을 훨씬 더 진실이라고 여겼다.

　생리학과 의학은 육체 활동의 화학적인 현상과 조직을 현미경으로 보고 알 수 있을 정도의 기관 장애에 주의를 집중시키고 있다. 사회학은 독특하다고 할 수 있을 정도의 방법으로 기계를 움직이는 능력, 업무의 생산고, 소비자로서의 구매력과 같은 경제적 가치의 견해로 인간을 보고 있다. 위생학은 건강, 인구의 증가 방법, 전염병 예방, 그리고 생리학적 복지를 최대한 증진하는 데 전념하고 있다. 교육학은 아이들의 지적, 육체적 발달에 노력을 쏟고 있다. 그러나 이런 과학은 모두 다 의식의 여러 면에 관한 연구를 등한시하게 만들고 있다. 이런 과학들은 생리학과 심리학의 빛을 모아 한데 비추어서 인간을 연구해야만 한다. 그리고 자기 성찰을 통해 얻은 데이터와 행동을 연구하여 얻은 데이터를 공평하게 이용해야 할 것이다. 이런 방법들은 결국 같은 목표에 도달하게 되겠지만 하나는 인간을 내면으로부터, 다른 한 편은 외면으로부터 고찰하는 것이다. 어느 한쪽을 다른 한쪽보다 중요시할 이유는 전혀 없다.

'지적능력'을
향상시키는 것, 방해하는 것

인간에게 지능이 있다는 것은 관찰을 하는 데 있어 가장 중요한 요소이다. 어떤 대상 간의 관계를 식별하는 이 능력은 각각의 개인에게서 특정 수치와 형태로 드러난다. 지능은 적절한 수단을 통해 측정할 수 있다. 그러나이 측정방법은 지능의 표면만을 다룰 뿐이다. 때문에 지적 가치를 정확하게 알 수가 없다. 그러나 인간을 대략 분류할 수는 있다. 별로 중요하지 않은 위치, 예를 들어 공장 노동자들이나 은행과 상점 등의 사무원에 적합한 사람을 고르는 데는 도움이 된다. 그리고 대부분 인간의 정신적 약점이라는 중요한 요소를 명백히 밝혀준다. 개개인의 지능은 양적으로나 질적으로나 매우 복잡하고 다양하다. 이런 의미에서 어떤 사람은 거인이지만 대부분 사람은 그저 평범한 사람에 불과하다.

사람들은 모두 지적능력이 다르다. 그러나 지적능력이 높든 낮든 간에 실질적으로 이 잠재능력을 발휘하기 위해서는 끊임없는 훈련과 확실하지는 않지만 특정한 환경상의 조건이 필요하다.

지적능력은 정확하게 추리하는 습관, 논리학의 공부, 수학적 기호의 사용, 정신의 규율, 대상을 깊고 완벽하게 관찰함으로써 높아진다. 그와 반대로 관찰이 불완전하고 표면적이고, 온갖 이미지를 대충 받아들여 그 표상이 다중적인 것, 지적 규율의 결여 등은 지능의 발달을 방해한다.

우리는 과밀한 도시에 사는 아이들이 수많은 인파와 사건 사고에 파묻혀 살고, 기차와 자동차를 타고, 거리의 혼돈 속에 서 있고, 하찮은 영화를 보고, 학교에서도 지적인 집중력을 요구하지 않은 채로 살아감으로써 얼마나 지능이 떨어지고 있는지를 잘 알고 있다. 지능의 성장을 촉진시키거나 방해하는 요인은 또 있다. 그것은 특정 생활양식과 식습관이다. 그러나 아직 그 결과는 명백히 드러나지 않았다. 과식과 지나친 운동은 지능의 발달을 방해하는 것처럼 보인다. 운동선수는 일반적으로 지능이 높지 않다. 지능을 최대한으로 발달시키기 위해서는 전체적으로 균형을 이룬 조건이 인간의 정신에 필요할 것이다. 그리고 그것은 특정 시기에, 특정 국가에 있어서만 진행되고 있는 것 같다.

문명의 역사 속에서 중요한 시대를 살았던 사람들의 생활양식, 음식물, 교육은 과연 어땠을까? 우리는 지능의 발달에 대해 거의 아는 것이 없다. 그런데도 단지 기억력을 훈련시키거나 현대식 학교에서의 공부를 통해 아이들의 정신을 발달시킬 수 있다고 믿고 있다.

과학에 영향을 끼치는
'인스피레이션(영감)'의 힘에 대해

과학의 탄생은 지능에 의해서만 가능했던 것이 아니다. 그러나 지능은 과학을 만들어 내는 데 없어서는 안 되는 요인이다. 그리고 역으로 과학이 지성을 강화하는 측면도 있다. 과학은 인간에게 새로운 지적 태도, 관찰과 실험과 윤리적인 추리에 의한 확신을 심어 주었다. 과학을 통해 끌어낸 확신은 신앙에 의한 것과는 매우 상이하다. 후자가 훨씬 심원(深遠)하다. 그것은 토론을 거쳐 흔들리지 않는다. 그것은 투시를 통해 얻은 확신과 닮았다. 그러나 기묘하게도 투시가 과학과 전혀 무관하지 않다. 위대한 발견은 분명 지능만의 산물이 아니다.

천재는 관찰력과 이해력이 있을 뿐만 아니라 직관력과 창조적 상상력과 같은 자질도 갖추고 있다. 이 직관력 덕분에 다른 사람들은 지나쳐 버리는 것을 볼 수 있어 고립되어 있는 것처럼 보이는 현상 사이의 관계를 꿰뚫어 보고, 무의식적으로 미지의 보물에 대해 존재를 느낄 수 있는 것이다. 위대한 인물은 모두 직관력이 뛰어나다. 그들은 분석과 이론 없이 무언가를 깨닫는 것이 얼마나 중요한 것인지를 알고 있다. 참된 지도자는 부하를 선별하는 데 있어 심리 테스트나 신원증명서 등은 필요하지 않다. 우수한 재판관은 법률상의 세세한 토론을 하지 않더라도, 카도조(Benjamin Nathan Cardozo, 1870~1938: 미국의 법률가)에 의하면 잘못된 전제로부터 시작했다 하더라도 공정한 판결을 내릴 수 있다고 한다. 위대한 과학자는 직관에 따라 발견의 길을 걷고 있다. 과거에는 이 현상을 인스피레이션(영감)이라 불렀다.

과학자는 서로 다른 두 타입—이론적과 직관적—으로 나뉜다. 과학의 진보는 이 두 타입의 전신에 의존하고 있다. 수학은 단순히 논리적인 구조임에도 불구하고 직관력도 이용한다. 수학자 중에는 직관형과 논리형, 분석형과 기하학형이 있다. 에르미트(Charles Hermite, 1822~1901: 프랑스 수학자)와 바이어슈트라스(Karl Theodor Wilhelm Weierstrass, 1815~1897: 독일의 수학자)는 직관형이었다. 리만(Georg Friedrich Bernhard Riemann, 1826~1866: 독일의 수학자)과 베르트랑(Joseph Bertrand, 1822~1900: 프랑스 수학자)은 논리형이었다. 직관에 의한 발견은 항상 이론에 의해 발전되었다. 일상생활에 있어서도 과학과 마찬가지로 지식을 얻기 위한 수단으로서의 직관은 강력하면서도 위험을 동반한다. 때로는 거의 환상과 구별을 할 수 없을 때가 있기도 하다.

이것을 완전히 신뢰해 버리는 사람은 과오를 범하게 된다. 직관은 언제나 신용할 수 있는 것과는 거리가 멀다. 그러나 위대한 사람과 깨끗한 마음을 가진 순수한 사람은 직관력에 의해 지적, 정신적 생활의 정상에 오를 수 있다. 그것은 정말로 불가사의한 능력이다. 지성의 도움을 받지 않고서도 진실을 꿰뚫어 볼 수 있다는 것은 설명이 불가능해 보인다. 또한 직관의 또 다른 일면은 즉석에서 관찰하고 그것으로부터 빠르게 추론을 내리는 것과 비슷하다. 이따금 의사가 자기 환자의 현재와 미래의 상태에 대해 가지고 있는 견해라고 하는 것은 이런 성질의 것이다. 한눈에 상대의 가치를 평가하고 장단점을 파악하는 경우에도 똑같은 현상이 일어나는 것이다. 그러나 다른 국면에서는 관찰과 추리와는 아무런 관계없이 일어나는 직관도 있다. 우리는 어떻게 해서 목표에 도달하는 것이 좋을지 모를 때, 또한 그 목표가 어디에 있는지 모를 때, 이 직관에 의해 인도되는 경우가 있을지도 모른다. 이런 형태의 지식은 투시와 샤를 리세(Charles Robert Richet, 1850. 8. 26~1935. 12. 4: 프랑스, 노벨 생리, 의학상 수상)의 제6감과 매우 흡사하다.

투시, 텔레파시는
어떻게 가능한가?

투시와 텔레파시는 중요한 과학적 관찰 대상이다(많은 생물학자와 의사들은 다른 심령현상과 마찬가지로 텔레파시 현상의 존재도 인정하지 않는다. 그들의 태도는 결코 비난할 수 없다. 왜냐하면 이 현상은 예외적이며 그 모습이 명백하지 않기 때문이다. 그것은 마음먹은 대로 재현이 불가능하다. 게다가 인간은 수 세기에 걸쳐 셀 수 없을 만큼 많은 미신과 거짓과 환영을 거듭해 왔기 때문에 텔레파시는 그 속에 묻히고 말았다. 어떤 나라, 어떤 시대든 간에 텔레파시에 관한 이야기가 등장함에도 불구하고 과학적으로 조사한 적은 없다. 그러나 그것들은 사실이며 희박하기는 하지만 정상적인 인간행동의 일부이기도 하다. 나는 젊은 의학생 시절에 텔레파시에 대한 연구를 시작했다. 이 문제에 생리학, 화학, 병리학에 대한 의욕만큼 흥미를 느끼고 있었다. 나는 이미 오래전에 심령을 연구하는 전문가들의 방식이 불충분하다는 것과 직업적 영매가 자주 강신술(降神術)을 할 때 실험자가 초보자라는 것을 악용하고 있다는 것을 눈치챘다. 때문에 직접 관찰과 실험을 하기로 했다. 나는 이 장에서 타인의 의견이 아닌 스스로 터득한 지식을 인용하고 있다. 심령학의 연구도, 심리학과 생리학의 연구와 마찬가지이다. 과학자들은 이것이 정통적이지 않은 형태를 취하고 있다고 해서 깜짝 놀라며 물러서서는 안 된다. 잘 알려진 바와 같이 투시와 텔레파시에 대한 몇몇 과학적 방법이 적용되어 그럭저럭 성공을 거두고 있다. 1882년 케임브리지 대학의 철학 교수인 헨리 시지윅(Henry Sidgwick, 1838. 5. 31~1900. 8. 28)을 회장으로 한 심령연구협회가 런던에 창설되었다. 1919년에는 프랑스 정부의 승인을 받아 위대한 생리학자이자 과민증을 발견하기도 한 샤를 리셰는 국제심령연구소를 설립했다. 이곳의 운영위원회 회원에는 파리 대학 의학부 교수 한 명과 수 명의 의사가 참가하고 있다. 소장인 샤를 리셰는 심령연구에 관한 학술 논물을 쓰기도 했다. 또한 이 연구소에서는 '심령연구평론'도 출판하였다. 미국에서는 인간 심리학 분야는 거의 모든 과학연구소의 주의를 끌지 못했다. 그러나 듀크 대학의 심리학부에서는 J.B 라인(Joseph Banks Rhine,

1895. 9. 29~1980. 2. 20) 박사의 지도에 따라 심령학연구를 진행하여 성과를 거두었다).

이런 능력을 갖춘 사람은 자신의 감각기관을 사용하지 않고 상대가 몰래 생각하는 것을 파악할 수 있다. 또한 약간 시간적, 공간적으로 떨어져 있더라도 온갖 사건을 느낄 수 있다. 이런 능력은 대단히 희박한 것이다. 그것이 발달한 사람은 아주 적은 일부의 사람뿐이다. 그러나 그 능력을 개발하지 않고도 가지고 있는 사람이 많다. 아무런 노력도 하지 않고 자연스럽게 사용하고 있다. 이런 사람에게는 아주 평범하게 투시 현상이 나타난다. 그리고 그것은 감각기관을 통해 얻은 지식보다도 확실하다. 투시는 타인의 표정을 읽는 것보다 훨씬 쉽게 상대의 생각을 읽어 낸다. 그러나 느끼거나 본다고 하는 말로는 이 현상을 정확하게 표현할 수 없다. 그런 사람은 관찰도 하지 않고, 생각도 하지 않는다. 그런 사람은 그저 알고 있을 뿐이다.

독심술은 과학적, 미적, 종교적 영감과 텔레파시의 양방과 동시에 연관이 있는 것으로 보인다. 텔레파시에 의한 전달은 흔히 일어난다. 대부분의 경우 죽기 직전이나 큰 위기 상황에 직면했을 때, 특정 사람이 다른 사람과 특정한 연락을 취하는 것이다. 죽음에 직면한 사람과 사고의 희생자가 사고 후에 죽지 않았을 때도 친구에게 모습을 나타내기도 한다. 그 환영은 대부분 이야기를 하지 않는다. 그러나 때로는 스스로 자신의 죽음을 알리기도 한다. 투시는 또한 대단히 멀리 떨어진 광경과 개인과 풍경을 파악하여 자세하고 정확하게 묘사할 수도 있다. 텔레파시에는 여러 가지의 형태가 있다. 설령 투시 능력이 없더라도 평생 한두 번은 텔레파시를 느낀 적이 있는 사람은 적지 않다.

이런 외부 세계의 지식이 감각기관 이외의 경로를 통해 인간에게 전달될 수 있을지도 모른다. 아무리 멀리 떨어져 있더라도 특정 사람에게로 생각이 전달된다는 것은 틀림이 없다. 심령연구라고 하는 새로운 과학에 속하는 이 사실은 있는 그대로 받아들여야만 한다. 그것은 진실의 일부이기도 하다. 거기에는 인간에게는 거의 찾아볼 수 없는, 잘 알려지지 않은 측면이 드러나 있다.

아마도 그것은 특정한 인간에게서 볼 수 있는 신비적인 예리함 때문일 것이다. 훈련된 지성과 영적 감응을 가진 소질이 동시에 작용한다면 얼마나 멋진 통찰력이 탄생할 것인가! 사실 인간은 지성에 의해 물질세계의 주도권을 쥐고 있으나 그 지성은 단순한 것이 아니다.

우리는 아직 그 일면만을 아는데 지나지 않는다. 학교와 대학에서는 지성을 발달시키기 위해 노력하고 있다. 그러나 지성의 이런 측면은 이성, 판단, 자발적인 주의력, 직관력, 그리고 투시까지도 포함한 훌륭한 인간 활동 중에서 아주 작은 일부에 지나지 않는다. 인간은 이 기능에 의해 현실을 파악하고, 환경과 인간관계, 그리고 자기 자신을 이해하는 것이다.

도덕의
본질에 대해

지적 활동은 의식의 다른 측면들도 모두 한 덩어리로 흐르고 있기 때문에 도덕과 확실하게 구분되는 동시에 또한 구별할 수 없다. 그것은 우리의 생존의식에 달려 있기 때문에 인간이 변할 때마다 변화한다. 그것은 제각각 감도가 다른 표면에 이야기의 연속성을 기록해 나가는 영화 필름과 비교할 수 있다. 그것은 하늘에 떠다니는 구름의 여러 모습을 반사하고 있는 넓은 바다의 넘실대는 파도와 매우 흡사하다.

지성은 인간의 슬픔과 기쁨, 사랑과 증오와 같은 정서 상태라고 하는 끊임없이 움직이는 스크린 위에 지적 영상을 비춘다. 자신 속의 이런 측면을 연구하기 위해서 우리는 인위적으로 나눌 수 없는 인간 전체로부터 분리한다. 실제로 생각하고, 관찰하고, 판단하는 인간인 동시에 행복하거나 불행하고, 마음이 평온을 유지하거나 흔들리고, 욕망과 혐오와 소망에 의해 풀이 죽거나 흥분하고 있다. 그래서 지적 활동 사이, 의식의 배후에서 작용하는 정서적 면과 심리적 상태에 따라 세상은 완전히 달라 보인다.

사랑, 증오, 분노, 공포 등이 이성을 마비시킨다는 것은 누구나 다 아는 사실이다. 이런 의식 상태가 나타나기 위해서는 화학적 물질교환에 특정한 변화가 일어나야만 한다. 감정적인 동요가 격할수록 이 화학적 변화도 강해진다. 그와 반대로 신진대사작용은 지적 활동에 의한 영향을 받지 않는다는 사실도 잘 알려져 있다. 정서적 기능은 생리적 기능과 밀접한 관계가 있다. 이것이 인간의 기질인 것이다.

기질은 개인에 따라, 혹은 민족에 따라 다르다. 기질은 정신적, 생리적, 구조적 특성의 혼합물이자 그야말로 인간 그 자체이다. 그 용량이나 우수성은 모두 이것에 따라 달라진다. 어떤 나라, 혹은 어떤 사회적 집단 속에서 기질이 쇠약해지는 원인은 대체 무엇일까? 풍요로워지고, 교육이 일변하고, 음식이 풍성해지면 격정적 기질을 잃는 것처럼 보인다. 그와 동시에 감정적 기능은 지성으로부터 분리되어 특정한 부분만 지나치게 확장된다는 것이 관찰되고 있다. 현대 문명이 가져다준 생활 형태, 교육 형태, 식생활 형태는 아마도 인간에게 가축과 같은 성질을 심어주거나 감정적인 충동을 조화롭지 못하게 발달시키는 경향이 있는 것 같다.

'최고의 도덕'은
의지와 지성에 의한 것이다

　도덕적 활동이란 스스로 행동 규정을 정하거나 몇몇 선택의 기로에서 좋다고 여겨지는 것을 고르거나 이기심과 악의를 억제할 수 있는 인간의 능력을 말한다. 그것은 인간에게 책임과 의무라는 관념을 상기시킨다. 이 독특한 감각은 소수의 사람에게서만 찾아볼 수 있으며 표면적으로 드러나지 않는 경우가 대부분이지만, 존재한다는 사실만은 부정할 수 없다. 만약 도덕적 관념이 이루어졌다면 소크라테스는 독을 마시지 않았을 것이다. 오늘날 특정 사회집단이나 특정 국가들에 있어 도덕이 고도로 발달한 형태를 갖춘 것처럼 보이기도 한다. 도덕관념은 어느 시대에나 존재했다. 인간의 역사 속에서 그것은 근본적으로 중요한 것으로 증명됐다. 그것은 지성과 미적, 종교적 관념의 쌍방과 관계가 있다. 그것은 우리에게 선악을 구별시켜 주어 악보다는 선을 택하게 만든다. 고도로 문명이 발전한 사람들에게 있어서 의지와 지성은 하나이며 같은 기능을 한다. 도덕적 가치가 높은 것은 모두 의지와 지성에 의해 만들어진 것이다.

도덕관념은 지적 활동과 마찬가지로 명백하게 육체의 특정한 구조적, 기능적 상태에 의존하고 있다. 이런 상태는 몸의 조직과 정신의 선천적 구조, 그리고 성장하는 과정에서 받는 영향 때문에 일어난다. 쇼펜하우어는 코펜하겐 왕립 과학학사원에 제출한 '윤리학의 기초'에 관한 논문 속에서 도덕의 근원은 인간의 본성에 기반을 두고 있다는 의견을 표명하고 있다. 바꿔 말하자면 인간은 선천적으로 이기적이고, 심술궂고, 불쌍한 경향이 있다고 한다. 이런 경향은 인생의 빠른 시기에 나타난다. 주의 깊게 관찰해 보면 누구나 쉽게 알 수 있다. 타인의 행복과 불행에 전혀 무관심한 채 순수하게 자기본위주의(selfism)의 사람이 있다고도 적고 있다. 타인의 재난과 고통을 보고 즐거워하거나, 더 나아가 그렇게 되도록 만드는 심술궂은 사람도 있다. 반면에 타인의 고통을 보고 함께 괴로워하는 사람도 있다. 이 동정심이라는 힘에 의해 친절과 자비의 마음이 생겨나고 더 나아가 미덕에 동요되어 행동하는 경우도 생기게 된다. 타인의 고통을 느낄 수 있는 능력은 인간만이 가지는 중요한 특성이며 덕분에 동포들 사이의 삶의 무게와 불행을 덜어주고자 하는 노력을 하게 된다. 개인은 어느 정도 선천적으로 선인(善人)이며, 보통 사람이며, 악인(惡人)이기도 하다. 그러나 지능과 마찬가지로 도덕관념도 교육과 훈련과 의지의 힘으로 발달시킬 수 있다.

지성에 힘을 더해주는

'참된 도덕'

　선과 악에 대한 정의는 이성과 오랜 과거로부터의 경험에 기반을 두고 있다. 그것은 개인 생활과 사회생활의 근본적인 필요요소와 연관되어 있다. 그러면서도 자의적(恣意的)인 측면도 있다. 그러나 각 시대, 각 나라에서 명확하게 규정되어 각 계층의 사람들에게 공통으로 적용되어야만 한다. 선은 정의와 자비와 아름다움과 동등하다. 악은 이기심, 비열, 추함과 동등하다. 현대문명에 있어서 행동의 이론적 규정은 기독교의 도덕적 관습에 기반을 두고 있다. 그러나 그것을 따르는 사람은 아무도 없다. 현대인은 욕망을 억제하길 거부한다. 하지만 생리적, 산업적 덕목은 인공적이며 인간의 단 일부분밖에 고려하지 않았기 때문에 실질적 가치가 없다. 그것은 인간의 가장 본질적인 활동 몇 가지를 무시하고 있다. 이래서는 평생을 악덕으로부터 자신을 보호할 강력한 무기가 될 수 없다.

　정신과 기관의 균형을 유지하기 위해서는 자기 내면의 규칙을 지켜야 한다. 국가는 권력에 의해 국민에게 법률을 강요한다. 그러나 도덕은 그렇지 않다. 인간은 누구나 선을 선택하고 악을 멀리할 필요가 있다는 것을 자각하고 있으며, 자신의 의지로 노력하여 그것을 따라야 한다. 로마 가톨릭 교회는 인간의 심리를 깊이 이해하여 도덕 활동을 지적 활동보다 훨씬 높게 평가하고 있다. 교회로부터 가장 높은 명예를 수여받은 사람은 국가의 지도자도, 과학자도, 철학자도 아니다. 그들은 바로 성자이다. 다시 말해서 용감하고 덕망이 높은 사람들이다. 새로운 도시의 시민들을 보고 있노라면 얼마나 도덕적 관념이 필요한 것인지를 절실하게 느낄 수 있다.

지성과 의지의 힘과 도덕성은 밀접한 관계가 있다. 그러나 도덕관념은 지성 이상으로 중요하다. 그 나라에서 도덕관념이 사라진다면 사회 구조 전체는 천천히 붕괴될 것이다. 생물학의 연구는 아직 도덕 활동이 지닌 중요성을 제대로 인식하는 데까지 도달하지 못했다. 이런 연구는 분명 어려울 것이다. 그러나 개인과 집단 속에서 이 관념이 가진 온갖 측면은 간단히 인정을 받는다. 또한 생리면, 심리면, 사회면에 대한 도덕관념의 영향을 분석할 수 있다. 물론 이런 연구는 실험실에서는 불가능하다. 실 상황에서의 연구가 필요하다. 오늘날 온갖 다른 특색을 지닌 도덕관념을 표현하거나, 혹은 그것이 없거나 있기 때문에 정도의 차이는 있더라도 여러 가지 영향을 받고 있는 사회는 아주 많다. 도덕활동이 과학적 관찰의 영역 내에 있다는 것은 의심의 여지가 없다.

현대 문명 아래에서는 도덕적 이념에 기반을 둔 행동을 하는 사람과 만날 기회는 대단히 희박하다. 그러나 그런 사람은 아직 남아 있다. 만나기만 한다면 그런 면을 깨닫지 않을 수가 없다. 도덕적인 아름다움이란 대단히 희박하고 대단히 인상적인 현상이다. 단 한 번이라도 그에 대해 깊이 생각해본 사람이라면 결코 그런 모습을 잊을 수 없을 것이다. 그 아름다운 모습은 자연의 아름다움과 과학의 아름다움과 비교하더라도 훨씬 강한 인상을 남긴다. 도덕관념이 가져다주는 거룩한 선물을 가진 사람은 일종의 불가사의하고 설명이 불가능한 힘을 가지고 있다. 그것은 지성이 가진 힘을 증폭시켜 준다. 그것은 사람들 사이에 평화를 가져다준다. 도덕적 아름다움이야말로 과학과 미술과 종교적 의식 등보다 훨씬 문명의 기초가 되는 것이다.

인간의
'미적활동'에 대해

미적 관념은 문명이 가장 발달한 인간과 마찬가지로 가장 원시적인 인간에게도 존재한다. 지성은 사라지더라도 미적 관념은 남는다. 왜냐하면 백치와 광인이라 할지라도 미술작품을 만들어 내는 능력이 있기 때문이다. 형태의 창조, 일련의 소리를 창조함으로써 미적 감정이 일어나는데, 이것은 인간이 본질적으로 그것을 요구하고 있기 때문이다.

인간은 동물, 꽃, 나무, 하늘, 바다, 산 등을 응시할 때마다 기쁨을 느낀다. 문명의 빛이 비치기 이전에도 인간은 소박한 도구로 나무와 상아와 돌 위에 살아 있는 생명체의 윤곽을 묘사했다. 지금도 미적 감각이 교육과 생활습관과 바보스러운 공장 노동 등에 의해 둔해져 있지 않을 때의 인간은 영감(靈感)이 떠오르는 대로 자연스럽게 무언가를 만들어 내는 데서 기쁨을 느낀다. 그리고 이런 일에 집중함으로써 미적 감각을 즐길 수 있다.

유럽, 특히 프랑스에서는 아직도 요리사, 정육점, 석공, 목공, 대장장이, 기계공 등이자 동시에 예술가이기도 한 사람이 있다. 아름다운 모양에 섬세한 맛을 내는 과자를 만드는 사람, 돼지기름에 사람이나 동물을 조각하는 사람, 철을 이용해서 장엄한 문을 만드는 사람, 훌륭한 가구를 만드는 사람, 돌과 나무로 섬세한 조각상을 조각하는 사람, 아름다운 비단과 양털로 옷감을 짜는 사람은 위대한 조각가, 화가, 음악가, 건축가 등과 마찬가지로 창조라고 하는 천부적 재능의 즐거움을 맛보고 있다.

대다수 사람은 산업 문명으로 인한 헛된 욕망으로 추잡한 광경에 휩싸여 그들의 미적 활동은 가능성이 묻혀버리고 말았다. 우리는 기계화 되고만 것이다. 노동자는 매일 몇천 번에 달하는 같은 동작을 반복하면서 평생을 산다. 한 종류의 부품만을 생산하면서 결코 기계 전체는 만들지 못한다. 머리를 쓰는 일은 허락되지 않는다. 마치 우물에서 물을 퍼내기 위해 온종일 빙빙 도는 말과 같다.

산업 제일주의는 인간에게 매일 뭔가 즐거움을 선물하는 지적 활동 자체를 막아버린다. 현대 문명은 물질로 인해 정신을 희생양으로 삼는 중대한 과오를 범하고 말았다. 이 과오는 아무도 반항하지 않으면 모든 사람이 대도시와 공장에 갇혀서 건강하지 않은 생활을 받아들여야만 하는 것과 마찬가지로 너무나 쉽게 받아들이기 때문에 훨씬 더 위험하다. 그러나 아무리 초보적이라 할지라도 업무 중에 미적 감각을 맛볼 수 있는 사람이라면 그저 소비를 위한 생산을 하는 사람보다 훨씬 행복하다. 현재의 형태 아래에서는 산업이 노동자의 독창성과 미적 관념을 빼앗고 있다. 현대 문명이 비속하고 음울한 것은 적어도 부분적으로는 일상생활에 있어서 아름다움을 즐길 수 있는 소박한 즐거움을 억제하고 있기 때문이다.

미의 본질과
창조의 즐거움

미적 활동에는 미를 창출해 내는 것과 미에 대해 깊이 숙고하는 것이 있다. 그 활동에는 전혀 타산적 생각은 포함되어 있지 않다. 창조의 기쁨에 젖게 되면 의식은 자신을 벗어나 다른 것으로 흡수된다. 미는 그것이 있는 곳을 발견한 사람에게 있어서 아무리 퍼내도 마르지 않는 기쁨의 샘물이 된다. 아름다움은 어디에나 숨어 있다. 수제 도자기를 만들고 거기에 장식을 하는 손, 나무를 조각하는 손, 비단을 짜는 손, 대리석을 조각하는 손, 인간의 육체를 가르고 치료하는 손, 이 모든 것에서 아름다움이 넘쳐난다. 그리고 외과의의 피투성이 예술에서도 화가와 음악가와 시인의 경우와 마찬가지로 아름다움은 생명력을 불어넣어 준다.

갈릴레오의 계산 속에도, 단테의 이상 속에도, 파스퇴르의 실험 속에도, 수평선 위로 떠 오르는 태양에도, 높은 산에서 불어오는 거친 겨울바람 속에도, 아름다움은 존재한다. 또한 대우주와 원자 세계의 광대함, 매우 조화로운 뇌세포의 불가사의함, 그리고 묵묵히 동포들의 구제에 목숨을 아끼지 않는 사람들의 희생정신에서 아름다움은 한층 더 빛을 발하고 있다. 아름다움은 우리의 우주를 창조한 인간의 대뇌를 온갖 형태로 바꾸면서 계속해서 찾아온다. 가장 고귀하고 가장 소중한 손님이다.

미적 관념은 방치해 두어서는 발달하지 않는다. 그것은 잠재적인 형태로 의식 속에 존재하는 것이다. 어떤 시대, 어떤 상황에서는 겉으로 드러나지 않은 채로 머물러 있다. 과거였다면 위대한 예술가와 걸작품들을 자랑스럽게 여겼던 나라들에서조차 그대로 사라져버리는 경우도 있었을 수도 있다. 오늘날 프랑스는 과거의 장엄한 유산을 경멸하고, 새로운 자연조차 파괴하고 있다. 몽셀 미셸 수도원을 계획하고 건설한 사람들의 손자들이 그 장엄함을 이해하지 못한다. 노르망디와 브르타뉴 지방, 특히 파리 교외에 있는 현대식 가옥은 형용하기 어려울 만큼 추하지만, 프랑스인은 그것을 기꺼이 받아들이고 있다. 몽셀 미셸과 프랑스 대다수 도시와 거리와 마찬가지로 파리도 가슴이 답답할 만큼 상업주의에 물들고 있다. 문명의 역사 속에서 미적 감각도 도덕적 감각과 마찬가지로 발달을 거듭해 최고의 번성기를 이루다 쇠락하고 결국은 사라지고 마는 것이다.

종교 활동에
대해

현대인이 신비적인 행동과 종교적 감각을 드러내는 것은 대단히 희박하

게 관찰된다(종교 활동은 인류의 역사 속에서 중요한 역할을 다하고 있었지만, 인간의

정신 활동에 있어서 이 형태(그것도 지금에 와서는 매우 드물어졌지만)에 대해서는 표면

적인 지식조차 간단히 얻을 수 없다. 사실 금욕주의와 신비주의에 관한 문헌은 대단히 많

다. 위대한 그리스도교의 신비(神秘)에 대해 적힌 책은 얼마든지 구할 수 있다. 그러나 일

반적으로 신비(神秘)론자들은 수도원의 손이 닿지 않는 곳에 있다. 어쩌면 낮은 신분 때문

에 완전히 무시당하는지도 모른다. 필자는 심령현상과 함께 금욕주의와 신비론에도 많은

흥미를 품고 있다. 나는 소수의 신비가와 성인을 알고 있다. 그리고 실제로 그 현상을 목격

하였기 때문에 이 책에서 서슴지 않고 신비에 대해 말할 수 있다. 그러나 정신 활동의 이런

측면에 관한 나의 기술은 과학자도 종교가도 달가워하지 않을 것이라는 사실을 잘 알고 있다. 과학자는 그런 실험은 뜬구름이라던가, 미친 짓이라고 여길 것이다. 성직자는 심령 현상은 과학의 영역에서는 간접적으로만 속해있기 때문에 부적당하고 발전성이 없는 것으로 여기고 있다. 이런 비판은 양쪽 다 품고 있다. 그런데도 신비성을 인간의 본질적 활동 속에서 배제할 수는 없다). 신비적 경향은 가장 기본적인 형태에 있어서조차 대단히 드물다. 도덕적 관념보다 훨씬 더 적다. 그럼에도 불구하고 여전히 인간의 본질적 활동의 하나이다.

인간은 철학적 사상보다도 훨씬 깊고 종교적인 영감을 받고 있다. 과거의 종교는 도시의 가정생활과 사회생활의 기초였다. 우리 선조가 세운 대성당과 사원의 유적들은 지금도 여전히 유럽의 곳곳에 남아 있다. 오늘날에 와서는 그 의미를 거의 이해하지 못하고 있다. 대다수 현대인에게 있어서 교회는 사멸한 종교적 박물관에 불과하다. 유럽의 사원들을 찾아오는 관광객의 태도를 통해 종교적 관념은 현대 생활로부터 완전히 그 자취를 감춰버렸다는 사실을 확실히 깨달을 수 있다. 종교 대부분은 신비적 활동을 배제했다. 그 의미조차 까맣게 잊었다. 아마도 이런 무지로 인해 교회가 추락하고 말았을 것이다. 그러나 종교의 힘은 신비적 활동의 초점을 어디에 맞추는가에 따라 정해지는 것이며, 그래야만 그 종교의 생명은 끊이지 않고 성장할 수 있다. 오늘날 여전히 상당수의 사람에게는 종교적 관념이 정신 활동에 있어 없어서는 안 될 조건으로 남아 있다. 그리고 다시 교양이 높은 사람들 사이에서 조금씩 되살아나고 있다. 불가사의한 이야기이지만 훌륭한 수도회의 수도원이 너무 작아서 금욕주의와 신비주의를 통해 영적 생활로 들어가기를 갈망하는 젊은 남녀 모두를 받아들이지 못한다고 한다.

아름다움과 잇닿는
종교란 무엇인가?

종교적 활동은 도덕적 활동과 마찬가지로 여러 가지 측면을 가지고 있다. 그 기본적인 상태에 있어서 종교적 활동은 현세의 물질적, 정신적 형태를 초월한 힘에 대한 막연한 동경, 공식적으로 결정되지 않은 특정한 기원, 미술과 과학의 아름다움보다 훨씬 절대적인 아름다움의 요구 등에 의해 성립되고 있다. 그것은 미적 활동과도 닮았다. 아름다움을 사랑하는 마음은 신비주의로 이어진다. 게다가 종교적 의식은 온갖 미술과 연관이 있다. 음악은 쉽게 기도로 변한다. 신비가들이 추구하는 아름다움은 예술가의 이상보다 훨씬 풍성하여 설명하기도 어렵다.

그것은 형태가 없다. 그리고 어떤 말로도 표현할 수 없다. 그것은 눈에 보이는 세계의 물질 속에 감춰져 있어 모습을 거의 드러내지 않는다. 그리고 그것은 모든 물질의 근본인 지배력, 모든 힘의 중심, 즉 신비론자들이 신이라 부르는 대상을 향해 고양(高揚)된 정신을 요구한다. 역사상 각각의 시대, 각각의 나라에서 고도로 발달한 이 특수한 능력을 지닌 사람들이 있었다. 종교 활동에서는 그리스도교의 신비주의가 최고의 형상을 구성하고 있다. 힌두교와 티베트의 신비주의보다 훨씬 다른 정신 활동과 통합되어 있다. 아시아의 모든 종교와 비교해 보더라도 그리스도교의 신비주의는 초기 단계에 그리스와 로마의 교훈을 받은 이점을 가지고 있다. 그리스도교의 신비주의에 대해 그리스는 지성을, 로마는 질서와 중용을 선물해 주었다.

금욕주의의
실천에 대해

신비주의는 최고의 단계에서는 대단히 정밀한 기술과 엄격한 규율을 필요로 하고 있다. 그 첫째가 금욕의 실천이다. 육체적 훈련을 받지 않는다면 운동선수가 될 수 없는 것과 마찬가지로 금욕에 대한 각오가 없으면 신비의 영역으로 발을 디딜 수가 없다. 금욕주의가 되는 것은 대단히 어렵다. 그 때문에 감히 신비주의의 길을 갈 용기가 있는 사람은 거의 없다. 이렇게 고통스럽고 힘든 여정을 떠나려 하는 사람은 이 세상의 모든 것은 물론이고 자신마저 포기해야만 한다. 그리고 오랫동안 영적 어둠 속에서 지내야만 할 수도 있다. 신의 은총을 바라며 자신이 얼마나 열등하고 가치 없는 존재인지를 거듭 반성하는 동안 그의 오감은 정화되어 간다.

이것이 신비 생활의 첫걸음이자 어둠의 길로 접어드는 첫 단계이다. 그리고 차츰 스스로에게서 해방되어 가듯이 발전해 간다. 그의 기도는 명상이 되고 밝은 깨달음의 생활로 바뀐다. 그러나 자신의 체험을 설명하기란 불가능하다. 때로는 육체적인 사랑에 대한 언어를 빌리기도 한다. 그런 마음은 공간과 시간을 이탈한 것이며 말로는 표현할 수 없는 무언가를 파악한다. 이미 신과 일체가 된 생명의 단계에 도달한 것이다. 그의 마음은 신과 함께하며 그 뜻을 따라 행동한다.

위대한 신비주의자의 생애는 모두 같은 과정을 거치고 있다. 우리는 그들이 자신의 경험에 대해 말하는 것을 있는 그대로 받아들여야만 한다. 스스로 기도의 생활을 영위한 자만이 이런 불가사의한 과정을 이해할 수 있다. 신을 따른다는 것은 절대적으로 개인적인 일이다. 의식의 일반적 활동을 단련하여 물질의 세계에 내재하면서 그것을 초월하고 있다. 눈에 보이지 않는 진실에 도달하고자 노력하는 것도 좋을 것이다.

이것은 인간이 감히 성취할 수 있는 가장 대담한 모험에 몸을 던지는 것이다. 영웅이라 칭송받을 수도 있고, 미쳤다는 소릴 들을지도 모른다. 어쩌면 영혼이 이 세상의 차원을 초월한 여행을 떠났기 때문에, 더욱 숭고한 진실과 결합하였느냐고 물어서는 안 된다. 그런 경험에 관해서는 가설적인 개넘에서 만족해야만 한다. 신비주의는 훌륭하고 과감하다. 그것은 인간의 가장 큰 욕구조차 충족시켜 준다. 종교적 직관은 미적 영감과 마찬가지로 진실하다. 인간을 초월한 아름다움에 대해 깊은 사고에 젖어 있으므로 인해 신비가와 시인은 궁극적 진실에 도달하는지도 모르겠다.

정신 활동의
조화에 대해

이런 기본적 생활은 서로 명확하게 구분되어 있지 않다. 그것을 구별하는 데 있어 편리하기는 하지만 인위적인 것도 있다. 이것은 수많은 일시적 부족, 즉 위족(僞足)이 하나의 물질로 되어 있는 아메바와 비교할 수 있다. 혹은 몇 장의 필름이 겹쳐져 비치는 것과 닮아 있다. 각각을 나누지 않는다면 그 의미를 알 수 없다. 육체라고 하는 하부조직이 시간의 흐름에 따라 통합체 중에서 여러 가지 국면을 동시에 드러내듯이 모든 것이 동시에 일어난다. 이런 국면들을 인간은 기술상, 생리면과 정신면으로 나눈다. 정신적 활동의 면에 있어서 인간은 끊임없이 그 모습과 질을, 그리고 격렬함을 바꾼다. 이 기본적으로는 간단한 현상은 서로 다른 기능이 합체된 것으로서 설명된다. 정신의 현상이 몇 가지가 되는 것은 방법론상의 필요에서 생겨난 것이다. 의식을 묘사하기 위해서는 각각의 부분으로 나누어야 한다. 아메바의 위족이 아메바 그 자체인 것처럼 의식의 온갖 측면도 인간 그 자체이자 융합된 통일체인 것이다.

지성은 '내면의 신'에 의해
지탱하고 있다

지성은 다른 아무것도 없는 사람들에게 있어서 거의 무용지물에 가깝다. 지적인 것만으로는 완전한 인간이 아니다. 그런 사람은 지적으로는 이해가 가능한 그 세계에 들어갈 수 없기 때문에 불행하다. 온갖 현상 속의 관계를 파악하는 힘은 다른 활동, 예를 들어 도덕관념, 애정, 의지력, 판단력, 상상력, 그리고 강력한 육체적 기관이 없다면 불모의 것이다.

지성은 노력으로만 활용이 가능해진다. 참된 지식을 얻고 싶다면 길고도 험한 준비과정을 거쳐야만 한다. 일종의 금욕상태를 따라야만 한다. 집중하지 않으면 지능으로부터는 아무것도 얻을 수 없다. 다시 규율을 따르게 되면 지능은 진실을 추구할 수 없게 된다. 그러나 목적에 도달하기 위해서는 도덕관념의 도움이 필요하다. 위대한 과학자란 항상 깊은 지적 정직함을 겸비하고 있다.

그들은 진실이 인도하는 대로 어디든 간다. 사실을 자신이 원하는 것으로 바꾸려 하거나 그 사실이 복잡해지더라도 그 사실을 감추려 하지 않는다. 진리를 명상하길 갈망하는 사람은 자신의 마음속에 평화를 정착시켜야 한다. 마음은 평온한 호수의 수면과 같아야 한다. 그러나 정신적 활동도 지성의 발달에 있어 없어서는 안 되는 것이다. 그리고 그것은 끊임없는 열정이 뒷받침되어야 한다. 파스퇴르가 '내면의 신'이라 불렀던 바로 그 열정이다. 사랑하고 때론 증오할 줄 아는 사람에 한해서만 사상은 성장한다. 그러기 위해서는 다른 정신적 기능뿐만이 아니라 몸 전체의 노력이 필요하다. 지능이 최고점까지 도달하여 직관과 창조적 상상력의 빛을 받게 되더라도 여전히 도덕적 관념과 육체적 조직이 필요한 것이다.

정서 활동과 미적 활동과 신비적 활동이 편향적으로 발전하면 열등한 인물과 태만한 몽상가와 좁고 불건전한 마음을 가진 인간을 만들고 만다. 오늘날 지적 교육이 모든 사람에게 이루어지고 있지만, 자주 이런 사람들을 만나게 된다. 그러나 고도의 교육이란 것은 미적, 종교적 감각을 풍요롭게 하거나 사심이 없이 지속적으로 여러 모습의 아름다움을 응시하는 예술가, 시인, 신비주의자를 탄생시키는 데 필요하지는 않다.

이것은 도덕관념과 판단력에 대해서도 마찬가지다. 이 모든 활동은 대부분 그것만으로 충분하다. 이런 인간들에게 행복해질 수 있는 적성을 부여하는 것으로 높은 지성을 동반할 필요는 없다. 그것은 기관의 생리적 기능을 강화하는 것 같다. 이런 발달들이야말로 교육의 최고 목표가 되어야 한다. 왜냐하면 이로 인해 개개인은 마음의 안정을 얻을 수 있기 때문이다. 이것은 사람을 사회라고 하는 대건축물에 튼튼한 토대가 되기 위한 일원이 되게 해준다. 산업 문명 속에서 대다수를 차지하는 사람들에게 있어서 도덕관념이 지성보다 훨씬 더 필요한 것이다.

행복을 위한
'세 가지 밸런스'

지적 활동의 분포는 사회계층에 따라서는 매우 큰 차이가 있다. 대부분의 문명국 국민들은 정신의 초보적 형태만을 드러낸다. 그리고 쉬운 일은 가능하며, 현대사회에서는 그것만으로도 개개인의 생존이 보장된다. 그들은 생산하고, 소비하고, 생리적 욕구를 채운다. 그들은 또한 수많은 군중과 섞여 운동경기를 구경하거나 유치원에서 유치한 영화를 보고, 아무런 노력도 하지 않아도 빠른 수송기관을 통해 이동하거나, 빠른 움직임으로 움직이는 것을 보며 즐거워한다. 그들은 유약하고, 감상적이고, 호색가에 난폭하다. 도덕적 관념도 미적 관념도, 그리고 종교적 관념도 갖추지 못했다. 게다가 그 수가 대단히 많다. 이런 사람들로부터 지능이 전혀 발달하지 않는 아이들이 수도 없이 탄생하고 있다. 그리고 이 아이들은 교도소에 들어가거나, 혹은 자유롭게 돌아다니는 범죄자, 거기에 수용소나 정신병원에 넘쳐나고 있는 지적장애자, 백치, 광인 등, 3백만 인구의 일부가 된다.

교도소에 들어가지 않은 범죄자의 대부분은 상류계급에 속하고 있다. 그러나 그들은 정신활동 중에 특정한 면이 위축되어 있다는 것을 알 수 있다. 롬브로소(Cesare Lombroso, 1836~1909: 이탈리아의 범죄학자 · 정신 의학자)가 주장하는 태어나면서부터 범죄자는 존재하지 않는다. 그러나 선천적으로 결함이 있어 범죄자가 되는 사람은 없다. 실제로 수많은 범죄자는 정상이다. 게다가 때로는 경찰이나 판사보다도 머리가 좋다. 사회학자와 사회사업가들이 교도소를 시찰하더라도 이런 사람들과는 만나지 않는다. 영화와 일상의 신문지상에 오르내리는 폭력집단과 악한들이 때로는 고도의 지적, 정서적, 미적 활동을 보여주는 경우가 있다. 그러나 도덕관념만은 발달하지 못했다.

이 정신 전체가 조화를 이루지 못했다는 것이 현대사회 현상의 특징이다. 현대 도시 시민의 육체적 건강개선에는 성공을 거두었다. 그러나 교육에 막대한 비용을 들이고 있음에도 불구하고 지적 활동과 도덕적 활동을 완벽하게 발달시키는 데는 실패하고 있다. 시민 중에 엘리트라 불리는 사람들조차 정신적 조화와 강인함이 결여된 사람이 많다. 그 기본적인 기능이 분산되어 있거나, 질이 떨어지거나, 충분히 강력하지 않거나 한다. 어떤 사람은 완전히 결여되었을 수도 있다. 대다수 사람의 정신은 저수량은 적고, 수질은 의심스럽고, 수압도 낮은 저수지에 비유할 수 있을 것이다. 수압도 높고, 대량의 순수한 물을 비축하고 있는 저수지와 비교할 수 있는 사람은 별로 많지 않다.

지적 활동, 도덕적 활동, 육체적 활동이 전체적으로 잘 융화되어 있는 사람이 가장 행복한 사람이자 가장 도움이 되는 사람이다. 이런 활동의 질이 뛰어나고 균형을 잘 이루고 있는 사람은 다른 사람보다 탁월하다. 그 활동의 열정에 따라 사회적 지위가 결정된다. 그 열정에 따라 상인이 되거나 은행의 지점장이 되고, 의사가 되거나 저명한 대학교수가 되고, 시장이 되거나 미합중국의 대통령이 되기도 한다.

인간을 완전하게 발달시키는 것이 노력의 목표여야 한다. 충분히 발달한 사람들에 의해서만 참된 문명을 세울 수 있다. 또한 범죄자와 광인과 마찬가지로 조화가 이루어져 있지 않더라도 현대사회에 없어서는 안 될 사람들도 있다. 그것은 바로 천재들이다. 그들에게는 심리적 활동의 특정 부분이 비상하게 발달하여 있다는 특징이 있다. 위대한 예술가, 위대한 과학자, 위대한 철학자들이 훌륭한 인간인 경우는 극히 드물다. 대체로 보통 사람이면서 특정 부분만 이상적으로 발달한 것이다. 천재는 정상적인 육체에 생겨난 종양에 비유할 수 있다. 이렇게 균형이 이루어지지 않은 사람들은 불행한 경우가 자주 있다. 그러나 공동체 전체에 그런 강력한 충동은 이익을 선물하기도 한다. 그런 부조화가 문명의 진보를 가져다주는 것이다. 인류는 집단의 노력에 의해 얻은 것은 하나도 없다. 문명은 얼마 안 되는 소수의 이상한 사람들의 정열에 의해, 그런 지성의 불꽃에 의해, 과학과 박애와 아름다움에 대한 이상에 의해 앞으로 전진할 수 있다.

육체 활동에 큰 영향을 끼치는 '정신 활동'

정신적 활동은 명백하게 생리학적 활동에 의존하고 있다. 의식의 특정 상태가 연속되면 그에 따라 기관의 변화를 엿볼 수 있다. 반대로 기관의 기능이 특정 상태로 인해 심리적인 현상이 일어나는 경우도 있다. 육체와 정신으로 이루어진 전체는 정신적 요인과 마찬가지로 육체적 요인에 의해서도 변화한다. 인간에게 마음과 육체는 조각한 대리석과 마찬가지로 밀접한 관계가 있다. 조각은 대리석을 깨지 않고는 만들어지지 않는다. 두뇌는 심리 활동의 자리라고 여겨지고 있다. 왜냐하면 두뇌에 장애가 발생하면 순식간에 정신에 엄청난 변화를 일으키기 때문이다. 정신이 물질에 들어가는 것은 아마도 대뇌세포를 통해서일 것이다. 아이들의 경우에는 뇌와 지능이 동시에 발달한다. 노쇠로 인한 수축이 발생하면 지능도 쇠락한다. 피라미드 형태의 세포 주변에 매독의 스피로헤타 균이 들어가면 과대망상을 일으킨다. 기민성 뇌염의 바이러스가 뇌를 공격하면 인격에 매우 심각한 장애를 일으킨다. 혈액에 의한 혈압 저하는 정신에 의해 발생하는 모든 현상을 억제한다. 즉, 정신 활동은 대뇌의 상태에 의존하고 있다는 것을 관찰할 수 있다.

인간은 뇌와
모든 기관을 통해 생각한다

이 관찰만으로는 뇌만 의식기관이라는 것을 증명할 수 없다. 실제로 대뇌의 중심은 신경물질만으로 구성되어 있지 않다. 그것은 체액에 의해 구성되어 있으며 세포는 그 체액 속에 담겨 있고, 그 성분은 장액(漿液)에 의해 조정된다. 그리고 장액은 선(腺)과 조직에서의 분비물을 함유하는데, 그 분비물은 몸 전체로 퍼져나간다. 다시 말해서 모든 기관이 혈액과 림프액의 매개로 인해 대뇌피질에 의존하는 것이다. 따라서 우리의 정신 상태는 뇌세포의 구조 상태와 함께 뇌의 체액의 화학성분과도 이어져 있는 것이다.

기관의 환경액에서 부신의 분비물이 사라지면 환자는 심각한 우울증에 빠지게 된다. 그리고 냉혈동물과도 같아진다. 갑상샘의 기능장애는 신경과 정신의 흥분, 혹은 무감동 중에 어느 한 현상을 일으킨다. 도덕적 백치, 지적 장애자, 그리고 범죄자들은 이 선(腺)의 장애가 있는 가계 속에서 엿볼 수 있는데 이것은 유전이다. 간장과 위와 장의 병으로 인해 한 인간의 성격이 변한다는 사실은 누구나 알고 있는 사실이다. 기관의 세포가 체액 속에 있는 물질을 배출하고 그것이 지적, 정신적 기능에 영향을 끼친다는 것은 명백한 사실이다.

정신은 성선(性腺)의
영향을 크게 받는다

고환은 정신의 힘과 질에 따라 다른 그 어떤 선(腺)보다 강한 영향을 끼친다. 일반적으로 위대한 시인과 예술가와 성인들은 정복자와 마찬가지로 성욕이 강하다. 생식선을 제거하면 아무리 성인이라 할지라도 정신 상태에 특정한 변화가 생긴다. 난소를 적출하면 여성은 감정의 작용이 둔해져서 지적 활동과 도덕관념 일부도 잃게 된다. 거세를 한 남성의 성격은 상당히 급격하게 변한다. 아벨라르(Pierre Abelard, 1079~1142: 프랑스 신학자 · 스콜라 철학자)는 제자인 엘로이즈의 정열적인 사랑과 희생으로부터 도피한 패기 없는 사람으로 역사에 기록되었는데, 이것은 아마도 잔혹하게 거세를 당했기 때문일 것이다. 위대한 예술가는 대부분 대단한 연애를 하고 있다. 영감은 성선 (性腺)의 특정 상태에 의존하는 것처럼 보인다. 사랑은 그 대상을 구할 수 없을 때는 정신을 자극한다. 만약 베아트리체가 단테의 정인이었다면 아마 '신곡'은 탄생할 수 없었을 것이다. 위대한 신비가는 자주 '솔로몬의 아가 (雅歌)' 속의 표현을 인용하고 있다. 충족시키지 못한 성적 욕구가 그들을 더욱 자극하여 세상을 등지고 완전한 희생의 길로 들어가게 한 것처럼 보인다. 직공의 아내는 매일 남편에게 성적 요구가 가능하다. 그러나 예술가와 철학자의 아내는 그렇게 자주 요구할 권리가 없다. 과도한 성적 활동이 지적 활동을 방해한다는 것은 잘 알려진 사실이다. 지능이 최고의 힘을 발휘하기 위해서는 성선(性腺)이 충분히 발달해야 하고, 그 성적 욕구를 일시적으로 억제하는 두 가지 요소가 필요한 것처럼 느껴진다. 프로이트는 정신 활동에는 성적 충동이 가장 중요하다고 역설하고 있다. 그러나 그의 관찰은 주로 병이 든 사람에 관한 것들이다. 이 결론을 정상적인 사람, 특히 신경조직이 강하고 자신을 제어할 수 있는 사람까지 포함해서 일반화시키는 것은 문제가 있다. 약한 사람, 신경질적인 사람, 균형이 깨져 있는 사람은 성적 욕구가 억압되면 더욱 심하게 이상증세를 보이지만, 강한 사람은 그런 형태의 금욕을 함으로써 더욱 강해진다.

정신 활동과 육체 활동은 서로 의존하고 있으며 정신은 뇌 속에만 있다는 고전적 개념과는 일치하지 않는다. 실제로 몸 전체가 지적, 정신적 활동의 원천인 것처럼 보인다. 사상은 대뇌피질뿐만이 아니라 내분비샘이 만들

어 내는 것이다. 정신이 표현되기 위해서는 육체가 균형적으로 통합되어야
만 한다. 인간은 두뇌와 기관 모두를 이용해서 생각하고, 발명하고, 사랑하
고, 고민하고, 동경하고, 기도하는 것이다.

정신 활동에 커다란 영향을 끼치는
'육체 활동'

온갖 정신 상태는 아마도 기관에도 대응해서 나타날 것이다. 감정이 혈관신경에 의해 소동맥을 수축시키거나 확장시킨다는 것은 잘 알려져 있다. 그리고 그로 인해 조직과 기관의 혈액순환에 변화가 일어난다. 희열은 얼굴에 홍조를 띠게 한다. 분노와 두려움은 창백하게 만든다. 사람에 따라서는 나쁜 소식을 듣고 관상동맥이 경련을 일으키고 심장이 빈혈을 일으키면서 급사하는 경우도 있다. 강한 감정이 일어나면 모든 선(腺)에 영향을 끼치는데 증가하거나 감소하면서 순환을 한다. 그리고 분비물을 자극하거나 멈추고, 그 성분을 화학적으로 바꾸기도 한다. 뭔가 먹고 싶어지면 설령 그 음식이 앞에 없더라도 침이 고인다. 파블로프(Ivan Petrovich Pavlov, 1849~1936: 러시아의 생리학자)의 개는 먹이를 주기 전에 종을 울리면 그 소리를 듣기만 해도 침을 흘리게 되었다. 감정이 육체의 복잡한 기능들을 활동시키는지도 모르겠다. 캐논의 유명한 실험처럼 고양이에게 공포감을 느끼게 하면 부신의 혈관이 확장되면서 아드레날린을 분비한다. 아드레날린은 혈액의 압력을 높여 순환을 빠르게 만들며 몸 전체를 공격과 방어 태세로 만들어 준다.

이처럼 선망, 혐오, 공포 등의 감정이 습관적이 되면 기관에 변화가 일어나기 시작하고 결국에는 병에 걸릴 수 있기도 하다. 도덕적인 고민은 건강에 대단히 해롭다. 걱정거리와 어떻게 싸워야 할지 모르는 실업가는 일찍 죽는다. 과거의 임상의는 슬픔이 길어지고 끊임없이 걱정하고 있으면 암으로 이어진다고 생각했다. 특히 예민한 사람은 감정으로 인해 조직과 체액에 놀랄 정도의 변화가 일어난다. 독일군에 의해 죽음을 선고받은 한 벨기에 여성은 처형 전날 밤 하루 만에 머리가 백발로 변했다. 또 어떤 부인은 포격이 이어지는 사이에 팔에 발진이 생겼다. 포탄이 작렬할 때마다 발진은 점점 붉고 커졌다. 이런 현상은 그리 드문 것이 아니다. 도덕적인 충격이 혈액에 뚜렷한 변화를 일으킨다는 것이 증명되기도 했다. 특정 환자는 격심한 공포를 경험한 뒤에 혈압이 저하되고, 백혈구 수치가 감소하고, 혈장의 응고시간도 저하되었다. '나쁜 피의 소행' 이라는 프랑스 속담은 말 그대로 딱 들어맞는다.

사상에 의해 기관의 장애가 일어나는 경우도 있다. 현대 생활의 불안정함, 끊임없는 흥분, 불충분한 안전보장 등으로 인해 정신 상태에 변화가 일어나고, 그로 인해 위와 장이 과민증상을 일으켜 기관에 장애가 생겨 영양이 부족해지거나 장의 미생물을 순환 기간에 침입시키고 만다. 대장염과 그와 함께 동반되는 신장과 방광의 염증은 지적인 면과 도덕적인 면에서의 균형이 이루어지지 않기 때문이다. 이런 병은 생활이 훨씬 소박하고 큰 자극이 없으며 걱정거리가 적은 사회계층에서는 거의 알려진 바가 없다. 같은 의미에서 소음으로 가득한 현대사회의 한복판에 서 있더라도 내면의 평화를 유지하는 사람이라면 신경과 기관에 장애가 일어나지 않는다.

목적이 있는 행동은 정신,
기관에 조화를 가져다준다

생리학적 활동은 정신 분야에 관여해서는 안 된다. 생리학적 활동이 정신 분야에 주의를 기울이면 장애가 발생하고 만다. 따라서 정신 분석 전문의는 환자의 주의를 환자 자신에게 돌리게 함으로써 이미 균형이 깨진 상태를 한층 악화시킬 수도 있다. 자기 분석에 빠지는 대신에 마음이 산만해지지 않도록 노력하여 스스로에게서 벗어나는 것이 좋다. 확실한 목적을 향해 행동을 개시하면 정신적 기능과 기관적 기능은 완전히 조화를 이루게 된다. 바라는 목적을 통일시켜 하나의 목적을 향해 정신을 집중시키는 것은 내면의 마음에 평화를 가져다준다. 인간은 행동에 의해서만이 아니라 명상을 통해서도 마음의 통일이 가능하다. 그러나 해양과 산과 구름의 아름다움, 예술가와 시인의 걸작, 웅대한 구상을 품고 있는 철학적 사상, 자연의 법칙을 나타내는 수리적 공식 등을 묵상하는 것으로만 만족 해서는 안 된다. 도덕적 이상을 달성하기 위해 노력하고, 이 세상의 어둠 속에서 빛을 구하고, 신비의 세계를 향해 나아가 눈에 보이지 않는 우주 깊은 곳을 파악하기 위해 자신을 버릴 수 있는 영혼의 소유자가 되어야만 한다.

정신 활동이 통일되면 기관과 정신의 기능은 한층 조화를 이루게 된다. 도덕관념과 지능이 동시에 발달한 공동체는 신경과 영양상의 질병, 범죄, 광기와 거리가 멀다. 그런 그룹 속에서는 개인도 행복하다. 그러나 심리적 활동이 점점 격해지고 전문화되어 버리면 건강상에 장애를 일으킬 수도 있다. 도덕적, 과학적, 종교적 이상을 추구하는 사람은 생리적 안정과 장수를 바랄 수 없다. 이 모든 이상을 위해 자신을 희생하는 것이다.

또한 특정한 정신 상태는 실제로 병리적 변화를 일으키는 것처럼 보인다. 위대한 신비가의 대부분은 적어도 일생의 어느 한 시기를 생리학적 고통과 정신적 고뇌를 견디며 지낸다. 그리고 명상은 히스테리나 투시와 닮은 신경 증상을 동반하기도 한다. 성자의 전기를 읽어보면 황홀 상태나 전심(傳心), 먼 곳에서 일어나는 일들을 볼 수 있거나, 공중부양을 한다고 적혀 있다. 임상 실험자들의 증언에 따르면 기독교의 신비가들 중에 몇 명이 이런 불가사의한 현상을 보여주기도 했다. 본인은 기도에 빠져 있어 전혀 외부 세계와 단절되어 있다는 사실을 깨닫지 못하다가 천천히 지면에서 떠오른 다고 한다. 그러나 이런 이상한 현상들은 현대 과학적 관찰 영역에 넣을 수 없다.

기도가 가져다주는
정신적 고양(高揚)에 대해

특정한 정신적 활동은 조직과 기관에 기능면에서뿐만 아니라 해부학적 변화도 일으킬지 모른다. 기관에서 발생한 이런 현상은 여러 상황에서 관찰되고 있는데, 그중 하나가 기도를 하는 상태이다. 기도란 단지 기계적으로 정해진 문구를 낭송하는 것이 아니라 신비적 고양 상태, 다시 말해서 이 세상에 침투하면서도 초월하고 있는 하나의 원리를 꾸준히 관상(觀想)하면서 의식을 투입하는 행위로 이해해야 한다. 이런 심리 상태는 지적이라 할 수 없다. 철학자와 과학자에게는 이해하기 힘들면서도 접근하기 어려운 것이다. 그러나 단순한 사람은 태양의 따뜻함과 친구의 친절을 느끼는 것처럼 쉽게 신을 느낄 수 있는 것처럼 보인다. 기관에 영향을 끼치는 기도는 매우 특별한 성질의 것이다. 첫째, 전혀 사심이 없다. 자신을 신에게 봉양하는 것이다. 화가 앞에 놓여 있는 캔버스처럼, 조각가 앞에 놓여 있는 대리석처럼 그는 신 앞에 서 있다. 그리고 신의 은총을 바람과 동시에 자신의 바람과 고 뇌하는 동포들의 바람을 기도하는 것이다. 일반적으로 병든 환자는 자신을 위해 기도하지 않고 타인을 위해 기도한다. 그런 종류의 기도에는 완전히 자신을 버려야 할 필요가 있다. 즉, 고도의 금욕상태가 요구된다. 겸손한 사 람, 무지한 사람, 빈곤한 사람이 부자나 지성이 높은 사람보다 훨씬 더 자기 부정을 잘 견뎌낼 수 있다. 기도가 이런 특성을 띠게 되면 불가사의한 현상 이 일어나기 시작한다. 그것이 바로 기적인 것이다.

기적은 실존한다

어떤 시대였든 모든 나라에서 인간은 기적의 존재, 예를 들어 특정 성지 순례 등을 통해 환자들이 조금이나마 빨리 회복한다는 것을 믿어 왔다(기적 에 의한 치료는 매우 드물게만 일어난다. 그러나 그 수가 적기는 하지만 우리가 모르는 육 체적, 정신적 과정이 존재하고 있다는 사실을 증명해 주고 있다. 그것은 기도와 같은 특정 한 정신적 상태가 확실한 효과가 있다는 것을 나타내주고 있다. 그것은 엄연한 사실이며 한 번쯤은 꼭 생각해 볼 필요가 있다. 필자는 기적도 신비주의와 마찬가지로 정통적인 과 학과는 거리가 멀다는 것을 잘 알고 있다. 이런 현상의 조사는 텔레파시나 투시보다 훨씬 미묘하다. 그러나 과학은 현실의 모든 영역을 탐구해야 할 의무가 있다. 나는 1902년부터 이에 관한 연구를 하기 시작했는데, 당시에는 그에 관한 문헌도 거의 없었고 젊은 의사가 그런 대상에 흥미를 갖는 것 자체가 힘든 일이었다. 또한 장래에 출세를 가로막을 위험성도 있었다. 오늘날에는 많은 의사가 루르드(Lourdes: 프랑스 남서부의 성지)를 찾아온 환자들을 관찰하고 의학 협회에 있는 기록들을 조사하고 있다. 루르드는 국제 의학연맹의 중심으로 많은 회원이 소속되어 있다. 기적에 의한 치료에 관한 문헌은 점점 늘어가고 있으며 의사들 또한 이 이상 현상에 점점 흥미를 갖게 되었다. 대학 의학부의 교수들과 저명한 의사들에 의해 보르도의 의학협회에 몇몇 사례가 보고되고 있다. F 피터슨 박사가 위원장인 뉴욕 의학 아카데미의 의학종교위원회는 최근 이 문제에 관해 연구하기 위해 위원 한 사람을 루르드에 파견했다). 그러나 19세기 과학의 격동에 밀려 그 이후로는 이 현상을 믿는 사람들이 완전히 줄어들었다. 일반적으로 기적이 존재하지 않는 것은 물론이며 존재할 이유가 없다고 여기게 되었다. 열역학의 법칙처럼 영구적 운동이 불가능하다고 믿는 것과 마찬가지로 생리학의 법칙도 기적을 불가능한 것으로 단정했다. 이것은 대다수 생리학자와 의사들의 태도이다.

그러나 과거 50년 동안 연구한 결과로 미루어 볼 때 그들의 태도는 절대로 지지할 수 없다. 기적에 의한 치료의 가장 중요한 실례가 루르드 의학협회에 의해 보고된 바 있다. 병리학적 장애에 대한 기도의 영향에 관한 우리의 현재 개념은 복막 결핵, 한성농염(寒性膿瘍, 냉농염), 골수염(骨髓炎), 곪은 상처, 루푸스, 암 등의 온갖 병이 그 자리에서 완쾌된 환자들을 관찰한 실례에 그 근거를 두고 있다. 완치 과정은 모든 사람이 거의 비슷했다. 많은 사람이 심한 통증을 호소하였다. 그리고 갑자기 완치되었다는 느낌을 받는다.

2~3초나 2~3분, 늦어도 2~3시간 이내에 상처는 흔적만 남기고 병리학적 상태가 사라지면서 식욕을 회복한다. 때로는 해부학적 장애가 완쾌되기 전에 기능적 장애가 사라지는 경우도 있다. 포트 병(Pott's disease: 척추 카리에스, 일명 곱추병)에 의한 골격의 변형과 암에 걸린 선(腺) 등은 주 장애가 완쾌된 뒤에도 2, 3일은 남아 있을 수 있다. 기적의 주요 특징은 기관이 회복하는 과정이 대단히 빠르다는 점이다.

해부학적 손상의 흉터가 남는 속도가 통상적인 경우보다 훨씬 빠르다는 것도 확인되었다. 이런 현상이 일어나는 필요조건은 기도뿐이다. 그러나 환자 자신이 기도할 필요가 없는 것은 물론이며 종교적 신앙도 필요 없다. 그 환자 주변의 누군가가 기도하는 것으로 충분하다. 이 사실에는 매우 깊은 의미가 있다. 그것은 심리적인 작용과 육체의 작용 사이에 아직 본질적으로 밝혀지지 않은 어떤 관계가 실제로 존재하고 있다는 것을 증명하고 있다. 위생학자, 의사, 교육자, 사회학자들은 정신 활동의 연구를 거의 등한시하고 있지만, 그 연구가 얼마나 중요한지를 이 모든 사실이 객관적으로 증명하는 것이다. 이것은 인간에게 새로운 세계를 열어주고 있다.

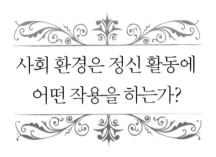

사회 환경은 정신 활동에
어떤 작용을 하는가?

정신 활동은 체액에서와 마찬가지로 사회 환경으로부터도 많은 영향을

받는다. 그리고 생활환경과 마찬가지로 훈련을 통해 발전된다. 생명 유지의

필요성에 따라 기관, 골, 근육은 쉴 새 없이 움직인다. 그 덕분에 이것들은

강제적으로 발달할 수 있다. 그리고 각 개인의 생존 형태에 따라 대략 균형

을 이루며 강해진다. 알프스산 가이드들의 육체는 뉴욕의 시민보다 훨씬 뛰

어나다. 그러나 뉴욕 시민의 기관과 근육은 앉아서 일하는 데는 충분하다.

이와 반대로 정신은 자연적으로 피어나지 못한다. 학자의 자식이라 할지라

도 지식만은 전혀 유전이 되지 않는다. 만약 무인도에 홀로 남겨진 사람의

자식이라면 원시인과 마찬가지일 것이다. 정신의 힘은 교육과 선조들이 이

룬 목적, 도덕적, 미적, 종교적 업적이 새겨진 환경이 없다면 절대로 겉으로 드러날 수 없다. 개인의 격한 정신적 표출, 질, 수는 대부분 사회적 집단의 심리상태에 따라 결정된다.

만약 사회 환경이 열등하다면 지성과 도덕개념은 발달하지 않을 것이다. 이런 활동들은 나쁜 환경에 의해 완전히 손상될지도 모른다. 우리는 마치 세포가 체액에 침투되는 것과 마찬가지로 현대의 습관에 완전히 젖어 있다. 그리고 세포와 마찬가지로 사회의 영향으로부터 몸을 지킬 수 없다. 심리의 세계보다 육체의 세계가 외부의 세계에 대응하는 데 훨씬 효과적으로 저항이 가능하다. 적의 물리적, 화학적인 습격에 대하여 육체는 피부와 소화기의 점막, 호흡기의 점막으로 지켜지고 있다. 그와 반대로 마음의 경계선은 완전히 열린 상태이다. 이렇게 의식은 지적, 정신적 환경으로부터의 공격에 노출되어 있다. 이런 공격의 성질에 따라서 정상으로 발달하거나 결함이 생기게 된다.

**지능은 노력으로 향상되며
도덕과 미적 감각은 환경이 만든다**

지능은 교육과 환경의 의존도가 매우 높다. 또한 정신 훈련과 시대와 집단의 사조에도 의존하고 있다. 지능은 윤리적인 사고, 수학적인 표현을 쓰는 습관, 그리고 인문과학과 자연과학을 계통적으로 연구함으로써 그 형태를 갖추어야만 한다. 학교의 교사, 대학 교수는 도서관, 연구소, 책, 평론 등과 함께 정신 발달을 적절하게 도와주는 수단이다. 그러나 설령 대학교수가 없더라도 이 작업은 책을 통해서도 가능하다. 지적이지 않은 사회 환경 속에 살고 있더라도 높은 교양을 익힐 수는 있다. 지능 교육은 비교적 간단하다. 그러나 도덕적, 미적, 종교적 활동의 형성은 대단히 어렵다. 환경은 정신의 이런 면에 대해서는 한층 미묘한 영향을 끼친다. 강의를 듣는다고 선과 악을 구별하고 아름다움과 속악(俗惡)을 분별하는 것은 습득할 수 없다. 도덕과 예술과 미술은 문법, 수학, 역사처럼 가르칠 수가 없다. 느끼는 것과 안다는 것은 두 가지의 전혀 다른 정신 상태인 것이다. 정규교육은 지능교육에 지나지 않는다. 도덕관념, 미, 신비는 그것이 우리 주변에 있어서 매일 생활의 일부가 되었을 때만 습득이 가능하다. 앞서 말했던 것처럼 지능의 발달은 훈련과 연습을 통해 가능하지만, 정신의 다른 활동, 그것이 확실하게 존재하는 지역사회가 필요한 것이다.

문명은 지금까지 미루어 볼 때 정신적 활동에 적합한 환경을 만드는 데 성공했다고는 할 수 없다. 대부분 사람의 지성과 정신적 가치가 낮은 것은 주로 심리적 분위기에 결함이 있기 때문이다. 물질의 우위와 산업이라는 이름의 종교적 교리는 기독교 문명이 근대 과학의 어머니로 여기는 문화와 아름다움과 도덕을 파괴시켰다. 자신들의 독자성과 전통을 유지해온 작은 사회 그룹도 그 습관이 변화되고 붕괴되고 있다. 지적 계층도 신문과 저속한 문학, 라디오, 영화가 널리 확산된 결과 그 정도가 낮아지고 말았다. 학교와 대학에서의 교육 과정은 우수함에도 불구하고 일반적으로는 점점 더 지능이 저하되고 있다. 희한하게도 그런 현상은 과학적으로 뛰어난 지식을 가진 사람에게서도 엿볼 수 있다. 아이들과 학생은 매스컴의 유치한 오락 프로그램에 인해 정신이 형성되고 만다.

사회적 환경이 지성의 발달을 조장하기는커녕 완전히 방해하고 있다. 그러나 아름다움에 대한 감상 능력을 발달시키는 데는 유리하다. 미국은 유럽의 최고 음악가들을 불러들였다. 미술관은 이전과는 비교할 수도 없는 뛰어난 작품들로 구성되었다. 공업 미술도 급성장하고 있다. 건축은 대성공을 거두고 있다. 유래를 찾아보기 힘든 장엄함을 자랑하는 고층 빌딩이 대도시의 풍경을 바꿔놓았다. 각 개인은 원하기만 하면 어느 정도 미적 감각을 쌓을 수 있을지도 모르겠다.

정신을 부패시키는 것

현대 사회에 있어 도덕적 관념은 완전히 무시되고 있다고 해도 과언이 아니다. 우리는 실제로 그 표현을 억제당하고 있으며 세상은 무책임 일색으로 물들고 있다. 선악을 구별하는 사람, 근면하고 겸손한 사람은 늘 가난하며 어리석다고 경멸당한다. 적은 수의 자식을 낳고 그 아이들의 교육에만 전념한 나머지 자기 자신의 직업에 전념하지 못하는 여성은 머리가 나쁘다고 여긴다. 어쩌다 처자식을 위해 몇 푼 안 되는 돈을 모으면 시기심 많은 금융업자에게 빼앗기고 만다. 아니면 정부에게 뜯겨 선견지명이 없거나 생각이 모자라 금전적 곤란을 겪고 있는 제조업자나 은행가, 혹은 경제인에게 뿌려지고 만다.

예술가와 과학자는 사회에 아름다움과 건강과 부를 가져다주지만, 그들은 가난한 집에 살다가 초라한 죽음을 맞이한다. 세상의 도둑놈들은 쉽게 번영을 누리며 편하게 살고 있다. 폭력배들은 정치의 보호를 받으며 무사히 풀려난다. 그리고 아이들은 영화 속 갱단을 영웅으로 여기고 동경하여 흉내를 내며 논다. 부자들은 온갖 권리를 누리고 있다. 그들은 나이 든 아내를 버리고, 노모를 곤궁 속에 방치하고, 맡겨둔 돈을 빼돌리며, 친구에게 경의를 표하지 않는다. 동성애도 늘고 있다. 성도덕은 완전히 무시되고 있다. 심리분석학자가 남녀에게 부부관계를 지도한다. 선과 악, 공정한 것과 부정한 것의 명확한 구분이 없다. 범죄자도 일반인들 사이에 껴서 자유롭게 활보하고 있다. 그리고 아무도 그것에 항의하지 않는다. 성직자는 종교를 합리화시켰다. 그 신비적 근거를 파괴시켰다. 그러나 현대인을 끌어들이는 데는 성공하지 못했다. 교회의 의자 절반은 비어 있으며 목사는 허무한 도덕에 대해 설교를 하지만 전혀 설득력이 없다. 그들은 경찰과 같은 역할에 안주

하며 현대사회의 틀을 유지하며 부유계층의 이익을 위해 봉사하고 있다. 어쩌면 정치가들처럼 대중의 욕구에 비위만을 맞추고 있다.

인간은 이런 심리적 공격에 대해서는 무력하다. 자신이 속해 있는 집단의 영향력에 어쩔 수 없이 복종한다. 만약 범죄자와 어리석은 자가 함께 살고 있다면 본인 또한 그렇게 될 것이다. 그들과 떨어져 사는 것만이 구원의 길이다. 그러나 새로운 도시 시민은 대체 어디로 가야 혼자 있을 수 있단 말인가? '본인이 원한다면 자신 속으로 물러설 수가 있다. 자신의 영혼 속에 숨어 묵상하는 것만큼 마음이 편안해지고 고민으로부터 해방될 수 있는 것은 없다.' 라고 마르쿠스 아우렐리우스는 말했다. 그러나 우리는 그런 노력이 불가능하다. 자신들의 사회 환경과 싸워 이길 승산은 전혀 없기 때문이다.

정신병에
대해

정신은 육체만큼 강하지 않다. 정신병만으로 다른 병을 합친 것보다 많다는 것은 정말 놀라운 사실이다. 정신병원은 만원 상태를 지나 넘쳐흘러 가둬야 할 환자들을 전부 수용할 수 없는 상태이다. 정신병학 계간지에 실린 벤저민 몰트버그 씨와 H.M 폴락 박사의 논문에 의하면 뉴욕주에서는 22명에 한 명은 언젠가 정신병원에 들어가야 한다고 한다. 미국 전체의 병원으로 따지자면 결핵 환자의 8배에 달하는 지적장애자와 광인의 간호를 하고 있다. 해마다 약 6만 8천 명의 새로운 환자가 정신병원과 수용시설에 입원해 있다. 만약 이 비율로 입원을 계속한다면 현재 초등학교에서 대학까지의 아이들과 젊은이 중에 약 백만 명이 언젠가 수용시설에 들어가야 하는 것이다. 1932년 현재, 주립병원에는 34만 명의 정신병 환자가 있다. 그리고 특별시설에는 8만 1천 5백 명의 지적장애자와 간질 환자가 있으며, 임시 퇴원환자는 1만 9백 3십 명에 달한다. 이 통계에는 개인 병원에서 치료를 받고 있는 정신병 환자가 포함되어 있지 않다. 전국에서는 정신병 이외에 50만 명의 지적장애 환자가 있다.

전국 정신위생위원회가 주최한 통계에 의하면 적어도 40만 명의 아이들이 지능이 너무 낮아 공립학교 과정을 받는데 부적절하다는 것이 밝혀졌다. 실제로 정신착란증 환자는 이보다 훨씬 더 많은 수에 달한다. 통계에 포함되지 않은 정신병 환자는 수십만에 이를 것으로 추산하고 있다. 이 숫자는 문명인의 정신이 얼마나 쉽게 상처를 받는지, 현대 사회에 있어 정신 위생의 문제가 얼마나 중요한지를 여실히 보여주고 있다.

정신 질환은 점점 확장되고 있다. 그것은 결핵, 암, 심장이나 신장의 질환보다도, 그리고 티푸스, 페스트, 콜레라보다도 훨씬 위험하다. 단순히 범죄자의 숫자가 늘어나는 이유뿐만이 아니라 우수한 사람들까지 나약하게 만드는 대단히 무서운 질환이다. 다른 나라에서는 범죄자 중에 정신질환자가 별로 많지 않다는 점을 간과해서는 안 된다. 교도소에는 결함이 있는 인간들이 많다는 사실이 확인되고 있다. 그러나 머리가 좋은 범죄자들은 체포되지 않았다는 사실을 잊어서는 안 된다. 노이로제와 정신이상이 많다는 것은 현대 문명에 의심의 여지가 없는 중대한 결함이 있다는 증거이다. 새로운 생활습관은 분명 인간의 정신건강을 발전시키지는 못했다.

정신병의 본질과
육체적 원인

현대의학은 인간 특유의 정신 활동을 모든 인간이 가질 수 있도록 노력했지만 실패하고 말았다. 의사는 미지의 적으로부터 정신을 지켜내지 못했다. 정신병과 지적장애의 온갖 종류의 증상은 분류가 잘 되어 있다. 그러나 이 질환들의 본질에 대해서는 아무것도 아는 것이 없다. 그것이 뇌의 구조적 장애로 인한 것인지, 아니면 혈장의 성분 변화에 의한 것인지, 혹은 이 두 가지가 모두 원인인지를 전혀 알지 못하고 있다.

인간의 신경적, 심리적 활동은 아마도 대뇌세포의 해부학적 상태와 내분비샘과 다른 기관들에 의해 혈액 속에 분비된 물질과 정신 상태 자체가 동시에 관계가 있을 것이다. 선(腺)의 기능적 장애가 뇌의 구조적 장애와 마찬가지로 노이로제와 정신이상의 원인 중의 하나일지도 모른다. 그러나 증상에 대해서는 모두 파악하고 있지만, 별로 발전은 하지 않았을 것이다. 기관의 병리가 생리학에 의존하고 있듯이 정신의 병리는 심리학에 의존하고 있다.

그러나 생리학은 과학이지만 심리학은 그렇지 않다. 심리학은 그들만의 클로드 베르나르와 파스퇴르의 등장을 바라고 있다. 심리학은 아직까지도 외과의가 이발사였을 때, 화학의 경우에는 라부아지에(Laurent de Lavoisier Antonie, 1743~1794: 프랑스의 화학자)가 등장하기 전 연금술사가 활약했던 시대 정도에서 멈춰져 있다. 그러나 현대 심리학자와 그들의 방식이 과학적으로 초보적 단계에 지나지 않는다고 해서 공격을 하는 것은 공평하지 않다. 늦어진 가장 큰 원인은 그 대상이 너무나 복잡하기 때문이다. 신경세포와 그 집합체, 투사(投射)섬유, 대뇌와 정신의 작용과 같은 미지의 세계에 대한 탐험을 가능하게 할 기술이 아직 없다.

예를 들어 정신분열 증상과 대뇌피질의 구조적 변화 사이의 정확한 관계에 대해 아직 명확하게 밝혀내지 못했다. 정신병의 분류로 유명한 크레펠린(Kraepelin Emil, 1856~1926: 독일의 정신 의학자)의 바람도 아직 실현되지 못했다. 이 질환들을 해부학적으로 연구한다고 하더라도 그 본질을 제대로 해명할 수 없었다.

정신질환은 아마도 공간적으로 한정된 것일지도 모른다. 어떤 증상은 시간적으로 연속해서 일어나야 하는 신경 현상의 부조화나, 기능 계통을 조직하는 세포의 크로낙시에 변화가 일어나기 때문이다. 매독의 스피로헤타, 혹은 기민성 뇌염은 아직 해명되지 않은 원인물질에 의한 대뇌의 특정 부분에서 일어난 장애로 인해 인격에 뚜렷한 변화가 일어난다는 사실도 알고 있다. 이 지식은 막연하며 불확실하고 완전하지 않다. 그러나 광기의 본질을 완전히 이해할 수 있기를 기다리지 말고 정말로 정신 위생에 효과가 있는 의학을 발달시키는 것이 중요하다.

정신병의
유전적 원인과 환경적 원인

정신병의 원인을 발견하는 것이 그 본질을 파악하는 것 이상으로 중요할 것이다. 그런 지식이 있다면 병을 막는 것으로 이어질 것이다. 지적장애와 광기는 아마도 산업 문명과 그로 인한 생활양식의 변화에 따른 대가일 것이다. 그러나 이 질환들은 각 개인이 부모로부터 물려받은 유전의 일부이다. 질환은 신경조직에 이미 부조화가 일어난 사람들 사이에서 나타나고 있다. 신경질적이고 변덕이 심하며, 매우 민감한 사람이 있었던 집안 내력 속에서 정신질환자가 갑자기 등장한다. 그러나 신경 장애와는 전혀 관계가 없었던 혈통 속에서도 갑자기 나타나기도 한다. 분명 정신질환은 유전적 요인 이외의 원인도 있다. 따라서 현대 생활이 정신 상태에 어떤 작용을 하는지를 명확하게 밝혀내야만 한다.

순종 개가 몇 세대를 이어오는 사이에 흔히 신경질적인 녀석들이 늘어난다는 사실은 이미 확인된 사실이다. 이 개들 중에서 정신질환에 걸린 인간과 매우 흡사한 경우를 볼 수 있다. 그리고 이 현상은 인공적인 상태 속에서 기른 개에게서 발생한다. 즉, 안락한 우리에 살면서 늑대와 싸워 이겼던 선조 양치기 개와는 비교할 수 없을 만큼 훌륭한 먹이를 먹은 개에게서 발생한다. 이런 개들에게 주어진 새로운 생존 형태는 인간과 마찬가지로 신경계통을 나쁜 방향으로 바꿔버리는 경향이 있는 것 같다. 그러나 이 퇴화의 구조에 대해 정확한 지식을 얻기 위해서는 아주 오랜 실험이 필요하다. 백치와 광인의 발생을 증가하게 만드는 원인은 대단히 복잡하다. 조발(早發)성 치매와 순환성 장애는 생활이 무질서하고 안정되지 않았지만, 음식물이 지나치게 호화롭거나 부족하며 매독이 많은 사회집단에서 특히 많이 발생한다. 그리고 유전적으로는 신경조직이 불안정한 경우, 도덕적 훈련이 억압된 경우, 제멋대로, 무책임, 이산(離散) 등이 당연시되는 경우에도 자주 발생한다. 아마도 이런 원인과 정신병의 발생 사이에는 어떤 관계가 있을 것이다. 현대 생활습관에는 기본적인 결함이 감춰져 있다. 과학기술에 의해 만들어진 환경 속에서는 인간의 특유한 기능을 충분히 발달시킬 수가 없다. 훌륭한 과학 문명의 발전에도 불구하고 인간의 개성은 점점 붕괴하고 있다.

제5장

인생의 밀도와
내면의 세계

The most important thing is to enjoy your life

to be happy it's all that matters.

무엇보다 중요한 것은

인생을 즐기고 행복을 느끼는 것, 그것뿐이다.

· Audrey Hepburn(미국 배우) ·

물리적인 시간의 가치는
'과거'와 '미래'가 다르다

인간의 수명은 몸의 크기와 마찬가지로 측정에 이용하는 단위에 따라 차이가 있다. 생쥐나 나비와 비교하면 길고, 참나무나 떡갈나무 등의 나무와 비교하면 짧다. 지구의 역사라는 규모에서 따져보자면 볼 것 없는 존재이다. 우리는 시계의 숫자판을 돌고 있는 바늘의 움직임에 따라 그 길이를 잰다. 우리는 수명을 바늘이 같은 간격으로 초, 분, 시간을 통과하는 것을 잰다. 시계의 시간은 지구의 축을 중심으로 하는 회전, 다시 말해서 자전이나 태양을 도는 회전인 공전처럼 주기적으로 일어나는 특정한 기준에 대응하고 있다. 그래서 인간의 수명은 태양의 시간 단위로 표시하는데, 약 2만 5천 일 정도가 된다. 시간을 측정하는 시계에 있어 아이의 하루나 어른의 하루는 차이가 없다. 그러나 실제로 하루 24시간이 아이의 장래에 대해서는 극히 일부에 지나지 않지만, 어른의 장래에는 훨씬 많은 부분을 차지하고 있다. 그리고 노인의 과거 존재 속에서는 아주 작은 부분을 차지하지만, 유아의 과거 존재에 있어서는 훨씬 중요한 부분이 된다. 이처럼 물리적 시간의 가치는 과거를 되돌아보는지 미래를 바라볼지에 따라 변하는 것 같다.

인간은 물리적 연속체 속에 들어 있기 때문에 수명을 시계에 맞춰야만 한다. 그리고 시계에 의해 이 연속체의 차원 중의 하나가 측정된다. 지구 표면의 온갖 차원은 그 특성에 따라 식별이 된다. 수직면은 중력의 현상에 의해 확인할 수 있다. 두 개의 수평면 사이의 구별은 불가능하다. 그러나 만약 인간의 신경조직에 자석 바늘과 같은 성질이 있다면 구분이 가능할 수도 있을 것이다. 제4의 차원, 즉 시간에는 특수한 성질이 있다. 사물의 다른 세 차원은 짧고 거의 움직임도 없지만, 시간은 끊임없이 늘어나 대단히 길게 느껴진다. 두 수평의 차원을 여행하는 것은 간단하다. 그러나 수직의 차원으로 움직이기 위해서는 중력을 거슬러야 하기 때문에 엘리베이터, 비행기, 기구 등을 이용해야만 한다. 시간 속을 여행하는 것은 절대로 불가능한 일이다. 웰스는 그의 소설 속 주인공 한 사람을 4차원을 통해 미래로 탈출시켰는데 그것을 가능하게 한 기계의 구조적 비밀은 밝히지 않았다. 구체적인 인간에게 있어 시간은 공간과는 대단히 상이하다. 그러나 대우주의 공간에 거주하는 추상적인 인간에게 있어서 4차원은 똑같은 것이다. 시간은 공간과는 별개의 것이지만 물리학자와 마찬가지로 생리학자들에게도 우주의 다른 부분에서나 지구상에서나 시간은 공간으로부터 떼어낼 수가 없다.

시간과 공간의
본질에 대해

　시간은 본질적으로 항상 공간과 이어져 있다. 이것은 물질의 불가결한 측면이다. 구체적인 것 중에 공간적으로 세 개의 차원밖에 없는 것은 없다. 바위나 나무나 동물이 순간적일 수는 없다. 마음속으로는 완전히 3차원만으로 묘사되는 것을 떠올릴 수가 있다. 그러나 구체적인 것은 모두 네 개의 차원을 가지고 있다. 그리고 인간은 시간과 공간의 양쪽으로 퍼져 있다. 우리보다 훨씬 완만하게 사는 관찰자가 있다면 인간은 뭔가 가늘고 길게 늘어진 것, 유성의 빛나는 꼬리와 비슷하게 보일 것이다. 게다가 인간은 확실하게 정의는 불가능하지만, 또 다른 모습을 지니고 있다. 왜냐하면 인간은 물리적 연속체로서만 구성되어 있지 않기 때문이다. 사상은 시간과 공간의 범위 내에서는 정의할 수 없다. 도덕적, 미적, 종교적 활동은 물리적 연속체 속에만 있는 것이 아니다. 우리는 투시로 아주 멀리 감춰져 있는 것까지 찾아낼 수 있다는 것을 잘 알고 있다. 또 어떤 사람은 이미 일어난 일이나 앞으로 일어날 일을 느끼기도 한다. 그런 사람은 과거는 물론 미래까지 감지할 수 있다는 사실에 주목해야 할 것이다. 어떨 때는 그런 사람은 과거와 미래를 구별하지 못하는 경우가 있다. 예를 들어 두 개의 다른 시점에서 같은 것에 대해 이야기하고 처음 본 것은 미래에 관해, 다음으로 본 것은 과거와 연관되어 있다는 사실을 전혀 깨닫지 못한다. 정신 활동의 어떤 것은 시간과 공간을 초월해서 여행하는 것처럼 보인다.

시간의 성질은 생각하는 대상에 따라 다르다. 자연 속에서 보는 시간은 분리된 존재가 아니다. 그것은 단순히 구체적 사물의 생존 형태에 불과하다. 인간은 자신들만의 수학적 시간을 만들어 낸다. 그것은 마음에 의해 조립된 것이며, 추상적이며, 과학을 확립하는 데 없어서는 안 되는 것이다. 그리고 편의상 하나의 직선에 비유하여 연속하는 매 순간이 사물을 직접적으로 관찰한 결과에 의한 구체적 사실로 바뀌어 있다. 중세의 철학자들은 시간이 추상개념을 구체화시켜주는 것으로 여겼다. 이런 개념은 갈릴레오보다는 민코스키(Hermann Minkowski, 1864~1909: 러시아의 철학자. 특수 상대성 이론을 기하학적으로 재해석 함)의 생각과 비슷하다. 민코스키나 아인슈타인과 현대 물리학자들처럼 그들도 시간을 본질적으로 공간과는 절대로 분리할 수 없는 것으로 여겼다. 갈릴레오는 대상물 몇 개의 제1차적 성질만, 다시 말해서 측정이 가능하고 수학적 처리가 가능한 것으로 환원시키고 몇 개의 제2차적 성질과 지속성을 무시했다. 이렇게 멋대로 단순화시킴으로 인해 물리학의 발전이 가능했다. 그러나 시간과 특정 세계, 특히 생물학의 세계에 관한 개념을 도식화한 것은 부당한 것이다. 우리는 베르그송의 말에 귀를 기울여 시간을 있는 그대로 바라봐야만 한다. 그리고 무생물에도 생물에게도 그 제2차적 성질과 지속성을 되돌려 놓지 않으면 안 된다.

구체적, 육체적
시간에 대해

시간의 개념은 우주에 있는 물체의 수명을 측정하는 데 필요한 작용과 같다. 수명이란 한 개체의 모든 면을 겹쳐 놓은 것이다. 그것은 사물에 내재되어 있는 일종의 고유한 움직임이다. 지구는 제1차적 성질만을 갖춘 채로 지축의 주변을 회전하고, 그 표면은 밝아지거나 어두워진다. 많은 산이 눈과 비의 침식작용에 의해 점점 모습이 변할지도 모르지만, 산은 여전히 산이다. 나무는 성장하지만 여전히 같은 나무다. 인간 개개인도 그 생명을 구성하고 있는 육체적, 정신적 작용의 흐름 전체를 통해서 각각의 개성을 유지한다. 생물도 무생물도 모두 내부의 활동과 연속하는 상태와 주기로부터 이루어져 있으며, 이것은 각각 그 개체 고유의 성질이다. 이런 작용이 고유의 시간인 것이다. 그것은 다른 것의 움직임과 비교해서 측정할 수 있다. 이렇게 해서 인간의 수명은 태양의 시간과 비교해서 측정된다.

인간은 지구상에 살고 있으므로 그곳에서 볼 수 있는 모든 것의 공간적, 시간적 차원을 지구라고 하는 좌표축에 적용하는 것이 최선책이라는 것을 알고 있다. 높이를 측정하기 위해 미터를 사용하는데, 이것은 우리 행성의 자오선의 약 4천만 분의 1에 해당한다. 마찬가지로 지구의 자전, 혹은 시계가 재깍재깍 새기는 시간의 숫자가 인간의 시간적 차원과 시간의 흐름을 측정하는 데 이용하는 기준이 되었다. 인간이 해가 뜨고 지는 간격을 척도로 수명을 측정하고 생활의 질서를 잡는데 기준으로 삼는 것은 매우 자연스러운 이치다. 그러나 달도 같은 목적으로 이용이 가능하다. 실제로 조수간만의 차이가 심한 해안에 사는 어부들에게는 태양에 의한 시간보다는 달에 의한 시간이 훨씬 중요하다. 그들의 생활방법과 수면과 식사를 위한 시간은 조수(潮水)의 주기에 의해 결정된다. 이런 경우에 인간의 수명은 매일의 해면 높이의 변화라는 좌표에 적응된다. 즉, 시간이란 사물의 특별한 성질인 것이다. 그리고 그 성질은 각 대상을 구성하는 것에 따라 달라진다. 인간은 자신들과 다른 모든 생물의 수명을 시계로 표시되는 시간으로 확인하는 습관을 가지게 되었다. 그럼에도 불구하고 인간의 '내면의 시간'은 이 외부적 시간과는 질적으로 다르기 때문에 그것과는 독립되어 있는 것과 마찬가지이다.

'내면의 시간'에
대한 정의

'내면의 시간'이란 평생 육체와 그 활동에 일어나는 변화를 나타낸 것이다. 각 개인의 개성을 구성하는 구조적, 체액적, 생리적, 정신적 상태는 끊임없이 지속하지만 그 상태를 말하는 것이다. 그야말로 인간이 가진 여러 차원 중의 하나이다. 따라서 머릿속으로 2차원으로부터 인간의 몸과 마음의 일부를 떼어 낸 조각은 해부학자가 세 가지 공간적 축에 수직으로 잘라낸 절단면과 마찬가지로 여러 가지다. 웰스가 '타임머신'에서 말했던 것처럼 인간의 8살 때, 혹은 15살, 17살, 23살일 때의 초상사진은 네 개의 차원을 가진 인간은 고정된 불변의 것이다. 각각의 절단면이 서로 다른 것은 개인의 체질 속에 줄줄이 일어나는 변화를 나타내고 있다. 이것은 육체적 변화와 정신적 변화이다. 그래서 내면의 시간은 생리적 시간과 심리적 시간으로 나 눠야만 한다.

생리적 시간과
심리적 시간의 차이에 대해

생리적 시간은 인간이 태아로서 잉태된 시점부터 죽을 때까지 일어나는 일련의 육체적 모든 변화로 이루어져 있으며, 하나의 정해진 차원이다. 그 것은 또한 하나의 운동, 관찰자의 눈앞에서 인간의 제4의 차원을 구성하는 일련의 상태라고 봐도 좋다. 이것 중에 어떤 것은 주기적이라서 원래의 상 태로 돌아간다. 그 예로 심장의 고동, 근육의 수축, 위와 장의 운동, 소화기 관의 선(腺)에서의 분비, 월경의 현상 등을 들 수 있다. 또한 어떤 것은 진행 적 성격을 띠고 있어 되돌아오지 않는다. 예를 들어 피부의 탄력 저하, 적혈 구의 증가, 조직과 동맥의 경화 등이 있다. 그러나 주기적으로 원상 복구되 는 활동도 일생에는 마찬가지로 변해간다. 그리고 진보적이어서 되돌아가 지 않는 변화를 받는다. 그와 함께 조직과 체액의 구성도 변한다. 이 복합된 움직임이 생리적 시간이다.

'내면의 시간'의 또 다른 모습은 심리적 시간이다. 의식은 외부 자극으로부터의 영향을 받아 자기 행동의 모든 일련의 상태를 기록한다. 베르그송은 시간이야말로 심리적 생명 그 자체라고 말했다. '존속이란 일순이 다음의 일순으로 바뀌는 것이 아니다. 존속이란 과거가 미래로 파고들어 가면서 계속해서 전진하면서 점점 부풀어 오르는 것이다. 늘어지지 않고 과거 위에 다시 과거가 겹쳐져 간다. 실제로 과거는 자동으로 자신을 스스로 유지하고 있다. 그리고 항상 과거 전체가 인간을 따라다닌다. 우리는 의심할 여지가 없이 과거의 일부를 이용해서 사고하고 있으며 인간의 모든 열망, 의도, 행동은 선천적 영혼의 경향까지 포함해서 과거 전체를 통해 이루어지는 것이다.' (앙리 베르그송 저 『창조적 진화』)

인간은 인간 자신이 역사이다. 그리고 우리의 나이보다는 그 역사의 길이가 내면생활의 풍성함을 드러내고 있다. 우리는 막연하게 오늘날의 자신은 어제의 자신과 같지 않다고 느낀다. 하루하루가 점점 빠르게 지나가는 것처럼 느껴진다. 그러나 이런 변화 중에서 그 어느 것도 측정이 가능할 만큼 명확하고 일정한 것은 없다. 인간 정신의 본질적인 움직임은 정의할 수가 없다. 또한 심리 활동 중의 어떤 것은 장수를 하더라도 변하지 않는다. 뇌가 병이나 노쇠로 약해졌을 때만 저하를 하는 것이다.

내면의 시간은 태양의 시간 단위로는 제대로 측정할 수 없다. 그러나 일반적으로 일수(日數)와 연수(年數)로 표시하는 것은 인간의 본질적인 시간을 구성하는 내면의 움직임 주기에 대해서는 아무런 단서도 되지 않는다. 달력상에서의 나이는 육체적 나이에 대응하지 못한다는 것은 분명하다. 사춘기는 사람에 따라 시작되는 시기가 다르다. 폐경의 시기도 다르다. 진정한 나이는 기관과 기능의 상태에 따라 다르다. 진정한 나이는 이 상태의 주기적 변화에 따라 측정되어야만 한다. 그 리듬은 각 개인에 따라 차이가 있다. 어떤 사람은 오래 젊음을 유지하고, 또 어떤 사람은 젊어서부터 기관의 능력이 떨어지는 사람도 있다. 장수로 유명한 노르웨이 사람과 단명으로 유명한 에스키모인과는 육체적 시간의 가치가 전혀 다르다. 진정한 나이, 즉 생리적 나이를 평가하기 위해서는 조직이나 체액 속에서 측정이 가능하면서도 평생 쉬지 않고 이어지는 현상을 찾아내야만 한다.

생리적 시간을
측정하는 방법

인간은 4차원의 세계에서는 일련의 형태가 서로 연속적으로 섞이게 되어 있다. 처음에는 난자였다가, 태아, 유아, 청년, 성인, 그리고 성숙한 노인이 된다. 이런 모든 형태적 모양은 화학적, 육체적, 심리적으로 일어나는 온갖 사건의 표출이다. 이 변화의 대부분은 측정이 불가능하다. 측정이 가능한 것은 고작해야 일생 중에 특정 기간에만 일어나는 변화뿐이다. 그러나 생리적 존속기간 전체의 길이는 4차원의 모든 길이와 같다. 유아기에서 청년기를 거쳐 성장 속도가 늦어지게 되면 사춘기와 폐경기의 현상, 기초대사 작용의 감퇴, 머리가 백발이 되는 것 등은 인간이 존속하는 여러 단계의 현상이다.

조직이 성장하는 비율도 시간과 함께 저하된다. 이 성장 활동은 조직의 단편을 몸에서 떼어내 플라스크에서 배양한다면 대략적인 예측이 가능하다. 그러나 육체 자체의 나이에 관해서는 이렇게 해서 얻은 지식만으로는 신뢰할 수 없다. 일생동안 특정 기간에 특정 기관은 활발하게 성장하고, 또 어떤 기관은 그다지 성장을 하지 않는다. 각 기관의 리듬은 서로 다르며 그것은 몸 전체의 리듬과도 다르다. 그러나 어떤 현상은 육체의 일반적인 변화를 나타내고 있다. 예를 들어 피부 표면의 상처가 낫는 속도는 환자의 나이에 따라 다르다. 반흔(瘢痕)화의 진행 상태는 르콩트 뒤 노위(Pierre Lecomte Du Nouy, 1883~1947: 파리 태생. 철학박사, 이학박사)가 고안해 낸 두 개의 방정식으로 측정할 수 있다는 것은 잘 알려진 사실이다. 이 방정식의 처음은 반흔지수(瘢痕指數)라고 불리는 계수(係數)를 나타내고, 이것은 표면적과 상처가 생긴 다음부터의 시간에서 도출된다. 이 지수를 제2의 방정식에 도입하면, 며칠의 기간이 지난 다음에 두 번째 상처를 측정함으로써 치료의 진행 상태를 예측할 수 있다. 상처가 작고 환자가 젊을수록 지수도 커진다.

르콩트 뒤 노위는 이 지수를 이용해서 특정 나이에 특징적 재생기능을 나타내는 정수를 이끌어냈다. 이 정수는 상처 표면적의 제곱근에 의한 지수에 의해 얻은 것과 같다. 그 변화를 방정식을 통해 인간의 생리적 나이는 상처의 치료율을 통해 측정이 가능하다. 이렇게 해서 얻은 정보는 10살부터 45세 정도까지는 대단히 정확하다. 그러나 45세가 지나면 반흔 형성지수의 변화가 너무 작기 때문에 별 의미가 없다.

혈장에 의한
성장지수

혈장은 평생 몸 전체의 노화 진행 상태를 표시해 준다. 혈장에는 조직과 기관 전체로부터의 분비물이 포함되어 있다는 사실은 잘 알려져 있다. 혈장과 조직은 폐쇄계(주위와 물질 교환을 하지 않으나 에너지 교환은 할 수 있는 계)적 관계이며 조직에 어떤 변화가 일어나면 혈장에 반응을 일으키고, 또한 반대의 현상도 일어난다. 평생 이 상태는 끊임없이 변화하고 있다. 이 변화 중에 어떤 것은 화학적 분석과 생리적 반응을 통해 탐지가 가능하다. 늙은 동물의 혈장이나 장액은 세포 집단의 성장을 억제하는 효과가 증대하고 있다는 사실이 발견되었다. 장액 속에 사는 하나의 세포 집단 면적과 염류용액 속에 배양되고 있는 같은 세포 집단의 면적과의 비율을 성장지수라고 한다. 그 장액의 주인인 동물이 나이를 먹을수록 이 지수는 작다. 이렇게 해서 생리적 시간의 주기변화도 측정이 가능하다. 태어난 지 얼마 되지 않으면 장액이 염류 용액과 마찬가지로 세포 집단의 성장을 억제하지 않는다. 이 시기의 지수 값은 1에 가깝다. 동물이 나이를 먹으면 장액은 세포의 증가를 훨씬 효과적으로 제어하며 지수도 작아진다. 그리고 일반적으로 만년에 들어서는 거의 0에 가깝다.

이 방법은 불완전하기는 하지만 성장이 빠른 어린 시기에는 생리적인 시간의 주기활동에 대해 어느 정도 확실한 지식을 얻을 수 있다. 그러나 성숙한 최종 단계에 이르러 거의 성장이 멈추게 되면 이것은 아무런 쓸모가 없어진다. 성장지수의 변화에 따라 개의 생리적 시간은 10단계로 나눌 수 있다. 그리고 개의 수명은 나이 대신에 이 단위로 거의 나타낼 수 있을 것이다. 이렇게 보면 생리적 시간을 태양 시간과 비교할 수가 있다. 이 둘은 서로 매우 차이가 있어 보인다. 달력상의 나이를 횡축으로 하여서 함수곡선으로 삼으면, 이 지수 값의 저하를 나타내는 곡선은 처음 1년 동안에는 급격하게 떨어진다. 2년 차와 3년 차에는 그 곡선이 점점 완만해진다. 그리고 성숙기에 접어드는 부분에서의 곡선은 직선에 가까워지다가 노년에 접어들어서는 수평 상태를 이룬다. 성장의 진행은 생명의 끝부분과 비교해 볼 때 처음에는 매우 빠르다는 사실이 명백하다. 태양 시간으로 유아기와 노년기를 나타내면 유아기는 매우 짧고 노년기는 대단히 길어 보인다. 이와 반대로 생리적 시간의 단위로 측정을 하면 유아기가 매우 길고 노년기는 대단히 짧아진다.

생리적 시간의
특징에 대해

생물적 시간과 물리적 시간이 전혀 다르다는 것은 앞에서 말한 바와 같다. 설령 시계의 움직임이 빠르거나 느려졌다고 하더라도, 지구가 그 회전 주기를 바꾼다 하더라도 인간의 수명은 전혀 변하지 않을 것이다. 그러나 짧아지거나 길어지는 것처럼 보일 수는 있을 것이다. 태양 시간에 일어나는 변화는 이런 모습으로 명백해질 것이다. 인간은 물리적 시간이라는 흐름에 밀리면서 내면의 리듬에 따라 움직이고, 그것이 수명이라는 생리적 존속시간을 구성하고 있다. 인간은 강 표면에 떠 있는 티끌의 하나가 아니라 물 표면에 떨어진 기름방울이 물을 따라 이동하면서 자신의 움직임으로 퍼져나가는 것과 같다. 외부의 물리적 시간은 인간에게 있어 이질적인 것이고, 내면의 시간이야말로 인간 그 자체인 것이다.

인간의 현재는 시계추의 현재처럼 멈추는 일은 결코 없다. 그것은 마음에도, 조직에도, 혈액에도 동시에 기록된다. 인간은 평생 사건을 모두 기관에도, 체액에도, 정신에도 각인시킨 채 그것을 품고 살아간다. 모든 나라처럼, 혹은 고대 국가들처럼, 아니면 유럽의 어느 도시, 공장, 농장, 경작된 밭, 고딕 양식의 대성당, 중세의 성, 로마의 기념비처럼 인간은 역사의 결과물이다. 개개인의 개성은 기관과 체액과 정신에 새로운 경험을 더할 때마다 점점 풍성해진다. 인간은 결코 과거와 분리할 수 없기 때문에 사고를 할 때마다, 행동할 때마다, 병이 들 때마다, 뚜렷한 영향을 받는다. 병은 완전히 회복할 수 있고 잘못된 행동은 고칠 수 있지만, 그 일로 인한 상흔은 영원히 남는다.

유아기와 노년기는
'시간의 밀도'에 큰 차이가 있다

태양의 시간은 일정한 속도로 흘러 같은 간격을 유지하고 있다. 그 바탕은 절대 변하지 않는다. 그와 반대로 생리적 시간은 개인에 따라 다르다. 장수하는 민족에게는 속도가 느리고 단명하는 민족은 빠르다. 또한 개인의 일생에서도 각자의 나이에 따라 다르다. 같은 1년이라 하더라도 노년기보다 유년기가 생리적인 면에서나 정신적인 면에서 더 많은 사건을 겪는다. 이런 사건의 리듬은 처음에는 급속도로 감소되지만 나중에는 조금씩 완만하게 감소한다. 생리적 시간의 단위에 대응하는 물리적 시간의 연수(年數)는 점점 길어진다. 즉, 육체는 기관의 작용 전체의 종합체로 유아기에는 리듬이 매우 빠르지만, 청년기에는 점점 줄어들다가 성년기, 노년기가 되면 대단히 느려진다. 인간은 생리적 활동이 쇠락하기 시작할 때에 정신적 발달은 정점에 도달한다.

생리적 시간은 시계와 같은 정확함은 없다. 기관의 활동에는 특정한 떨림이 있다. 그 리듬은 일정하지 않다. 일생동안 리듬 상태를 곡선으로 나타내면 불규칙한 모습을 보인다. 이 불규칙함은 인간을 존속시키고 있는 생리적 현상이 지속하고 있는 도중에 무슨 일이 생기기 때문이다. 어떤 때는 나이의 진행이 멈춘 것처럼 보일 때가 있다. 또 느려진 것처럼 보일 때도 있다. 성격이 집중적으로 성장하는 경우도 있는가 하면 흩어지는 경우도 있다.

앞에서 말했던 것처럼 내면의 시간과 육체적, 심리적 기반에는 태양 시간의 규칙성은 없다. 즐거운 일, 생리적 기능과 심리적 기능이 잘 조화를 이룸으로써 일종의 회춘이 가능하다. 아마도 심리적으로나 육체적으로나 건강한 상태는 진정한 회춘의 특징이라 할 수 있는 체액의 변화를 동반하는 것 같다. 도덕적 고민이나 업무의 근심, 전염병이나 퇴행변성 질환은 기관의 쇠락을 촉진한다. 개에게 살균된 농즙(膿汁)을 주사하면 노쇠상태로 만들 수 있다. 개는 점점 마르고 지쳐 기운을 잃게 된다. 그와 동시에 혈액의 조직은 노년과 비슷한 생리적 반응을 보여준다. 그러나 이런 반응은 시간이 지나면 다시 원상복구가 되며 기관의 기능도 정상적인 리듬으로 회복한다. 노인의 경우에는 해마다 조금씩 변해간다. 병에 걸리지 않는다면 노화의 진행 속도는 아주 느리다. 노화가 빨라졌을 때는 생리적인 원인 이외의 것이 개입되지 않았는지 살펴볼 필요가 있다. 일반적으로 그런 현상은 근심과 슬픔, 세균 감염에 의해 생성된 물질, 기관의 퇴행적 변질, 암 등이 원인인 경우가 많다. 노쇠의 진행이 빨라지는 것은 그 노인의 몸에서 반드시 어떤 기관의 장애나 정신적 고통이 있다는 것을 나타내고 있다.

생리적 시간의

비가역성에 대해

물리적 시간과 마찬가지로 생리적 시간도 원상복구가 되지 않는다. 사실 그것은 존재에 필요한 모든 기능이 역행할 수 없다는 것과 마찬가지다. 고등 동물들에게서 수명은 결코 바꿀 수 없는 흐름이다. 그러나 동면을 하는 포유동물들은 이런 흐름이 중단되기도 한다.

건조된 담륜충의 경우에는 이 수명의 흐름이 완전히 정지한다. 냉혈동물의 기관 활동의 리듬은 따뜻한 환경이 되면 빨라진다. 자크 러브가 고온에서 기른 파리는 빨리 노화되어 빨리 죽었다. 마찬가지로 악어의 생리적 시간 값도 주변의 기온이 섭씨 20도에서 40도 이상이 되면 변하게 된다.

이 경우 외상의 반흔화 지수도 기온에 따라 올라가거나 내려간다. 그러나 이렇게 간단한 방법으로는 인간의 조직에 큰 변화를 일으킬 수는 없다. 생리적 시간의 리듬을 바꾸기 위해서는 몇 가지 기본적 활동과 상호관계에 간섭하는 수밖에 없다. 인간은 수명의 기반인 모든 구조의 성격을 알지 못한다면 노화를 늦추거나 방향을 되돌릴 수 없다.

생리적 시간의
기반에 대해

생리적 존속이 가능한 것은 생명이 있는 특정한 물질의 조직 구성에 의한 것이며, 그 존재의 특징도 이 조직 구성에 의한 것이다. 이것은 살아 있는 세포를 포함하는 공간의 일부가 우주로부터 상대적으로 분리되면 곧바로 시작된다. 이 조직 구성의 모든 단계에 있어서 인간과 세포체의 생리적 시간은 영양물에 의해 만들어진 환경액의 변화와 그 변화에 대응하는 세포의 반응에 의해 결정된다. 세포 집단은 그 노폐물이 침전된 채로 그대로 두면 곧바로 시간을 기록하기 시작하며 이렇게 해서 주변을 변화시키기 시작한다. 노화 현상을 관찰할 수 있는 가장 간단한 방법은 소량의 영양가 있는 환경액 속에서 조직 세포 일부를 배양하는 것이다. 이 방법으로 배양액은 영양작용이 만들어 내는 물질에 따라 점점 변화하게 되고 그 결과 세포를 변화시키게 된다. 그리고 노화와 죽음으로 이어진다.

생리적 시간의 리듬은 조직과 그 환경액과의 관계에 의한 것이다. 그것은 세포 집단의 양, 신진대사활동, 성격, 액상과 가스 상태의 환경물의 양과 그 화학성분에 따라 다르다. 배양액을 만드는 방법에 따라 실험적으로 배양된 것의 생명 리듬이 달라진다. 예를 들어 심장의 단편을 슬라이드의 작은 홈 속에 넣고 공기와의 접촉을 차단한 뒤 단 한 방울의 혈장을 떨어뜨려 배양하면, 플라스크 속에서 다량의 영양가 높은 배양 용액과 가스를 넣어 배양한 것과는 전혀 다른 결과를 얻을 수 있다. 배양액 속에 노폐물이 축적되는 비율과 이 노폐물의 성질에 따라 이 조직의 수명과 성격이 결정된다. 배양액의 구성 물질이 일정하게 유지된다면 세포 집단도 같은 활동 상태를 지속적으로 유지한다. 그리고 시간을 질적이 아닌 양적으로 측정하여 기록한다. 만약 적당한 수단으로 그 양적 증식을 막는다면 이 세포 집단은 결코 노화되지 않을 것이다. 1912년 1월에 닭 태아의 심장 조각에서 채취한 세포 집단은 23년이 지난 지금까지도 여전히 활발하게 성장하고 있다. 이것은 정말로 영구히 죽지 않는다.

인공적 환경은 생활 세포를
어떻게 변화시킬까?

　체내에 있어 조직과 환경액의 관계는 세포의 배양으로 알 수 있듯이 인공적인 구조와 비교해서 상대가 되지 않을 정도로 훨씬 복잡하다. 기관의 환경액인 혈액과 림프액은 세포의 영양 활동에 의한 노폐물에 의해 끊임없이 변화하는데, 폐, 신장, 간장 등에 의해 그 성분은 항상 일정하게 유지된다. 그러나 이런 구조들이 규칙적으로 작용하고 있음에도 불구하고 체액과 조직에는 아주 느리기는 하지만 변화가 일어난다. 그것은 혈장의 성장지수와 피부의 재생 활동을 나타내 주는 정수의 변화로 확인할 수 있다. 그리고 체액의 화학적 성분도 그에 대응하여 연속적으로 변해간다. 혈장 속의 단백질이 증가하여 그 성질도 변한다.

　특정 세포에 작용해서 그 증식 속도를 저하시키는 성질을 장액에 주입하는 것은 주로 지방이다. 이 지방은 일생동안 양도 증가하고 성질도 변한다. 장액의 변화는 기관의 환경액 속에 지방과 단백질이 조금씩 축적되거나 일종의 정류상태가 되어 일어나는 것이 아니다. 개의 혈액 일부를 채취한 뒤 혈구에서 혈장을 분리하여 식염수로 대체하는 것은 아주 간단하다. 이렇게 해서 혈액 세포에서 혈장의 단백질과 지방을 제거한 뒤 다시 동물에게 주입하면 2주가 채 되지 않아 혈장은 조직에 의해 재생되면서 그 구성성분이 원래의 것과 같다는 것을 관찰할 수 있다. 덕분에 혈장의 상태는 유해한 물질의 축적에 의한 것이 아니라 조직의 상태에 의한 것이라는 것을 알 수 있다. 그리고 이 상태는 각각의 연령에 따라 차이가 있다. 이렇게 해서 노화되어 가는 인간의 체액 상태는 마치 저수지처럼 절대 마르지 않는 기관에 포함되어 있는 물질에 의해 정해지는 것처럼 보인다.

노화는
어떻게 해서 생기는가?

평생 조직은 중요한 변화를 한다. 먼저 많은 수분을 잃게 된다. 그리고 탄력도 없고 신축성이 떨어져 생명이 없는 물질과 연결조직으로 가득 차게 된다. 기관은 점점 경직화되어 간다. 동맥도 경화된다. 순환도 느려진다. 선 (腺)의 구성도 완전히 변해 간다. 상피세포도 조금씩 그 특성을 잃어간다. 재생은 점점 느려지고 때로는 재생이 전혀 되지 않기도 한다. 분비물도 그 풍성함을 잃게 된다. 이런 변화는 기관에 따라 다른 속도로 진행된다. 다른 기관보다 노화가 빠른 기관이 있다. 그러나 이런 현상이 일어나는 이유에 대해서는 전혀 아는 것이 없다. 이런 부분적 노화 현상은 동맥, 심장, 뇌, 신장, 그 밖의 어떤 기관에서도 발생할 수 있다. 조직 중의 일부만이 노화되는 것은 위험하다. 몸의 모든 요소가 균등하게 노화되어 간다면 훨씬 장수가 가능하다.

만약 심장과 동맥은 모두 노화되었지만 골격의 근육은 튼튼하다고 가정한다면 몸 전체에 위험을 가져다준다. 노화된 육체 속에서 이상적으로 활발한 기관은 젊은 육체 속의 노화된 기관과 마찬가지로 해롭다. 노인에게 있어 해부학적 조직의 어느 일부의 기능이 젊다는 것은, 그것이 성선(性腺)이든 소화기관이든, 혹은 근육이든 간에 대단히 위험하다. 시간의 가치가 모든 기관에 대하여 똑같지 않다는 것은 분명한 사실이다. 이 시간적 차이가 수명을 단축시킨다. 만약 과중한 부담이 몸의 어느 일부에 발생한다면 아무리 조직의 노화가 평균을 유지하는 사람이라 할지라도 노화에 박차가 가해질 것이다. 과로와 중독과 이상 자극에 노출되어 있는 기관은 다른 기관보다 빨리 노화한다. 그리고 그런 조로(早老)화 현상이 육체를 죽음에 이르게 한다.

우리는 물리적 시간과 마찬가지로 생리적 시간도 그것이 전부가 아니라는 사실을 알고 있다. 물리적 시간은 시계와 태양 시간으로 이루어진 것에 불과하다. 생리적 시간은 조직과 체액, 그리고 서로의 상호관계로부터 성립된다. 수명의 특성이란 인간을 우주 환경으로부터 분리 독립시켜 공간적으로 이동할 수 있도록 한 구조 자체에 의존하고 있다. 그리고 소량의 혈액과 체액의 정화를 담당하는 조직의 활동에도 의존하고 있다. 이 구조들은 장액과 조직이 조금씩 특정한 변화를 일으키는 것을 막는 데 성공하지 못했다.

아마도 혈액의 흐름은 조직에서 노폐물을 완전히 제거하지 못하는 것 같다. 아니면 영양이 부족한 건지도 모른다. 만약 기관의 환경액 양이 훨씬 많고, 노폐물의 제거가 완전히 이루어진다면 인간의 수명이 연장될지도 모른다. 그러나 그렇게 된다면 인간의 몸은 훨씬 크고 부드러워져 치밀도가 떨어져서 과거의 거대한 동물처럼 되고 말 것이다. 그리고 현재의 기민함과 기능들을 잃게 될 것이다.

'인격'은 물리적, 생리적, 심리적 사건이
기관에 전달된 결과물

심리적 시간도 생리적 시간과 마찬가지로 인간의 한 모습에 불과하다. 그 성격은 기억의 성격과 마찬가지로 아직 알려져 있지 않다. 기억은 시간의 경과를 의식하는 것과 관계가 있다. 그러나 심리적 수명은 다른 요소로도 이루어져 있다. 인격 일부는 기억으로부터 이루어져 있지만, 또한 살아 있는 동안에 일어난 물리적, 화학적, 생리적, 심리적 사건이 모든 기관에 각인시킨 것에 의한 것이다. 우리는 막연하게 존속 상태가 계속되고 있다는 것을 느끼고 있다. 그리고 물리적 시간을 이용해서 매우 대략적이기는 하지만 그 존속 기간을 측정할 수 있다. 아마도 근육과 신경의 요소가 느끼고 있는 것처럼 그 흐름을 느끼는 것이다.

각종 세포는 각각의 방식으로 물리적 시간을 기록하고 있다. 신경과 근육에 대한 시간의 가치는 앞에서 말했던 것처럼 시간 값, 즉 크로낙시로 나타낸다. 해부학적 요소는 모두 같은 크로낙시를 가지지 않는다. 세포의 등시(等時)성은 그 기능면에서 제일 중요한 역할을 맡고 있다. 아마도 이 조직에 의한 시간의 측정이 식역(감각기관에 주어지는 물리적 자극을 감지할 수 있는 최소의 양)에 도달하여 우리 자신의 깊숙한 곳에서 묵묵히 흐르고 있는 물처럼 뭐라 설명이 불가능한 것을 느끼게 하는 것과 관계가 있을 것이다.

인간의 의식 상태는 이 흐름을 따라 떠다니며 그것은 광대한 강의 어두운 수면에 서치라이트를 비췄을 때와 같다. 우리는 자신이 변하는 것을, 자신이 이전의 자신과 같지 않다는 것을 의식한다. 그러나 여전히 같은 자신이라는 것도 실감하고 있다. 어릴 때의 일을—그것도 자기 자신이다—되돌아보며 거기서부터의 거리가 그야말로 우리의 육체와 정신의 차원이고, 우리는 그것을 공간적 차원의 하나로 비유한다. 이 내면의 시간의 모습에 대해서는 그것이 육체적 생명의 리듬에 의존하고 있으면서 독립적이기도 하며, 나이를 먹을수록 그 움직임이 점점 빨라진다는 것 이외에는 아무것도 아는 것이 없다.

인간의
수명에 대해

인간의 최대 바람은 영원히 늙지 않는 것이다. 멀린(고대 브리튼의 전설에
나오는 마법사)에서부터 칼료스트로(Cagliostro, 1743~1795: 이탈리아의 악명 높은 사
기꾼. 연금술사, 기적을 일으키는 예언자라 칭하며 동유럽을 배회하다 훗날 런던, 파리 등
에서도 악명을 떨친 사기꾼), 브라운 세카르(Charles Edouard Brown Sequard,
1817~1894: 프랑스의 신경생리학자. 내분비에 관한 실험적 연구, 부신과 고환의 작용 연
구로 유명), 보로노프(Voronoff, 1866~1951: 러시아 출생의 생리학자. 젊어지는 수술로
원숭이의 고환을 인간에게 이식)에 이르기까지 사기꾼이나 과학자 모두 같은 꿈
을 좇다가 모두 다 실패했다. 이 최고의 비밀을 찾아낸 사람은 아무도 없다.
그러는 사이 영원한 젊음에 대한 갈망은 더욱 커져만 갔다. 과학 문명은 정신의 세계를 파괴했다. 그러나 물질의 세계는 인간에게 넓게 펼쳐져 있다. 때문에 육체와 지성의 활력을 그대로 유지해야만 하는 것이다. 젊음의 힘만이 생리적 욕구를 만족시켜주고, 외부 세계를 정복할 힘을 가져다준다. 그러나 우리는 어느 정도 선조들의 꿈을 실현시켰다. 현대인은 선조들보다 오래 젊음을 유지하며 살고 있다. 그러나 아직 수명을 연장하는 것은 성공하지 못했다. 45세의 사람이 80세까지 살 기회는 전 세기의 사람들과 별 차이가 없다.

위생학과 의학이 장수에 실패한 것은 그리 이상할 것도 없다. 난방, 환기, 집안의 조명, 식품 위생, 욕실, 스포츠, 정기적인 건강진단, 전문의의 증가 등에서는 매우 발전했음에도 불구하고 인간의 수명은 하루도 늘어나지 않았다. 정치가, 경제학자, 재정학자들이 국민 생활을 조직하는 데 있어 범했던 과오와 마찬가지로 위생학자, 화학자, 의사들이 개인으로서의 생존에 대해 잘못된 판단을 하고 있다고 생각해야 하는 걸까? 어쨌거나 새로운 도시 시민에게 강요되고 있는 현대의 쾌적함과 생활습관이 자연의 법칙에 어긋났기 때문일지도 모른다. 그러나 남녀 모두 외관상으로는 확실하게 변했다.

위생학, 스포츠, 음식의 제한, 미용실, 전화와 자동차가 만들어낸 천박한 활동 덕분에 과거와 비교할 때 모두가 바쁘게 살고 있다. 50세의 여성은 여전히 젊다. 그러나 현대의 진보는 황금뿐만이 아니라 가짜 금까지 가져다주었다. 미용 외과의 손길로 주름을 없애고 평평해진 얼굴에 다시 주름이 생겼을 때, 혹은 더 이상 마사지로는 늘어나는 지방을 막을 수 없게 되었을 때, 오랫동안 소녀처럼 보이던 여자들은 할머니와 똑같은 나이가 되었을 때는 훨씬 더 늙어 보이게 된다. 마치 20대처럼 테니스나 댄스를 즐기며 젊은이들의 흉내를 내던 위선자들은 늙은 아내를 버리고 어린 여자들과 결혼을 하기도 하지만, 뇌가 굳어버리고 심장과 신장의 병에 걸리기 쉽다. 그리고 침대나 사무실이나 골프장에서 급사를 하기도 하는데, 선조들은 이 나이에 여전히 밭을 경작하며 튼튼한 팔뚝으로 일하고 있었다. 현대 생활의 이 좌절의 원인은 아직 그 원인이 밝혀지지 않았다. 위생학자와 의사들에게만 책임을 물을 수는 없다. 현대인이 빨리 노화되는 이유는 아마도 근심과 경제적 불안정, 과로, 도덕적 해이, 그리고 모든 것에서 도가 지나치기 때문일 것이다.

수명을 얼마나
연장시킬 수 있을까?

생리적 존속의 구조에 대해 더 다양한 지식을 얻을 수 있다면 장수의 문제에 대해 해결책이 있을 것으로 생각한다. 그러나 인간의 과학은 아직 초보적 단계로 아무런 도움도 되지 않는다. 그래서 순수하게 경험으로 생명을 연장시킬 수 있는지 확인해야만 한다. 어느 나라든 100살이 넘은 사람들이 조금씩 있다. 이것은 인간이 시간적으로 가능한 한계일 것이다. 그러나 100살이 넘는 사람들을 관찰하더라도 현재로서는 실질적으로 도움이 될 만한 결론은 얻을 수 없다.

분명 장수는 유전이다. 그러나 발달의 조건에도 의존하고 있다. 장수하는 가계의 자손이 대도시에 살게 되면 한 세대나 두 세대를 거치는 동안 장수하는 소질을 거의 잃게 된다. 순종에 선조의 체질을 확실히 알 수 있는 동물을 연구하다 보면 환경이 어느 정도 생명을 연장해켜 준다는 사실을 확인할 수 있다. 몇 세대에 걸쳐 형제자매 사이에 교배해 온 특정 쥐는 생명의 존속 기간이 거의 일정하다.

그러나 동물을 우리에 가두는 대신에 넓은 곳에서 자유롭게 굴도 파면서 원시적인 생활 상태로 되돌려 놓으면 훨씬 빨리 죽는다. 음식물에서 특정한 물질이 제거되면 수명은 확 줄어든다. 반대로 수세대에 걸쳐 특정 음식물을 주거나, 정해진 기간에 단식을 시키면 수명이 길어진다. 생활 상태의 단순한 변화라 할지라도 생명의 존속 기간에 영향을 끼친다는 것은 명백한 사실이다. 인간의 수명도 비슷한 방법으로, 혹은 다른 방법을 통해 늘릴 수 있을 것이다.

우리는 이 목적을 위해 무턱대고 약을 먹는 방법에 의존하고 있다는 느낌이 들지만, 결코 약에 져서는 안 된다. 장수는 젊음을 오래 유지하면서 노화가 지속하지 않을 때 바람직하다. 노쇠 기간이 길어지면 불행하다. 노인이 스스로 생활이 불가능해지면 가족은 물론 사회적으로도 부담이 된다. 만약 모든 사람이 100살까지 살게 된다면 젊은 세대들은 그 짐을 짊어져야만 한다.

수명을 늘리기 위한 노력보다는 육체적 정신적 활동을 죽기 직전까지 유지할 수 있는 방법을 발견해야 할 것이다. 병자, 허약체질이나 정신질환자의 수가 늘어나지 않게 하는 것이 대단히 중요하다. 게다가 모든 사람이 장수를 누리는 것은 현명하지 못하다. 자질과 상관없이 인간의 수만 늘리는 것이 얼마나 위험한 것인지는 잘 알려진 사실이다. 불행한 사람, 이기적인 사람, 어리석은 사람, 아무런 도움이 되지 않는 사람의 생명을 연장할 필요가 있을까? 인간이 노년기에 지적, 도덕적 쇠퇴와 오랜 병환을 막을 수 있을 때까지 100살 이상의 인구를 늘려서는 안 될 것이다.

인간의
'회춘'에 대해

심리적, 정신적 자질이 충분한 사람을 위해 젊음을 유지하는 비결을 발견하는 것은 유익한 일이다. 젊음은 내면의 시간의 방향이 완전히 거꾸로 도는 것으로 생각할 수 있다. 그들은 어떤 방법을 통해 인생을 이전의 단계로 되돌아가는 것이다. 4차원의 일부를 끊는 것이다. 그러나 현실의 목적으로서 회춘은 훨씬 한정된 의미를 가지며 불완전한 존속 상태에서 어느 정도 역행하는 것으로 생각해야 할 것이다. 심리적 시간의 방향은 바뀌지 않을 것이다. 기억도 존속할 것이다. 조직과 기관은 회춘할 것이다. 대상자는 젊은 활력으로 넘치는 기관의 도움을 받아 오랜 인생을 통해 얻은 경험을 활용할 수 있을 것이다.

'회춘'이라는 말은 슈타이나흐(Eugen Steinach, 1861~1944: 오스트리아의 생리학자. 노폐 장기의 회춘, 뇌하수체의 작용, 포유류의 성전환, 자웅성 호르몬 등에 관한 연구)나 보로노프와 다른 사람들이 했던 실험과 수술에 사용되었을 때에는 환자의 전체적인 상태의 개선과 힘과 기력으로 넘치는 느낌과 성적 기능의 회복을 의미하고 있다. 그러나 수술한 뒤 노인에게 이런 변화가 생겼다고 해서 회춘이 되었다고 할 수는 없다. 장액의 화학적 구성과 생리적 반응을 조사하는 것만이 생리적 연령이 역전되었는지를 확인할 수 있는 유일한 방법인 것이다. 만약 장액의 성장지수 증가가 일시적이지 않다면 외과의가 주장하는 결과가 실현되었다는 것을 증명할 것이다. 왜냐하면 회춘이라는 것은 혈장이 특정한 생리적, 화학적 변화를 일으키는 것을 측정할 수 있다는 것이기 때문이다.

그러나 이런 현상이 일어나지 않는다고 해서 반드시 대상자의 연령이 회춘하지 않았다고도 할 수 없다. 여전히 인간의 기술은 대단히 불안정하다. 노인의 회춘 연령이 수년 이내일 때는 그것을 명백하게 밝힐 수 없다. 만약 14살의 개가 10살로 회춘했다고 하더라도 장액의 성장지수는 거의 그것을 식별할 수 없을 것이다.

회춘은 어디까지
가능할까?

중세의 의학적 미신 중에는 젊은 피의 효능, 즉 젊은 피에는 나이를 먹어 노쇠한 몸에 젊음을 가져다주는 힘이 있다는 강한 믿음이 있었다. 로마 교황 이노첸시오 8세(Innocentius, 1432~1492)는 젊은 세 남자의 피를 정맥에 수혈했다. 그러나 이 수술 직후 죽고 말았다. 이 죽음은 기술적인 과오에 의한 가능성이 대단히 높기 때문에 이 방법은 재고의 가치가 있다. 젊은 피를 낡은 기관에 주입하는 것은 좋은 변화를 가져다줄 것으로 생각한다. 이런 수술이 두 번 다시 실행되지 않은 것이 이상할 정도이다. 이 방법이 사라진 것은 아마도 의사가 내분비샘 쪽에 관심을 기울이게 되면서부터일 것이다.

브라운 세카르는 고환의 신선한 추출물을 자신에게 주사하여 회춘을 하였다고 믿었다. 그리고 이 발견으로 유명세를 떨치게 되었다. 그러나 얼마 지나지 않아 죽고 말았지만, 고환에는 회춘의 물질이 있다는 믿음이 여전히 남아 있다.

슈타이나흐는 수정관을 짜면 생식선을 자극한다는 것을 입증하기 위한 실험을 했다. 그리고 많은 노인에게 이 수술을 감행했다. 그러나 그 결과는 의심스럽다.

보로노프는 브라운 세카르의 방법을 재고하고 확대했다. 그는 단순히 고환의 추출물을 주사하는 대신에 노인과 노화가 빠른 사람들에게 침팬지의 고환을 이식했다. 이 수술을 통해 환자들의 전반적인 상태와 성적 기능이 개선된 것은 의심의 여지가 없다. 그러나 침팬지의 고환은 인간의 체내에서는 오래 살아있을 수 없다. 노쇠의 도중에 이것이 특정 분비물을 방출하였고, 이 물질이 혈액의 순환을 통해 운반된 성선(性腺)과 내분비샘을 활발하게 하였을 것이다.

이런 수술은 효과가 그리 지속하지 않았다. 노화는 조직과 체액 모두에 큰 변화가 일어남으로써 발생하는 것으로 단 하나의 선(腺)의 노화 때문이 아니라는 것은 이미 잘 알려진 사실이다. 성선의 활동이 상실되는 것은 노화의 원인이 아니라 그 결과의 하나인 것이다. 슈타이나흐도 보로노프도 진정한 회춘은 관찰할 수 없었다. 그러나 그들이 실패했다고 해서 회춘이 영원히 불가능하다는 것을 의미하지는 않는다.

**'불멸의 생명'에 대한
끝없는 탐구**

생리적 시간의 일부를 되돌리는 것은 실현 가능하다고 여겼다. 앞서 말했던 것처럼 생명이 존속한다는 것은 특정한 구조적, 기능적 과정이다. 진짜 나이는 조직과 체액의 변화와 진행 상태에 따른다. 조직과 체액은 하나이며 동일한 계통이다. 만약 노인에게 사산한 영아의 선(腺)과 젊은이의 혈액을 수혈한다면 틀림없이 회춘할 것이다. 그러나 이 수술이 가능하기 위해서는 수많은 기술적 난관을 극복해야만 한다. 인간은 특정 개체에 적합한 기관을 골라낼 방법을 아직 터득하지 못했다. 조직을 새로운 주인의 몸에 이식할 수 있는 방법이 아직 없다. 그러나 과학의 발전은 눈부시다. 우리는 이미 발견한 방법과 앞으로 발견될 방법의 도움으로 이 비밀에 대한 탐구를 지속해야만 한다.

인간은 절대 지치지 않고 불멸의 생명을 탐구해 나갈 것이다. 그러나 인간의 육체 구성은 몇몇 법칙으로 제한되어 있기 때문에 그것은 불가능할 것이다. 생리적 시간의 냉정한 진행을 늦추거나 어느 정도 되돌릴 수는 있을지도 모른다. 그러나 결코 죽음을 극복할 수는 없을 것이다. 죽음은 인간이 뇌와 개성의 대상으로서 지급해야 할 대가이다. 그러나 언젠가는 과학의 힘으로 육체적으로도 정신적으로도 병으로부터 해방될 수 있다면 노년의 시간도 결코 두려운 시간이 아니라는 것을 깨닫는 때가 올 것이다. 인간이 고뇌하는 대부분은 노화가 아니라 병에 있는 것이다.

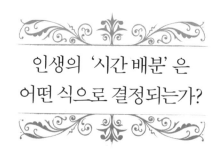

인생의 '시간 배분'은
어떤 식으로 결정되는가?

물리적 시간의 인간적인 의의는 반드시 내면적 시간의 성격과 이어져 있다. 생리적 시간이 역행할 수 없는 조직과 체액의 변화의 흐름이라는 것은 앞에서 말한 바와 같다. 그것은 특수한 단위를 이용해서만 측정이 가능하며, 각 단위는 장액의 어떤 일정한 기능적 변화와 같다. 그 특성은 그 생체의 구조와 그 구조와 관련된 생리학적 활동에 의한 것이다. 이것은 각각 생물의 종류, 각 개체와 그 개체의 연령 특유의 것이다.

인간은 물질세계의 일부이기 때문에 생리적 시간은 일반적으로 물리적 시간, 즉 시계에 의한 시간의 틀에 맞춰져 있다. 일반적으로 인간의 일생은 날짜와 연수(年數)로 측정한다. 유아기, 아동기, 청년기는 약 18년 동안 이어진다. 성년기와 노년기는 50년에서 60년 동안 지속한다. 이렇듯 인간은 성장의 기간은 짧고 완성과 쇠퇴의 기간은 길다. 반대로 물리적 시간을 생리적 시간의 틀에 맞춰 시계에 의한 시간을 인간의 수명으로 환산할 수도 있다. 그러면 정말 희한한 현상이 벌어진다. 물리적 시간의 값이 그 균일성을 잃고 마는 것이다. 생리적 시간 단위로 측정하면 1년의 양이 여러 가지로 바뀐다. 각 개인에 따라 다르고, 개인의 평생 중에서도 각 기간에 따라 차이가 있다.

어째서 '성인의 하루' 가
'아이들의 하루' 보다 짧은가?

인간은 평생 일어나는 물리적 시간적 가치의 변화를 상당히 또렷하게 느낀다. 어릴 적의 하루는 아주 느리게 여겨지지만, 성년기의 하루는 놀랄 만큼 빠르게 지나간다. 아마도 무의식적으로 물리적 시간을 인간의 수명이라는 틀 속에 맞추기 때문에 이런 감정을 경험할 것이다. 그리고 당연히 물리적 시간은 수명과는 역으로 흐르는 것처럼 보인다. 인간의 존재 리듬은 나이가 들면서 점점 느려져 간다. 물리적 시간은 일정한 속도로 흘러간다. 그것은 평야를 지나 흐르는 강줄기와 같은 것이다. 인생의 새벽 시기에는 제방을 따라 힘차게 달려간다. 게다가 강의 흐름보다도 빨리 달린다. 점심 무렵이 되면 그 속도가 점점 떨어진다. 그리고 강물의 흐름과 같은 속도로 걷게 된다. 밤이 되면 사람은 피로를 느끼게 된다. 강의 흐름은 점점 빨라지고, 사람은 저 멀리 뒤처지게 된다. 그리고 결국에는 멈춰서 영원히 잠들게 된다. 그러나 강은 냉정하게도 멈추지 않고 계속 흐른다. 강물은 여전히 같은 속도로 흐르고만 있다. 인간의 속도가 점점 느려지기 때문에 이런 착각을 품게 되는 것이다. 인생의 초창기에는 길게 느껴졌다가 노년기에 짧아지는 것은 아마도 특정한 사실, 즉 아이와 노인과는 1년이 과거에 대하여 차지하는 비율이 전혀 다르기 때문일지도 모른다. 그러나 인간의 의식이 자신의 시간, 다시 말해서 자신의 생리적 활동이 느려지고 있다는 것을 막연하게 느끼고 있다는 편이 훨씬 타당할 것이다. 그것은 쉽게 말해서 우리 개개인이 제방을 따라 달리면서 물리적 시간이라는, 흘러가는 강물을 바라보고 있는 것이다.

항상 지적, 정신적
모험에 도전할 것

어릴 때는 하루의 가치가 매우 크다. 교육을 위해 시간을 잘 활용해야 한다. 인생에서 이 시기를 허비한다면 결코 되돌릴 수가 없다. 식물이나 작은 동물들처럼 방치할 것이 아니라 아이들에게 가장 계발적인 훈련을 시켜야 한다. 그러나 이 훈련에는 생리학과 심리학에 대한 해박한 지식이 필요하지만, 현대의 교육자들은 아직 이 지식을 쌓을 기회가 없었다. 성숙기와 노년기에는 점점 노화가 되면서 생리적 의의는 거의 없다. 육체적, 정신적 변화가 거의 없기 때문에 인위적인 활동으로 그 공허함을 메워야만 한다.

나이가 들더라도 일을 그만두거나 은퇴해서는 안 된다. 활동을 하지 않으면 더욱 시간의 내용이 허술해진다. 노인에게 한가로움은 젊은이들 이상으로 위험하다. 기력이 쇠해가는 사람에게는 적당한 일거리를 주어야 한다. 결코 휴식을 주어서는 안 된다. 또한 이 시기에는 생리적 활동을 자극해서도 안 된다. 여러 가지 심리적 사건을 통해 체력이 떨어지는 것을 막는 것이 가장 바람직하다. 만약 하루하루가 지적, 정신적 모험으로 가득하다면 시간이 그리 빨리 흐르지 않을 것이다. 젊었을 때처럼 충실한 시간으로 되돌릴 수 있을 것이다.

개인과 사회의
'내면적 시간'에 대해

조각과 대리석의 관계처럼 수명은 인간과는 필연적 존재다. 인간은 세상의 모든 일을 자신과 연관해서 생각한다. 자신의 수명을 시간 단위로써 지구, 인류, 문명의 수명과 자기 일의 길이를 추측한다. 그러나 개인과 국가를 같은 시간의 척도로 측정해서는 안 된다. 사회적인 문제를 개인의 문제와 같은 시각으로 봐서는 안 된다. 사회의 시간은 대단히 느리게 전개된다. 개인의 관찰과 경험은 항상 너무 짧다. 그 때문에 거의 의미가 없다. 특정 집단의 생존 상황에서 벌어지는 물질적, 정신적 변화의 결과가 100년이 되지 않는 사이에 명백해지는 경우는 거의 없다.

개인의 수명과
문명의 수명

그러나 생물학상의 중요한 문제에 대한 연구는 각각의 개인에게 국한되어 있다. 그 사람들이 죽더라도 그 사람에 대한 연구를 계속하지는 않는다. 그와 마찬가지로 과학적 기관과 정치적 기관도 개인의 수명이라는 견지에서 생각할 수 있을 것이다. 로마 가톨릭교회만이 인간의 발자취가 대단히 느리기 때문에 1세대의 경과만으로는 세계의 역사에서 별 의의가 없다는 사실을 깨닫고 있다. 인간의 진화 속에서 개인의 수명은 시간을 측정하는 단위로는 부족하다. 과학 문명의 출현으로 인해 기본적인 문제를 모두 새롭게 검토할 필요가 생겼다. 인간은 지금 자기 자신의 도덕적, 지적, 사회적 실패를 목전에 두고 있다. 그리고 무지한 사람들의 나약하고 근시안적인 노력으로 인해 민주주의 국가들이 성장할 것이라는 망상을 품은 채 살아가고 있다. 그러나 민주주의가 쇠락하고 있다는 것을 깨닫기 시작했다. 위대한 모든 민족의 장래에 관한 문제들은 반드시 해결해야만 한다. 먼 미래의 일을 준비해야 하는 것, 젊은 세대를 다른 이상으로 형성해야 하는 것은 매우 중요한 일이다. 자신들의 수명에 비추어 시간을 예견하는 사람이 운영하는 국가의 정부는 혼란과 실패에 빠지고 말리라는 것은 명백한 사실이다. 인간은 자신의 수명을 초월해서 시간적 시야를 확장해야만 한다.

'내면의 시간'을 통해
자신의 인생을 제어하자

이와 달리 일시적인 사회집단의 조직, 예를 들어 아이들 집단이나 노동자의 집단 등은 개인의 시간만을 고려해야 할 것이다. 한 그룹의 멤버는 같은 리듬으로 움직여야 한다. 한 반을 구성하고 있는 학생들의 지적 활동은 표준이 같아야만 한다. 공장과 은행, 상점, 대학 등에서 일하는 사람들은 정해진 업무를 정해진 시간 안에 처리해야 한다. 나이와 병으로 인해 능력이 떨어진 사람은 전체의 발전을 방해한다. 인간은 지금까지 달력상의 나이로 분류되고 있다. 같은 나이의 아이들이 같은 학급에 모여 있다. 정년퇴직의 날도 일하는 사람의 나이로 정해져 있다. 그러나 각 개인의 상태는 달력상의 나이와는 다르다는 사실을 알고 있다. 특정 직업에서는 각 개인의 심리적 연령에 따라 나누어야 할 것이다. 뉴욕의 한 학교에서는 아이들을 분류하는 방법으로 사춘기를 활용하고 있다. 그러나 아직 언제부터 노령 연금을 지급해야 할 것인지에 대한 뚜렷한 방법이 없다. 또한 특정 개인의 육체와 정신의 노화의 정도를 측정할 수 있는 일반적인 방법도 없다. 그러나 비행사의 상태를 정확하게 측정할 수 있는 생리 테스트는 이미 개발이 되어 있다. 비행사는 달력상의 나이가 아니라 생리적 나이에 맞춰 은퇴 한다.

노인과 젊은이는 공간적으로는 같은 곳에 살더라도 시간상으로는 전혀 다른 세계에 살고 있다. 서로 엄연하게 나이에 따라 나눠어 있다. 어머니는 결코 딸의 자매가 될 수 없다. 아이가 부모를 이해하는 것은 불가능하며 조부모를 이해하는 것은 더더욱 그렇다. 네 개의 연속 된 세대에 속한 사람들은 너무나 명확하게 이질적이다. 노인과 그 증손자는 서로 이방인이다. 두 세대를 거쳐 시간적 거리가 짧을수록 연장자가 젊은이에게 끼치는 도덕적 영향이 크다. 여성은 가능한 젊었을 때 어머니가 되어야 한다. 그렇게 되면 사랑만으로는 채울 수 없는 시간적 단절이 크지 않기 때문에 아이와 마음이 멀어지는 일이 결코 없기 때문이다.

행동과 '내면의 시간'의
리듬에 대해

생리적 시간의 개념으로 볼 때 인간에 대하여 작용하는 경우에는 몇 가지 법칙을 끌어낼 수 있다. 육체와 정신의 발달은 고정된 것이 아니다. 인간은 활동하는 것이며, 자기 자신이라는 틀 속에서 지속적으로 모양을 쌓아가는 것과 같기 때문에 의지의 힘으로 어느 정도 바꿀 수가 있다. 인간은 닫힌 세계이기는 하지만 그 외면과 내면의 경계는 수많은 물리적, 화학적, 심리적 요인에 대해 열려 있다. 그리고 이런 모든 요인은 인간의 육체와 정신을 바꿀 수가 있다. 인간이 개입하는 시기와 방법과 리듬은 생리적 시간의 구조를 따라야 한다. 우리의 시간적 차원은 기능이 가장 활발하게 작용하는 어린 시절에 제일 넓게 펴져 있다. 이때는 육체도 정신도 유연하기 때문에 효과적으로 그 형성에 도움을 줄 수 있다. 육체에 매일 많은 일이 일어나면서 점점 성장해 나가는 육체는 그 영향이 당연히 영구적으로 남을 것이라고 여겨지는 형태상의 변화를 일으키기도 한다. 특정 방법을 선택하여 생체를 형성해 나가는 데는 수명의 본질과 시간적 차원의 구조를 고려해야만 한다. 인간의 개입은 내면 시간의 규칙에 맞춰서 행하여만 한다.

　인간은 점착성이 있는 액체와 같은 것으로 흐르고 있는 동안에 형태가 있는 것으로 변해 간다. 방향을 급하게 바꿀 수는 없다. 인간의 정신적 형태와 구조적 형태를 망치로 두들겨 대리석을 조각하듯이 거친 방법으로 바꾸어서는 안 된다. 조직에 좋은 효과를 가져다주는 갑작스러운 변화가 가능한 것은 외과수술뿐이다. 그럴 때조차 수술은 빨리 끝나더라도 회복에는 시간이 필요하다. 몸 전체의 깊은 변화는 급하게 이룰 수 없다. 인간의 행동은 내면 시간의 기반이 되는 생리적 활동 주기에 따라 조화를 잘 이루어야만 한다. 예를 들어 아이에게 한꺼번에 대량의 간유(肝油)를 준다고 해도 효과는 없다. 그러나 매일 조금씩 몇 달 동안 주게 되면 골격의 크기와 형태를 바꿀 수가 있다. 이와 마찬가지로 정신적인 면에서도 점진적인 변화만이 가능하다. 육체와 정신의 형성에 있어 우리가 개입할 수 있는 것은 그것이 인간의 존속 법칙에 적합할 때에만 최대의 효과를 발휘할 수 있다.

무한의 잠재능력과
스스로 창조한 개성

아이들은 강바닥에 따라 흐름을 바꾸는 시냇물과 같다. 시냇물은 모습이 바뀌더라도 그 본질에는 변화가 없다. 호수가 될 수도 있고, 거센 물결이 될지도 모른다. 환경의 영향에 따라 개성은 확산되어 흐려질 수도 있고 집중되어 강력한 힘이 될 수도 있다. 개성의 성장에는 끊임없는 자기 자신과의 싸움이 필요하다.

인간은 태어나면서 거대한 잠재능력을 부여받게 된다. 조상 대대로 물려받은 소질 이외에는 발달을 방해할 것이 전혀 없으며, 그 유전적 소질의 한계도 넓힐 수가 있다. 그러나 매 순간 그 선택을 해야만 한다. 그리고 선택을 할 때마다 잠재능력을 하나씩 영구히 버리게 된다. 펼쳐진 몇 개의 인생 여정 중에서 다른 길은 전부 버리고 하나의 길만을 선택해야만 한다. 이렇게 해서 만약 다른 길을 갔다면 볼 수 있었을지도 모를 곳을 구경할 기회를 잃게 된다.

유아기에는 우리 중에 수많은 다른 가능성을 가진 인간이 있으나 결국 한 명씩 죽게 된다. 그리고 노년에 이르러서 우리는 또 다른 자신일 수 있는 것, 즉 고체가 되어 가는 과정이며, 점점 가치가 떨어지는 보석이며, 만들어져 가는 과정의 역사이며, 형성이 되어가는 개성이다. 우리가 진보하거나 쇠퇴하는 것은 물리적, 화학적, 생리적 요인과 바이러스, 미생물과 심리적 영향, 그리고 최종적으로는 자기 자신의 의지에 의한 것이다. 인간은 항상 환경과 자기 자신에 의해 만들어진다. 생명의 존속이란 그야말로 육체생활과 정신생활의 소재 그 자체이다. 왜냐하면 그것은 '절대적으로 새로운 것을 발명하고, 형태를 창조하고, 그것을 부단히 노력하여 형성해 나가는 것.'을 의미하기 때문이다(앙리 베르그송).

제6장
적응의 구조

As a well-spent day brings happy sleep,

so life well used brings happy death.

충실한 하루가 행복한 잠을 가져다주는 것처럼,

충실한 일생은 행복한 죽음을 가져다준다.

· Leonardo da Vinci(이탈리아 르네상스기의 예술가) ·

인간의 적응성이란
무엇인가?

인간의 육체가 내구성이 높다는 것과 각 요소가 일시적이라는 것은 대단히 상대적이다. 인간은 2, 3시간 이내에 분해될 수 있는 부드럽고 변하기 쉬운 물질로 구성되어 있다. 그러나 육체는 강철로 된 것보다 오래 존속한다. 단순히 존속하는 것이 아니라 끊임없이 외부세계로부터의 역경과 위험을 극복한다. 그리고 다른 동물보다 훨씬 뛰어나게 환경의 변화에 적응한다. 생리적, 경제적, 사회적 격변이 닥치더라도 살아남는다. 이런 생존력은 조직과 기관이 대단히 독특한 활동을 하기 때문이다. 육체는 상황에 따라 자신을 바꾸는 것처럼 보인다. 소모되는 대신에 변화한다. 언제나 새로운 사태에 적당한 해결책을 만들어 낸다. 그리고 그것은 인간이 최대한으로 존속할 수 있는 방법인 것이다. 내면의 시간의 기반인 생리작용은 항상 개체가 가장 오래 살아남을 수 있는 방향을 향하고 있다. 이 불가사의한 기능, 이 빈틈없는 자동성이 특별한 성질을 가진 인간의 존재를 가능하게 하고 있다. 이것이 적응이라 불리는 것이다.

생리적 활동은 모두 적응성이라는 특성을 갖추고 있다. 그리고 그것은 무수한 형태를 띠고 있으며, 그것은 기관 내부의 것과 기관 외부의 두 분야로 나뉜다. 기관 내부 적응은 기관의 환경액에 항상성(恒常性)을 부여하여 조직과 체액의 관계를 일정하게 유지하는 작용을 한다. 이것이 기관의 상호관계를 결정한다. 그리고 조직을 자동으로 수복하게 만들거나 병을 낫게 한다. 기관 외부의 적응은 개인을 물리적, 심리적, 경제적 세계에 적응하게 한다. 그리고 설령 환경이 부적절한 조건이라 할지라도 살아남도록 한다. 적응 기능은 이 두 가지 측면으로 평생 끊이지 않고 지속적으로 작용한다. 이것이 인간의 존속에서는 필요한 기초이다.

체내의
적응에 대해

아무리 고민하고, 기뻐하고, 또한 세상이 격변하더라도 인간의 기관은 내면의 리듬이 크게 변하지 않는다. 세포와 체액의 화학적 교환 작용은 냉정하게 지속한다. 혈액은 동맥 속에서 맥박치고, 조직의 무수한 모세관을 거의 일정한 속도로 흐른다. 인간의 몸속에서 일어나고 있는 현상의 규칙성과 비교할 때, 주변의 환경은 변화무쌍하며 대단히 인상적이다. 인간의 기관 상태는 매우 안정적이다. 그러나 이 안전성은 휴식을 취할 때나 평균적인 상태와 같지는 않다. 아니, 오히려 전신의 끊임없는 활동에 의한 것이다. 혈액의 조성을 일정하게 유지하고 규칙적으로 순환시키기 위해서는 수많은 생리적 작용이 필요하다. 조직의 안정은 기능계통이 모두 집중하여 노력함으로써 유지된다. 그리고 생활이 불규칙할수록 이 노력도 커진다. 외부세계와의 관계가 나쁘다고 해서 내면세계의 세포나 체액의 평화가 깨지는 일은 결코 없기 때문이다.

혈액은 그 양과 혈압을 크게 바꾸지 않는다. 그러나 대량의 수분을 불규칙적으로 받아들이거나 잃기는 한다. 혈액은 식사를 마칠 때마다 음식물과 소화액에서 장의 점막이 흡수한 체액을 받아들인다. 다른 때는 그 양이 감소하기 쉽다. 소화의 과정에서 혈액은 수 리터의 수분이 소비되는데, 이것은 위, 장, 간장, 췌장이 분비물을 만드는 데 이용한다. 예를 들어 권투 시합처럼 격렬한 근육운동 중에 땀샘이 활발하게 작용하는 것과 마찬가지 현상이 일어난다. 또한 적리(赤痢)나 콜레라와 같은 특정 질병의 과정에서 대량의 액체가 모세혈관에서 내강(內腔)으로 흘러 들어가면 혈액의 양이 감소한다. 하제(下劑)를 먹었을 경우에도 똑같이 수분을 잃게 된다. 이 수분의 증감은 혈액의 양을 조정하는 기능 덕분에 정확하게 균형을 이루고 있다.

체액의 양, 조성(組成)은
자동적으로 조절된다

이런 기능은 몸 전체에 퍼져 있다. 그리고 혈압과 혈액의 양 모두를 항상 일정하게 유지하고 있다. 혈압은 혈액의 절대량에 의한 것이 아니라 양과 순환기관의 수용 능력과의 관계에 달려 있다. 그러나 이 기관은 펌프로 급수를 해주는 관의 조직과는 비교가 되지 않는다. 인간이 만들어 낸 기계와는 전혀 닮지를 않았다. 동맥과 정맥은 자동적으로 구경을 조절한다. 그리고 그것을 감싸고 있는 근육 신경의 영향에 의해 수축하거나 확장하기도 한다. 또한 모세혈관의 벽은 침투성이 있다. 그래서 혈액 속의 수분은 자유롭게 순환기관에 들어올 수가 있다. 또한 신장, 피부의 모공, 장의 점막에서 흘러나오거나 폐에서 증발하기도 한다. 심장은 혈관계통이 끊임없이 수용력과 침투력을 바꾸며 혈액의 압력을 일정하게 유지하는 경이로움을 잘 알고 있다.

혈액이 대량으로 우심실에 쌓일 것 같으면 오른쪽 심이(心耳)에서 반사작용으로 심장 고동을 촉진해 혈액이 빠른 속도로 심장에서 혈관으로 빠져나간다. 또한 모세혈관의 벽을 빠져나와 결합조직과 근육에 스며든다. 이렇게 해서 순환계통은 자동으로 여분의 액체를 전부 배출한다. 만약 반대로 혈액의 양과 혈압이 떨어지면 경동맥동의 벽에 가라앉은 신경 말단에 의해 그 변화가 기록된다. 이 반사작용으로 혈관이 수축하여 순환기관의 수용력을 감소시킨다. 그리고 그와 동시에 조직과 위에 포함되어 있는 액체가 모세혈관의 벽에서 혈관계통으로 흘러나온다. 혈액의 양과 혈압이 거의 일정할 수 있는 것은 바로 이런 구조 덕분이다.

혈액의 조성 또한 대단히 안정되어 있다. 정상적인 상태에서 적혈구, 혈장, 염분, 단백질, 지방, 당질의 양은 아주 적은 양밖에 변하지 않는다. 조직에 의해 통상적으로 필요로 하는 양보다 많은 양을 항상 유지하고 있다. 따라서 음식물의 결핍과 출혈, 길고 격한 근육운동 등과 같은 불규칙한 사건이 일어나더라도 기관 체액의 상태에는 위험할 정도의 변화가 일어나지 않는다. 조직은 수분, 염분, 지방, 단백질, 당질을 충분히 비축하고 있다. 그러나 산소는 어디에도 저장되어 있지 않다. 폐는 쉬지 않고 혈액에 산소를 보충해야만 한다. 생체는 화학적 대사의 활동에 따라 많은 양의 산소를 필요로 한다. 그리고 동시에 탄산가스를 배출한다. 그러나 혈액 속의 이 기체 압력은 일정하게 유지가 되고 있다. 이 현상은 물리화학적 기구와 생리학적 기구의 쌍방에 의한 것이다. 물리화학적 균형 덕분에 적혈구가 폐를 통과할 동안에 혈액은 조직이 배출한 탄산가스를 흡수할 수 있다. 이 산성에 의해 산소와 혈색소의 친화성이 감소한다. 산소와 탄산가스가 조직과 혈액 사이에서 교차하는 것은 거의 혈장의 헤모글로빈과 단백질과 염류의 화학적 성질 때문이다.

혈액을 통해 조직으로 운반된 산소의 양은 생리적 작용에 따라 조절된다. 호흡근의 활동은 흉부의 운동 속도를 조절하여 폐로 공기가 들어가는 것을 조절하는데, 이것은 척수의 상부에 있는 신경세포의 작용에 의한 것이다. 이 중추의 활동은 혈액 속 탄산가스의 압력에 의해 조절된다. 또한 체온과 순환계통 중에 산소의 양에도 영향을 받는다. 같은 물리화학적, 생리화학적 기구가 혈액 속 이온의 알칼리성을 조절한다. 기관 내의 환경액은 결코 산성이 되지 않는다. 조직은 끊임없이 다량의 탄산가스, 유산, 황산을 만들어내고, 림프액 속에 방출되어 있다는 사실은 더욱 놀라운 일이다. 이 산들은 중탄산염과 인산염으로 중화되거나 완화되기 때문에 혈장의 반사작용을 바꾸지는 않는다. 혈장은 실제로 산성을 강하게 하지 않고 다량의 산을 받아들일 수 있기는 하지만 그래도 산을 배출하지 않으면 안 된다. 탄산가스는 폐에 의해 체외로 배출된다. 휘발성이 없는 산은 신장에 의해 제거된다. 폐의 점막에 의한 탄소가스의 배출은 단순한 물리화학적 현상이기는 하지만, 오줌의 분비와 흉부와 폐의 운동에는 생리작용의 개입이 필요하다. 물리화학적 균형에 의해 기관의 환경액은 일정하게 유지되고 있지만, 최종적으로는 신경계통의 자동적 개입에 의존하는 것이다.

기관의
상호작용에 대해

각각의 기관은 기관 체액과 신경계통에 의해 상호관계를 맺고 있다. 몸의 각 기관은 다른 기관과 서로 조정을 하고 있다. 이 적응 양식은 기본적으로 하나의 목적을 지향하고 있다. 만약 기계론자와 생기론자들이 말하는 것처럼 조직에 인간과 같은 종류의 지성이 있다면, 생리작용이 마치 목적을 달성하기 위해서 공동 작업을 하는 것처럼 보인다. 생체 내부에 목적성이 존재한다는 사실은 부정할 수 없다. 각 부분은 현재와 미래에 걸쳐 모두가 필요로 하는 것을 알고 있으며 그것에 따라 행동하는 것처럼 여겨진다. 조직에 있어서 시간과 공간의 의미는 인간이 마음으로 생각하는 것과 같지는 않다. 육체는 가깝고도 먼, 또한 현재와 마찬가지로 미래 또한 느낄 수 있다.

임신 말기가 되면 외음부와 질의 조직은 체액으로 가득 채워지면서 부드럽고 신축성이 증가하게 된다. 이렇게 일관된 변화를 통해 태아를 통과시킬 수 있게 된다. 그리고 동시에 유선(乳腺)은 세포를 증가시킨다. 이것들은 출산 전에 기능을 시작하고, 모든 준비가 된 채 태아에게 수유할 때만 기다리고 있다. 이 모든 작용은 두말할 필요 없이 미래를 위한 준비이다.

각 기관에는
목적성이 작용하고 있다

갑상샘의 절반을 제거하면 나머지 절반은 양을 늘리기 시작한다. 때문에 필요 이상으로 증가한다. 멜처(Meltzer)가 지적했듯이 육체는 안전을 위한 모든 인자를 풍부하게 보유하고 있다. 이와 마찬가지로 한쪽 신장을 떼어내면 남은 하나의 신장으로도 소변 분비를 정상적으로 할 수 있음에도 불구하고 다른 한쪽이 커진다. 육체가 언제든 갑상샘이나 신장에 무리한 요구를 한다 하더라도 기관들은 언제나 이 불규칙적인 요구를 충족시켜 줄 수 있다. 조직은 태아기 동안에 미래를 위한 준비를 하고 있다. 기관의 상호관계는 시간적으로 차이가 있는 경우에도, 공간적으로 구역이 다른 경우와 마찬가지로 간단히 유지되고 있다.

이런 사실은 관찰을 통해 쉽게 알 수 있는 사실이다. 그러나 이것들을 그저 단순한 기계론이나 생기론의 개념을 빌어 해석하는 것은 불가능하다. 기관의 작용이 특정 목적을 지향하고 있으면 상호관계는 출혈 후 혈액 재생 때에도 명백하다. 처음에는 모든 혈관이 수축을 한다. 남은 혈액의 상대적 분량은 자동적으로 증가한다. 이렇게 해서 혈액 순환을 지속하기 위한 동맥의 압력을 충분히 되살린다. 조직과 근육 속의 액체는 모세혈관을 지나 순환계통으로 침입한다. 환자는 심한 갈증을 느낀다. 혈액은 위에 들어간 액체를 흡수하여 정상적인 양으로 되돌려 놓는다. 예비 적혈구가 그것을 저장해 둔 모든 기관으로부터 흘러나온다. 그리고 마지막으로 골수가 적혈구를 만들어내기 시작하면서 혈액의 재생이 완료된다. 즉, 몸의 모든 부분이 생리적, 물리화학적, 구조적으로 연쇄 현상을 일으킨다. 이 현상이 출혈에 대한 몸 전체의 적응이다.

어떤 기관, 예를 들어 눈을 구성하는 각 부분은 미래를 위한 것이기는 하지만, 확실한 목적을 가지고 연계하고 있는 것으로 보인다. 앞에서 말했던 것처럼 젊은 망막을 감싸고 있는 피부가 투명해지고 각막과 수정체로 변화된다. 이 변화는 눈의 뇌 부분에 해당하는 시각 소낭(小囊)이 방출하는 물질에 의해 일어나는 것이라 여겨지고 있다. 그러나 이 설명으로는 문제가 해결되지 않는다. 어째서 시각 소낭이 피부를 반투명하게 하는 성질을 가진 물질을 분비하는 것일까? 어떤 방법으로 미래의 망막은 피부에, 신경의 말단에 외부 세계를 비춰주는 수정체를 만들게 하는 것일까?

홍채는 수정체 전면에서 카메라의 조리개와 같은 작용을 한다. 이 조리개 막이 빛의 강도에 따라 커지거나 줄어든다. 동시에 망막의 감도도 증가하거나 감소한다. 그리고 수정체의 모양도 보는 대상과의 거리에 따라 변한다. 이런 모든 상호관계는 명백한 사실이다. 그러나 여전히 설명이 부족하다. 이런 현상들은 눈에 보이는 그대로가 아닐지도 모른다. 이 현상은 기본적으로 단순한 것일 수도 있다. 그것이 전체로서 하나라는 것을 간과하고 있을 수도 있다. 인간은 실제로 전체를 부분으로 나누고 있다. 그리고 이렇게 나뉜 부분을 다시 마음속에서 전부 합치면 서로 정확하게 들어맞는 것에 놀랄 수밖에 없다.

인간은 아마도 대상을 인위적으로 각각 구별하고 있을 것이다. 어쩌면 기관과 몸의 경계는 인간이 생각하는 곳과는 다를지도 모른다. 또한 서로 다른 각각의 인간 상호관계, 예를 들어 음경과 질이 대응하여 존재한다는 것 등을 이해하지 못한다. 정자에 의해 난자가 수태를 한다는 것은 같은 생리작용에 두 사람의 개인이 협력하는 관계라는 것도 알지 못한다. 이런 현상들은 현재의 인간이 품고 있는 개체, 유기체, 공간, 시간의 개념으로 비추어서는 이해할 수 없는 것이다.

'육체 조직'의
회복에 대해

피부, 근육, 혈관, 뼈 등이 타박상이나 화상, 물집 등의 상처가 생기면 육체는 곧바로 새로운 상황에 대처한다. 몸은 조직 손상을 회복시키기 위해 어떤 것은 곧바로, 또 어떤 것은 느리지만 마치 일련의 처치와 같은 활동을 시작한다. 혈액 재생의 경우처럼 이질의 모든 기관이 하나로 집중하여 작용한다. 모두가 파괴된 조직을 재생한다는 목적을 달성하는 방향으로 작용한다. 예를 들어 동맥이 절단되어 다량의 피가 분출되고 맥박이 떨어진다면 환자는 기절하고 출혈이 감소한다. 상처에서 혈액이 응고되면서 섬유소가 혈관의 상처를 막는다. 그리고 출혈이 완전히 멈춘다. 그리고 며칠 동안에 백혈구와 조직 세포는 섬유소에 의한 응고 속으로 침투하여 서서히 혈관 벽을 재생한다. 이와 마찬가지로 몸은 장의 작은 상처를 자력으로 고친다. 상처가 난 장관(腸管)은 처음에는 움직이지 않는다. 일시적으로 마비가 되면서 변이 흘러내려 가는 것을 막는다. 동시에 다른 장관(腸管), 장간막(腸間膜)의 표면이 상처에 다가가 유착하게 되는데, 장막(腸膜)에 이런 성질이 있다는 것은 이미 잘 알려진 사실이다. 4, 5시간 이내에 상처가 아문다. 외과의가 바늘로 상처를 봉합한다고 하더라도 치유하는 것은 장막의 표면이 가지고 있는 자연의 유착력에 의한 것이다.

타박에 의해 손발이 골절되면 골절된 뼈의 날카로운 날에 의해 근육과 혈관이 파괴된다. 그러면 얼마 지나지 않아 섬유소에 의한 혈액의 응고와 근육의 파편이 부러진 뼈 끝부분이 감싸게 된다. 그리고 순환이 활발해진다. 골절 부위가 부풀어 오른다. 혈액에 의해 조직의 재생에 필요한 영양가 있는 물질이 상처가 난 곳으로 운반된다. 골절된 곳과 그 주변에서 구조적, 기능적 작용이 모두 회복을 위해 집중된다. 모든 조직은 이 공동의 작업을 완성시키기 위해 필요한 것이다. 예를 들어 골절 부위에 가까운 근육의 단편은 연골로 바뀌게 된다.

이미 잘 알려진 바와 같이 연골은 부러진 단면을 일시적으로 이어주고 있는 부드러운 조직으로 뼈가 되기 전의 상태의 것이다. 나중에 연골은 뼈 조직으로 바뀌게 된다. 이렇게 해서 골격은 똑같은 성질의 물질에 의해 재생된다. 회복이 되기 위해 필요한 2, 3주간 동안에 대단히 많은 화학적, 신경적, 순환적, 구조적 현상이 일어난다. 그것들은 모두 연쇄적 고리로 이어져 있다. 사고 당시 혈관에서 혈액이 흘러나오고 척수와 찢어진 근육에서 체액이 흘러나오면 재생이라는 생리작용이 개시된다. 각 현상은 각각 앞에서 벌어진 현상의 결과로 일어난다. 잠재된 특정의 성질이 실제로 세포 내부에서 나타나는 것은 조직 속에 방출된 모든 체액의 물리화학적 상황과 화학적 조성에 기인한 것이라는 사실은 틀림이 없다. 그리고 이런 잠재적 성질이 해부학적 구조에 재생의 힘을 가져다준다. 각 조직은 예측할 수 없는 미래의 그 어떤 상황에서도 기관 내의 순환액의 물리화학적, 혹은 화학적 변화의 모든 것에 대하여 몸 전체의 이익이 되는 방향으로 일관되게 대응할 수 있다.

놀랄만한 치유의
메카니즘

반흔(瘢痕) 형성에 의해 적응하는 모습은 외상의 경우에 보다 뚜렷하다. 외상의 경우에는 정확하게 측정이 가능하다. 이 치유율은 르콩트 뒤 노위의 공식으로 계산할 수 있다. 반흔 형성의 과정은 다음과 같이 분석할 수 있다. 처음에 상처는 반흔 형성이 육체에 바람직할 때만 반흔화 된다는 것이 관찰된다. 피부가 찢어지고 조직이 노출된 경우에 그것이 미생물과 공기와 자극이 되는 다른 모든 요소로부터 완전히 보호가 된다면 재생은 일어나지 않는다. 그런 상태에서는 반흔 형성이 불필요하기 때문이다. 따라서 상처를 치유하지 않고 처음 상태 그대로를 유지한다. 그런 상태는 조직이 완전히 외부의 공격으로부터 재생된 피부로 지켜지는 것과 같은 정도로 유지되고 있는 동안 지속한다. 그러나 혈액과 소수의 미생물과 일상의 피복 등이 상처난 표면과 접촉하여 자극을 주게 되면 당장에 치유 작용이 시작되어 반흔이 완전히 형성될 때까지 멈추지 않고 지속한다.

피부는 평평한 세포인 상피세포의 박피가 겹쳐서 생긴 것이라는 사실은 잘 알려져 있다. 이 세포는 진피 위에 있다. 즉, 많은 가는 혈관을 포함하고 있으며 부드럽고 신축성이 뛰어난 결합 조직층 위에 있다. 피부의 일부를 벗겨내면 상처 아래의 지방조직과 근육을 볼 수 있다. 3, 4일이 지나면 그 표면은 매끄럽고 붉게 빛난다. 그리고 매우 빠른 속도로 작아지기 시작한다. 이 현상은 상처를 감싸고 있는 새로운 조직이 일종의 수축 작용을 일으키기 때문이다. 동시에 상피세포는 적색을 띤 표면에 흰 연못처럼 퍼지다가 마지막에는 전체를 뒤덮는다. 그리고 최종적으로는 상흔이 생겨난다. 이 상흔은 두 종류의 조직, 다시 말해서 상처를 메우는 결합조직과 상처의 주변에서 점점 퍼져 표면을 뒤덮는 상피세포와의 협력에 의한 것이다. 결합조직이 상처를 수축시킨다. 상피조직이 최종적으로 상처를 덮는 막을 만든다. 치유의 과정에 있어서 상처 부분의 지속적 축소는 지수 곡선으로 나타낼 수 있다. 그러나 아무리 인위적으로 상피조직이나 결합조직의 어느 하나를 방해한다고 하더라도 그 곡선은 변하지 않는다. 회복 요소의 하나가 부족하게 되면 다른 요소가 증가하면서 그것을 보충하기 때문에 변화가 없는 것이다. 이 현상의 진행은 목적을 달성하기 위한 것임이 명백하다. 설령 재생 기능의 하나가 작용하지 않더라도 다른 요소가 그것을 보충해 준다. 경과는 다르더라도 결과는 변하지 않는다. 출혈 뒤에도 이와 같은 방법으로 동맥 압력과 혈량은 두 기구가 같은 방향으로 작용하기 때문에 원상태를 유지한다. 하나는 혈관의 수축과 수용력의 축소에 따른다. 또 하나는 조직과 소화기관에서 특정 양의 액체를 가져오는 것에 따른다. 그러나 이 기구의 어느 것이든 다른 한쪽에 이상이 생기면 다른 한쪽이 보충할 수 있다.

적응기관과 현대
외과의학의 기술

치유의 기능에 관한 지식에 의해 현대의 수술이 탄생했다. 만약 적응력이라는 것이 존재하지 않았다면 외과의는 상처를 치료할 수 없을 것이다. 의사는 치유의 기능에 그 어떤 영향도 줄 수 없다. 이 기능의 자연적 활동을 인도하는 것에 만족해야 한다. 예를 들어 상처의 양면이나 골절된 뼈의 양 끝을 재생할 때 상흔이 불완전하거나 지저분해지지 않은 곳에서 맞춰지도록 한다. 뿌리가 깊은 곪은 상처를 째기 위해, 혹은 감염된 골절을 치료하기 위해, 제왕절개 수술을 하기 위해, 자궁과 위장 일부를 제거하기 위해, 두정골(頭頂骨)을 열어 뇌의 종양을 제거하기 위해 외과의는 길게 절개하여 커다란 상처를 내야만 한다.

만약 육체가 그것을 회복할 수 있는 능력이 없다면 아무리 정확하게 봉합한다 하더라도 그렇게 큰 상처를 제대로 봉합할 수 없을 것이다. 외과 수술은 이런 현상이 존재하기 때문에 가능한 것이다. 적응력을 이용한다는 것을 배운 것이다. 여러 가지 방법, 대단히 독창적이고 대담하며 옛 의사들이 품었던 야심적인 희망조차 훨씬 능가하고 있다. 이 성공은 그야말로 순수한 생물학의 승리이다. 그 기술을 완전히 배우고, 정신을 이해하고, 인간에 관한 지식을 배워 인간의 병에 대한 과학을 깨달은 사람은 그야말로 신과 같은 존재이다. 그 사람은 환자에게 거의 위험을 주지 않고 육체를 가르고 장기를 조사하여 장애를 고칠 수 있는 힘을 가지고 있다. 대부분의 사람에게 체력과 건강과 삶의 기쁨을 되돌려 준다. 불치의 병으로 고통받는 사람들에게조차 언제라도 조금이나마 고통을 덜어줄 수 있다. 이런 종류의 인간은 거의 없다. 그러나 기술적, 도덕적, 과학적 교육이 향상된다면 그 수를 늘리는 것은 어렵지 않다.

이런 성공의 이유는 간단하다. 외과는 정상적인 치유 작용을 방해해서는 안 된다는 것을 배웠을 뿐이다. 그리고 미생물이 상처에 침입하는 것을 막는 데 성공했다. 파스퇴르와 리스터(Lord Joseph Lister, 1827~1912: 영국의 외과의. 파스퇴르의 업적을 응용해서 석탄산 분무에 의한 창상 소독법을 시도, 1867년에 「외과 임상에서의 소독법의 원리」의 논문을 발표했다)의 발견 이전의 수술은 항상 박테리아의 침입이 동반되었다. 때문에 화농(化膿)과 가스 괴저(壞疽)와 몸 전체에 감염이 일어났다. 그리고 많은 사람이 죽음에 이르고 말았다. 현대의 기술은 수술 상처에서 거의 완벽하게 미생물을 제거하고 있다. 이렇게 해서 환자의 생명을 살리고 빠른 회복을 유도하고 있다. 왜냐하면 미생물에는 적응과 회복의 작용을 방해하거나 늦추는 힘이 있기 때문이다. 상처가 박테리아로부터 지켜지면서 외과 의학의 진보가 시작되었다. 외과의 방법은 빌로스(Christian Albert Theodor Billroth, 1829~1894: 독일의 외과 의사. 1872년 최초로 식도절제 수술에 성공하였으며 1881년 최초로 위암 환자의 유문절제 수술에 성공)와 같은 시대 사람들의 손에 의해 급속도로 발전했다. 사반세기 동안에 경이적인 진보를 이루며 할스테드(William Stweart Halsted, 1852~1922: 미국의 외과의. 유암(乳癌), 갑상샘 등의 여러 방면에서 새로운 수술법을 개발함), 허비 쿠싱(Harvey Cushing, 1869~1939: 미국의 외과 의사 · 저술가), 메이요 형제(1846년에 미국으로 이주한 영국 의사 윌리엄 메이요의 장남 제임스 메이요; 1861~1939, 차남 찰스 메이요; 1865~1939)와 모든 위대한 현대 외과 의사들이 놀라운 기술의 꽃을 피웠다.

상처의 치유는
적응 기능의 차이에 따라 다르다

이 성공은 몇몇 적응 현상을 확실하게 이해할 수 있게 되면서 가능해졌다. 단순히 상처를 감염으로부터 보호하는 것이 아니라 수술 중에 그 구조적, 기능적 상태에 반드시 주의를 기울일 필요가 있다. 대부분의 방부 물질은 각 기관들에는 위험물질이다. 조직을 핀셋으로 잡거나 기구로 압축하고, 의사가 거칠게 잡아당겨서는 안 된다. 할스테드와 그의 학파에 속하는 외과 의사는 상처의 재생력을 유지하기 위해서 얼마나 조심스럽게 다뤄야 하는 지를 강조하고 있다. 수술 결과는 조직의 상태와 환자의 상태 모두에 달려 있다.

현대의 기술은 생리작용과 정신작용을 바꿀 수 있는 요인을 모두 고려 하고 있다. 환자는 감염과 신경의 충격과 출혈뿐만이 아니라 공포와 추위와 마비의 위험으로부터 지켜지고 있다. 만약 자칫 잘못하여 감염이 되었다고 하더라도 효과적으로 억제할 수 있다. 언젠가 치유 기능의 성질에 대해 더 많은 것을 알게 되는 날이 온다면 아마도 훨씬 빠르게 치료가 가능해질 것 이다. 회복률은 체액의 특정 성질에 따라 다르고, 특히 젊음에 관계가 있다 는 것은 잘 알려진 사실이다. 만약 젊음을 일시적으로 환자의 혈액과 조직 에 공급할 수 있다면 외과 수술 후의 회복도 쉬워질 것이다.

특정 화학물질은 세포의 증가를 촉진한다는 것은 잘 알려진 사실이다. 아마도 이 목적으로 사용할 수 있을 것이다. 재생 기능의 구조에 관한 지식 이 한걸음 전진하면 그와 관련된 외과수술도 진보할 수 있다. 그러나 아무 리 뛰어난 병원에 있더라도 사막이나 원시림에 있는 것과 마찬가지로 상처 의 치유는 그 어떤 것보다도 적응 기능의 우수성에 달린 것이다.

병이란
무엇인가?

미생물과 바이러스가 몸의 경계선을 뚫고 조직에 침입하면 당장에 모든

기관의 기능은 변화한다. 병이 시작되는 것이다. 그 특성은 조직이 환경액

의 병리적 변화에 어떻게 대응하는가에 달려 있다. 예를 들어 발열은 박테

리아와 바이러스에 대한 몸의 반응이다. 육체 스스로 만들어낸 유독물질,

영양을 위해 꼭 필요한 물질의 결핍, 각종 선(腺)의 이상에 따라 모든 적응

반응이 결정된다. 브라이트 병(영국의 내과 의사. 브라이트(1789~1858)의 이름을 딴

것으로 단백뇨와 신장병과의 관계를 해명하였으며, 신장염을 총칭하여 '브라이트 병' 이

라고 한다)의 증상은 병이 든 신장이 더 이상 배출해 낼 수 없는 물질에 대하

여, 괴혈병(壞血病)은 특정한 비타민의 부족에 대하여, 그리고 안구 돌출성

갑상샘종은 갑상샘이 분비하는 유해물질에 대한 몸의 적응을 각각 표시하고 있다.

질환의 원인에 대한 적응에는 두 가지 서로 다른 측면이 있다. 첫째는 몸에 침입한 것에 대항하여 그것을 파괴하려고 하는 것이다. 둘째는 몸이 입은 장애를 회복시켜 박테리아와 조직 자체에 의해 만들어진 독소를 소멸시키려고 하는 것이다. 질환이란 이런 작용들의 과정에 불과하다. 육체가 교란자에 대항하여 힘껏 싸우며 그 노력을 지속하는 것이 바로 병인 것이다. 그러나 암이나 정신이상의 경우에는 육체와 정신이 저항을 못 한 채 파괴되고 있는 상태일 것이다.

병에 대한
자연의 저항력

미생물과 바이러스는 공기 중이든 물이나 음식물 속에서든 어디서나 볼 수 있다. 피부 표면과 소화기, 호흡기의 점막에는 언제나 확인할 수 있다. 그렇지만 대부분의 사람은 아무런 해를 입지 않는다. 인간 중에서도 어떤 사람은 병에 걸리고, 또 어떤 사람은 병에 걸리지 않는다. 이런 저항의 상태는 조직과 체액의 개인적 체질에 의한 것으로 그에 따라 병의 요인이 몸속에 침입하는 것을 막거나 침입한 것을 파괴하기도 한다. 이것이 자연의 면역이다. 이런 형태로 면역에 의해 거의 아무런 병에도 걸리지 않는 사람도 있다.

이것은 사람들이 바라는 가장 귀중한 소질 중의 하나이다. 이 성질에 대해서는 아직 아는 것이 없다. 발달의 과정에서 취득할 수 있는 것 외에도 조상 대대로 물려받은 몇몇 성질에 의존하는 것 같다. 결핵, 충수염, 암, 정신 장애에 걸리기 쉬운 가계(家系)가 있다는 것은 관찰을 통해 잘 알려진 사실이다. 또한 어떤 집안에서는 노년기에 일어나는 퇴행성 질환 이외에는 아무런 병에도 걸리지 않는다. 그러나 자연의 면역은 유전적 체질에 의해서만 가능한 것이 아니다. 실험을 통해 잘 알려진 바와 같이 이것은 생활양식과 영양에 의한 것이다. 실험에 의하면 특정 식품은 쥐를 장티푸스에 걸리기 쉽게 할 수 있다는 사실을 발견했다.

음식물에 의해 폐렴에 걸리는 빈도를 바꿀 수 있을지도 모른다. 록펠러 연구소의 우리 속에서 길러지고 있는 몇 종류의 쥐 중에서 특정 종족은 표준 음식으로 사육되는 동안에 폐렴에 의한 사망률이 52%가 되었다. 녀석들을 몇몇 그룹으로 나누어 각각 다른 먹이를 주자, 폐렴에 의한 사망률이 먹이에 따라 32%, 14%, 그리고 0%까지 떨어졌다. 우리는 특정 생활 상태에 따라 인간에게도 감염에 대한 자연의 저항력이 생겨나는지를 확인해야만 한다. 각각의 질병에 따라 특별한 백신이나 혈청 주사를 놓고, 전 국민을 상대로 건강 진단을 반복하고, 비용이 많이 드는 큰 병원을 설립하여 병을 예방하고, 국민의 건강을 증진하는 것은 그다지 유효한 방법이라고 할 수 없다. 자연의 상태에서 건강하지 않으면 안 된다. 이런 자연의 저항력이야말로 의사에게 의존하며 살아서는 얻을 수 없는 강인함과 대담함을 인간에게 가져다줄 수 있다.

후천적으로
가능한 면역에 대하여

병에 대한 선천적 저항력 말고도 후천적 저항력이 있는데, 자연적인 것과 인위적인 것이 있다. 박테리아와 바이러스가 침입했을 때 육체는 직간접적으로 그것을 파괴할 수 있는 물질을 생성하여 저항한다는 것은 이미 잘 알려진 사실이다. 이렇게 해서 디프테리아, 장티푸스, 천연두, 홍역 등에 걸린 사람은 그 병에 대하여 한동안은 다시 걸리지 않는 면역성이 생긴다.

이런 자연의 면역은 몸이 새로운 상태에 적응했다는 것을 말해주고 있다. 만약 닭에게 토끼의 혈청을 주사하면 2, 3일 뒤에 닭의 혈청에는 토끼의 혈청 속에 있는 특정 침전물이 풍성해지는 특성이 생긴다. 이렇게 해서 닭은 토끼의 알부민에 대한 면역이 생긴다. 이와 마찬가지로 박테리아의 독소를 동물에게 주사하면 그 동물은 항독소를 만들어 낸다. 만약 박테리아 자체를 주사하게 되면 이 현상은 훨씬 복잡하게 된다. 동물은 이 박테리아에 의해 어쩔 수 없이 특정 물질을 만들어 내지만, 박테리아는 그 동물에 달라붙어 죽게 된다. 동시에 백혈구와 조직은 박테리아를 먹어치울 힘이 생긴다. 이것은 이미 메치니코프(Elie Metchnikoff, 1845~1916: 러시아 출생, 프랑스 동물학자)에 의해 발견되었다. 병은 발병 원인에 따라 각각 다른 현상이 발생하는데 그 효과는 집중적으로 작용하여 침입한 미생물을 파괴한다. 이런 작용들은 다른 생리작용과 마찬가지로 단일적이며, 복잡하며, 결정적이라는 특성을 가진다.

육체의 적응 반응은 몇몇 특정 화학물질에 의해 일어난다. 박테리아의 체내에 있는 특정한 다당류의 물질은 단백질과 결합하면 세포와 체액에 특수한 반응을 일으키게 한다. 박테리아의 다당류 대신에 인간의 조직도 마찬가지 성질을 가진 탄수화물과 리포이드(지방 이외의 물질을 가리키며 복합지방이라고도 하며 당지질, 인지질이 여기에 해당한다)를 만들어 낸다. 이 물질들은 육체에 외부로부터의 단백질이나 세포를 공격하는 힘을 가져다준다. 미생물과 마찬가지 방법으로 동물의 세포는 다른 동물의 체내에 저항을 만들어 낸다. 그리고 마지막으로 그 항체에 의해 스스로 죽고 만다. 이런 이유로 침팬지의 고환을 인간에게 이식하는 것이 성공할 수 있었다.

이런 적응 반응이 존재함으로써 예방주사와 혈청을 치료에 사용하는 방법, 즉 인공적인 면역이 생겨난 것이다. 죽이거나 약하게 만든 미생물, 바이러스, 혹은 박테리아의 독소를 동물의 혈액 속에 주사하여 대량의 항체를 만들어 낸다. 이렇게 해서 그 병에 대한 면역이 생긴 동물의 혈청은 그 병에 걸린 환자를 치유할 수 있다. 부족한 항독, 항박테리아 물질을 환자의 혈액에 주입하는 것이다. 이렇게 해서 수많은 환자에게 그들이 가지고 있지 않은 세균 감염과 싸워 이길 힘을 선물하고 있다.

세균성 질환과
퇴행변성 질환에 대해

자신의 힘만으로, 혹은 특정 혈청이나 일반적인 화학적, 물리적 약품의
도움을 빌어 환자는 침입해 온 미생물과 싸운다. 이윽고 림프액과 혈청은
박테리아와 병든 몸이 배출하는 노폐물에 의해 변화가 일어나기 시작한다.
발열, 섬망(delirium) 증상, 화학 대사의 촉진 등이 일어난다. 예를 들어 장티
푸스, 폐렴, 패혈증과 같은 위험한 감염에서는 심장, 폐, 간장과 같은 온갖
기관에 장애가 생긴다. 그러면 세포는 평소에는 감춰졌던 온갖 성질이 나타
나기 시작한다. 체액을 박테리아에게 유독한 것으로 바꾸고 모든 기관 활동
을 자극하는 방향으로 전환한다. 백혈구를 증가시켜 새로운 물질을 분비하
게 하여 그야말로 조직이 필요로 하는 상태로 전환시킨 뒤, 병의 원인과 기

관의 장애, 박테리아의 독소, 국부적 축적에 의해 발생하는 예측 불가능한 상황에 대응한다. 감염된 곳에는 종양이 생기게 되는데 종양의 고름에 포함된 효소가 미생물을 소화시킨다. 이 효소는 생체의 조직을 녹이는 힘을 가지고 있다. 그래서 피부의 빈틈을 이용해 종양의 입이 열린다. 이렇게 해서 고름은 몸에서 빠져나온다. 박테리아에 의한 병의 증상은 조직과 체액이 새로운 상황에 대응하고, 저항하고, 또한 정상적인 상태로 되돌리는 노력의 증거이다.

동맥경화, 심근(心筋)염, 신염(腎炎), 당뇨병, 암과 같은 퇴행변성 질환, 혹은 영양의 결함에 의해 일어나는 질환에도 마찬가지로 적응 기능이 작용하기 시작한다. 병의 과정은 육체가 생존을 지속하는 데 가장 적합하도록 바꿀 수 있다. 만약 특정 선(腺)이 분비물이 부족하게 되면 다른 선(腺)이 활동과 분비량을 증가시켜 보충한다. 왼쪽 심이(心耳)와 심실을 이어주는 구멍을 보호하는 고깔이 혈액의 역류가 생기면 심장은 부풀어 오르면서 힘도 증가한다. 이렇게 해서 대동맥에 거의 정상 양의 혈액을 공급하게 되는 것이다. 이 적응 현상 덕분에 환자는 몇 년 동안 정상적인 생활을 지속할 수 있다. 신장에 장애가 생기면 대량의 혈액을 결함이 있는 여과기에 통과시키기 위해 동맥압이 상승한다. 당뇨병의 초기 단계에서는 췌장에서 분비된 인슐린양의 저하를 보충하기 위해 몸 전체가 노력을 다한다. 이런 병은 일반적으로 육체의 기능적 결함에 적응하려고 하는 증거이다.

생체가
반응하지 않는 질환

조직이 반응하지 않는, 즉 적응 기능에 의한 반응이 전혀 일어나지 않는 병인(病因)도 있다. 예를 들어 매독의 원인인 '매독 트레포네마' 등이 그것이다. 트레포네마는 한 번 체내에 침입하면 결코 저절로 감염자의 몸에서 떨어지지 않는다. 피부, 혈관, 뇌, 뼈 등에 붙어산다. 세포도 체액도 그것을 파괴하지 못한다. 장기간의 치료를 통해 고치는 수밖에 없다. 암도 마찬가지로 몸에서 아무런 저항도 받지 않는다. 악성이든 양성이든 종양은 정상적인 조직과 매우 흡사하기 때문에 몸은 그 존재를 깨닫지 못한다. 그리고 환자에게 오랫동안 아무런 영향도 주지 않은 채 인간의 체내에서 성장한다. 증상이 나타났을 때에는 이미 육체가 반응하는 것이 아니다. 그것은 종양이 만들어낸 독소, 주요 기관의 파괴, 신경의 압박과 같은 종양에 의한 직접적인 결과이다. 조직과 체액은 병 세포가 확산되어도 아무런 대응도 하지 않기 때문에 암의 진행은 사정없이 진행된다.

인위적인 건강과 자연적인 건강

육체는 병의 과정에서 지금까지 경험하지 못했던 상황에 맞닥뜨리게 된다. 그런데도 병의 원인을 제거하여 장애를 치유함으로써 새로운 상황에 적응하려 한다. 만약 이런 적응 능력이 없었다면 생물은 끊임없이 바이러스와 박테리아의 공격, 기관의 조직에 있는 무수한 부분의 구조적 장애에 노출되어 있기 때문에 존속이 거의 불가능하다. 과거 개인의 생존은 오롯이 각 개인의 적응 능력에 달려 있었다. 현대 문명은 위생학, 안락함, 좋은 음식, 쾌락한 생활, 병원, 의사, 간호사 등의 도움으로 건강을 유지하며 살 수 있다. 허약 체질인 사람의 자손이 백인종을 약화시키는 커다란 요인의 하나가 되고 있다. 우리는 이 인위적인 건강 형태를 버리고 자연의 건강만을 추구해야 할 것이다. 그리고 그것은 우수한 적응 기능과 병에 대한 본래의 저항력에 의해서만이 가능하다.

기관의
체외적응에 대해

 기관의 체외 적응이란 환경의 변화에 육체의 내부 상태가 적응하는 것

이다. 생리적, 심리적 활동을 안정시키고 몸을 하나로 통합시키는 기능에

의해 이 적응성이 발생한다. 환경이 바뀔 때마다 적응 기능이 적절한 반응

을 한다. 그로 인해 인간은 외부의 변화를 견뎌낼 수 있다. 대기는 항상 피부

보다 따뜻하거나 차다. 그럼에도 불구하고 조직을 매끄럽게 해주는 체액과

혈관을 순환하는 혈액의 온도는 일정하게 유지되고 있다.

 이 현상은 몸 전체가 쉬지 않고 움직이는 덕분이다. 외부 온도가 오르고,

설령 열병에 걸렸을 때처럼 화학 대사가 한층 활발해지면 인간의 체온은 그

와 함께 상승하는 경향이 있다. 그럴 경우 폐의 순환과 호흡 운동이 빨라진다. 허파꽈리에서 증발한 수분의 양이 증가하는 것이다. 그로 인해 폐 속의 혈액 온도가 떨어진다. 동시에 피하의 혈관이 확장하면서 피부가 붉어진다. 혈액은 급격하게 피부 표면에 모여들면서 체온을 낮춘다. 만약 주변이 너무 더우면 피부 표면의 땀샘에서 땀이 분비되어 얇은 막을 형성한다. 이 땀이 증발하여 체온을 떨어뜨려 준다. 또한 중추신경계통과 교감신경도 작용을 시작한다. 그리고 심장의 고동을 빠르게 하고, 혈관을 확장해 목이 마르게 한다. 반대로 외부 기온이 내려가면 피부의 혈관이 수축하여 피부가 창백해진다. 혈액은 모세혈관 속을 천천히 흐르게 된다. 그리고 내부의 기관으로 숨어들어 순환과 화학작용을 촉진한다.

이렇게 해서 인간은 몸 전체의 신경적, 순환적, 영양적 변화를 통해 열과 싸움과 동시에 외부의 추위와도 싸운다. 피부와 마찬가지로 모든 기관도 더위, 추위, 바람, 태양, 비 등에 항시 노출되어 살고 있다. 만약 평생 혹독한 기후에서 벗어날 수 없다면 혈액 온도와 양과 알칼리성 등을 조정하는 작용이 필요하지 않을 것이다.

환경의 물리적 조건은 신경과

지성에 어떻게 영향을 끼치는가?

　인간은 외부 세계로부터의 자극에 적응해 간다. 자극의 강약에 따라 감각 기관의 말단 신경의 변화가 과도하거나 부족한 경우에도 인간은 적응해 간다. 지나친 햇빛은 위험하다. 원시적인 환경에서 인간은 본능적으로 빛으로부터 몸을 감추었다. 햇빛으로부터 몸을 보호하는 기구는 많다. 눈은 빛이 강해지면 눈꺼풀과 홍채의 조리개로 보호를 한다. 동시에 망막의 감도가 감소한다. 피부는 색소를 만들어 태양광선의 침투를 막는다. 이 자연의 방어가 충분하지 못하면 망막과 피부에 장애가 일어나고, 또한 내장과 신경계통에서도 이상이 발생한다. 빛이 너무 강하면 신경계통과 지능의 반응이 떨어질 수도 있다. 우리는 가장 문명이 발달한 민족—예를 들어 스칸디나비아 사람—은 백인이며, 수 세대에 걸쳐 연간 거의 일정하게 대기 중의 빛이 약한 나라에 살고 있었다는 점을 잊어서는 안 된다. 프랑스에서는 북부의 사람들이 지중해 연안의 주민들보다 훨씬 우수하다. 열등한 민족은 일반적으로 햇빛이 강하고 기온의 변화가 거의 없는 따뜻한 나라에 살고 있다. 백색 인종이 햇빛과 더위에 적응하기 위해서는 신경과 지성의 발달이 희생해야 할 것처럼 여겨진다.

　신경조직은 광선뿐만이 아니라 온갖 자극을 외부로부터 받는다. 이런 자극들은 때론 강하고, 또 때로는 약하다. 인간은 사진의 감광판에 비유할 수 있을 것이다. 감광판은 여러 강도의 빛을 똑같이 기록해야만 한다. 감광판에 비친 빛의 강도는 조리개와 노출 시간에 따라 적당히 조절할 수 있지만, 육체는 아주 특별한 방법을 이용하고 있다. 강도가 전혀 다른 자극에 적응하기 위해서 육체는 감수성의 강약을 조절한다. 망막이 강한 빛에 노출되면 둔감해진다는 것은 잘 알려진 사실이다. 코의 점막도 마찬가지로 시간이 조금 흐르면 악취도 느끼지 못하게 된다. 커다란 소리라도 지속적이거나 일정한 리듬을 타고 울린다면 거의 신경을 쓰지 않게 된다. 바위를 부술 정도의 엄청난 파도 소리도, 굉음을 내는 기차의 기적 소리도 잠을 방해하지는 못한다. 인간은 주로 자극의 강도가 변해야만 깨닫게 된다.

베버(Max Weber, 1864~1920: 독일의 사회학자)는 자극이 기하급수적으로 증가하더라도 감각은 산술급수적으로만 강해진다고 생각했다. 때문에 감각의 강도가 증가하는 것은 자극이 강해지는 것과 비교해서 훨씬 느리다. 인간은 자극의 절대적인 강도가 아니라 두 개의 연속된 자극의 강도의 차이에 따라 영향을 받기 때문에 이런 구조는 대단히 효과적으로 신경조직을 보호하고 있다. 베버의 법칙은 정확하지는 않지만 대략적인 상황을 설명하고 있다. 그러나 신경조직의 적응 기능은 다른 장기의 기관만큼 발달하지는 못했다. 문명은 새로운 자극을 만들어 내고, 인간은 그것에 대한 방어책이 없다.

인간의 몸은 대도시와 공장의 소음과 현대 생활이 만들어 내는 흥분, 근심, 물밀 듯이 밀려오는 일상생활에 적응하려고 노력하고 있으나 모두가 헛수고이다. 수면 부족에 익숙해질 수는 없다. 아편과 코카인처럼 잠에 빠져들게 하는 마약에 저항할 수 없다. 그리고 희한하게도 이런 상태에는 아주 쉽게 적응해 버리고 만다. 그러나 이것은 적응의 승리라 할 수 없다. 그로 인해 받아야 하는 육체적, 정신적 변화는 문명인의 퇴화와 마찬가지다.

환경이 인간에게
새긴 '각인'

적용작용으로 육체와 정신이 영구적인 변화를 일으키는 경우도 있다. 이렇게 해서 환경은 인간에게 각인을 새긴다. 젊은 사람이 장기간에 걸쳐 그 영향을 받게 되면 영구적으로 원래의 상태로 돌아가기 힘들게 바뀔지도 모른다. 이렇게 해서 개인이나 민족에게 있어 육체적, 정신적인 면에서 새로운 양상이 생기게 된다. 환경은 성선(性腺)의 세포에도 서서히 영향을 끼치고 있는 것처럼 보인다. 이런 변화는 당연히 유전이 된다. 물론 인간이 후천적으로 취득한 특성은 자손에게 유전이 되지 않는다. 그러나 살아 있는 동안에 환경에 따라 체액이 변하면 생식조직은 그 환경 상태에 대응하여 구조적 변화를 일으켜 적응하기도 한다. 예를 들어 노르망디 지방의 풀, 나무,

동물, 인간은 브르타뉴 지방의 것과는 상당한 차이가 있다. 각각 그 지방의 특징을 띠고 있다. 과거 한 지방의 음식물이 그 지방의 생산물로 한정되어 있었을 때는 각 지역 주민의 외모가 지역에 따라 큰 차이를 보여주었다.

굶주림과 목마름에 대한 동물들의 대처상황은 눈으로 쉽게 확인할 수 있다. 애리조나 사막에 있는 소는 사나흘은 물을 마시지 않아도 살 수 있다. 개는 일주일에 단 한 번만 먹이를 먹지만 건강하고 살이 쪄 있다. 가끔 밖에서 물을 마시지 못하는 동물들은 한 번에 많은 양의 물을 마시는 방법을 알고 있다. 조직이 장기간에 걸쳐 대량의 물을 비축할 수 있도록 적응하는 것이다. 이와 마찬가지로 먹이를 제때 먹을 수 없는 동물은 일주일 분의 먹이를 하루나 이틀 사이에 먹고 저장하는 방법에 익숙해져 있다. 수면에 관해서도 마찬가지다. 우리는 특정 기간 거의, 혹은 아주 조금밖에 자지 않았다가 특정한 시간에 충분히 잠을 잘 수 있도록 자신을 훈련할 수 있다. 또한 아주 쉽게 과식이나 과음에 빠지기도 한다.

만약 아이에게 먹고 싶은 만큼 먹게 방치해 둔다면 간단히 과식을 하는 습관이 배게 될 것이다. 그리고 나중에 이 습관을 고치는 것이 얼마나 어려운지를 깨닫게 된다. 영양 과다로 인한 정신적, 육체적 영향의 중요성에 대해서는 아직 다 알고 있다고 단정하기는 어렵다. 단지 몸이 뚱뚱하거나 커져서 일반적인 활동력이 저하된다는 형태로 나타나는 것처럼 보인다. 야생 토끼가 가축으로 변했을 때도 이와 비슷한 현상을 볼 수 있다. 현대의 표준적인 생활 습관이 인간을 최대한으로 발달시켜 줄지는 아직 확실하지 않다. 현재의 생활양식은 편안하고 쾌적하기 때문에 받아들여진 것이다. 사실 우리의 선조들이나 지금까지 공업 문명에 저항하는 집단의 생활양식과 비교하면 상당한 차이가 있다. 우리는 아직 그것이 좋은 것인지 나쁜 것인지를 알지 못한다.

인간에게는 체득의
'적응력'이 있다

인간은 혈액과 순환기, 호흡기, 체격, 근육의 조직이 특정한 변화를 일으키기 때문에 높은 곳에서도 익숙해질 수 있다. 기압이 떨어지면 적혈구의 수가 증가하면서 대처를 시작하면서 빠르게 적응을 한다. 알프스산의 정상에 파견된 병사들은 2, 3주가 지나면 평지에서와 마찬가지로 활발하게 걷고, 오르고, 달릴 수 있게 된다. 그와 동시에 피부는 다량의 색소를 만들어 내면서 엄청난 양의 눈의 반사광으로부터 몸을 지켜낸다. 흉곽과 가슴 근육은 단단히 발달한다. 고산지대에서 활동적으로 생활하기 위해서는 근육 조직의 노력이 더욱 필요해지는데, 몇 달이 지나면 그것에 익숙해진다. 몸의 형태와 자세도 변한다. 호흡기관과 심장은 끊임없는 요구에 순응하게 된다. 혈액 온도를 조절하는 기능도 향상이 된다. 몸은 추위에 저항하면서 혹독한 기후를 이겨내는 방법을 배운다. 등산가들이 평지로 내려오게 되면 혈구의 수는 정상적으로 되돌아온다. 그러나 희박한 공기와 혹독한 추위, 매일의 등산을 위한 노력에 적응한 흉곽, 폐, 심장, 혈관 등은 영구적으로 그 흔적을 몸에 남기고 있다.

격렬한 근육 활동으로 인한 변화도 영구적으로 남는다. 예를 들어 서부의 카우보이들은 현대의 편안한 대학 생활로는, 지금까지 그 어떤 운동선수도 얻을 수 없는 체력과 저항력과 유연성을 지니고 있다. 지적 활동에 있어서도 마찬가지이다. 장기간에 걸친 과도한 정신적 노력의 흔적은 영구히 남게 된다. 오늘날의 교육이 도달한 기계화된 상태에서는 이런 활동은 절대로 불가능하다. 열렬한 이상과 지식욕으로 불타오르는 파스퇴르의 첫 제자들과 같은 작은 그룹만으로는 실천이 불가능하다. 웰치(William Henry Welch, 1850~1934: 미국의 세균학자)가 존 홉킨스 대학에서 막 가르치기 시작했을 무렵, 그의 주변에 모여든 젊은이들은 그의 지도로 시작된 지적 훈련을 통해 평생 능력을 발휘하며 훌륭한 인물이 되어 갔다.

환경에 적응하는 육체적, 정신적 활동 중에서 가장 미묘하면서 잘 알려지지 않은 측면이 한 가지 있다. 그것은 음식물에 포함되어 있는 화학물질에 대한 육체의 반응이다. 물에 칼슘이 풍부한 지방의 사람들의 골격이 다른 지방의 사람들보다 튼튼하다는 사실은 잘 알려져 있다. 또한 우유, 달걀, 채소, 곡물을 주식으로 하는 사람들과 육식을 주식으로 하는 사람들과는 다르다는 것, 많은 물질이 육체와 정신의 형태에 영향을 끼친다는 것은 잘 알려진 사실이다. 그럼에도 불구하고 우리는 이 적응의 기능을 무시하고 있다. 내분비샘과 신경조직은 아마도 영양 상태에 따라 변화하는 것 같다. 정신적 활동은 조직이 가진 체질적인 요소에 따라 달라지는 것처럼 보인다. 의사와 위생학자의 학설은 그 범위가 자신들의 전문 즉, 인간의 일부 특정한 것에 국한되어 있기 때문에 맹목적으로 따르는 것은 현명하지 않다. 인간의 진보는 결코 체중과 수명의 연장에 의한 것이 아니다.

적당한 자극은 적응력을
더욱 높여준다

적응 기능은 기관 활동 전반에 자극을 주는 작용이 있는 것 같다. 일시적으로 기후가 바뀌는 것은 허약한 사람이나 회복기의 환자에게 좋은 영향을 끼친다. 생활양식, 음식, 수면, 사는 장소 등에 약간의 변화를 주는 것은 효과적이다. 새로운 상황에 적응하려는 생존 욕구가 생리적, 정신적 활동을 활발하게 만들어주기 때문이다. 어떤 요인이든 간에 그것에 적응하는 속도는 생리적 시간의 리듬에 따라 결정된다. 아이들은 금방 기후의 변화에 순응하지만 어른들은 훨씬 느리다. 지속적인 효과를 얻기 위해서는 환경의 작용을 오래 유지해야만 한다. 젊었을 때는 새로운 토지와 새로운 습관에 적응하면서 일어나는 변화를 영구적으로 유지할 수 있다. 이런 이유로 병역은 새로운 형태의 인생, 연습, 훈련을 통하여 육체의 발달에 큰 도움을 준다. 생존의 상태가 훨씬 엄해지고, 한층 무거운 책임을 지게 되면 도덕적 에너지와 대담함을 잃은 수많은 사람이 다시 그것들을 되돌릴 수 있을지도 모른다. 초등학교에서부터 대학까지의 획일적이고 유약한 생활을 훨씬 강건한 습관으로 고쳐야만 한다. 개인의 생리적, 지적, 도덕적 훈련의 적응은 신경조직과 내분비샘, 그리고 정신에도 확실한 변화를 가져다준다. 이렇게 해서 몸은 한층 통합되고, 활력이 증진되면서 삶의 곤경과 위험을 이겨낼 수 있는 힘을 얻게 되는 것이다.

사회 환경에 어떻게 적응할 것인가?
—투쟁일까 도피일까?

인간은 물리적 환경에 대응하는 것과 마찬가지로 사회적 환경에도 적응한다. 생리 작용과 마찬가지로 정신작용도 육체가 존속하는 데 가장 적절한 상태로 바뀌는 경향이 있다. 정신작용이 환경에 대한 적응을 결정한다. 자신이 일원으로 소속된 집단 속에서 바라는 것은 아무런 노력 없이 얻어지지 않는다. 인간은 부를, 지식을, 권력을, 그리고 쾌락을 추구한다. 욕망, 야심, 호기심, 성욕의 노예이다. 그러나 환경은 자신에 대하여 항상 무관심하며 때로는 적대적이기도 하다는 것을 깨닫는다. 그리고 당장에 욕망하는 것을 얻기 위해서는 싸워야 한다는 것도 깨닫게 된다.

사회 환경에 대한 반응은 개인적 체질에 따라 다르다. 어떤 사람은 정복함으로써 세상에 적응하고, 또 어떤 사람은 그것으로부터 도피함으로써 적응하려 한다. 또한 규칙에 따르기를 거부하는 사람도 있다. 동료에게 자연스러운 태도를 취하는 것도 투쟁의 하나이다. 정신은 환경이 가진 적의에 대하여 노력으로 그것에 반응한다. 그리고 배우고 싶은 욕구와 작용, 소유하고 지배하려고 하는 의지뿐만이 아니라 지성과 꾀도 발달한다. 정복에 대한 정열은 각 개인과 상황에 따라 여러 가지 형태를 띤다. 이 정열은 모험심이 자극을 한다. 파스퇴르는 이 정열에 이끌려 의학 쇄신에 힘을 기울였고, 무솔리니는 위대한 국가를 건설하고자 했으며, 아인슈타인은 하나의 우주 창조에 전념을 기울였다. 같은 정신이 현대인을 도둑으로, 살인자로, 그리고 현대 문명 특유의 거대 금융, 경제 기업으로 내몰았다. 그러나 또한 충동에 이끌려 병원, 연구소, 대학, 교회도 건설했다. 인간은 그렇게 해서 거부로, 죽음으로, 영웅적 행위로, 혹은 범죄로 내몰리게 되었다. 그러나 결코 행복을 향해 가는 길은 아니다.

적응의 제2 형태는 도피이다. 어떤 사람은 투쟁을 포기하고 경쟁이 필요 없는 사회 계층으로 몰락해 간다. 그리고 공장 노동자가 되어 무산계급에 속하게 된다. 또한 자신 내부로 도망치는 사람도 있다. 그러나 이런 사람들은 동시에 어느 정도는 사회 집단에도 적응하여 탁월한 지성으로 그것을 극복하는 경우도 있다. 그러나 싸우지는 않는다. 이런 사람은 겉으로만 사회의 일원으로 자신만의 내면세계에 살고 있다.

그리고 계속된 고뇌의 연속으로 주변의 것은 완전히 잊어버리는 사람도 있다. 쉴 틈 없이 일해야만 하는 사람은 어떤 상황에도 적응할 수 있다. 아이 하나를 잃더라도 다른 아이들을 돌봐야 하는 주부는 슬픔에 잠겨 있을 여유가 없다. 불행한 상황을 견디는데 일은 알코올이나 모르핀 주사보다 훨씬 효과적이다. 또한 꿈을 꾸거나, 큰돈이나 건강이나 행복을 바라면서 매일을 보내는 사람도 있다. 환상과 희망 또한 강력한 적응 수단이다. 희망을 통해 행동이 생겨난다. 기독교의 가르침에서는 희망을 커다란 미덕으로 여기고 있는데, 그것이 정답이다. 그로 인해 인간은 역경에도 강력하게 대응할 수 있다. 적응의 또 다른 모습으로 습관이 있다. 슬픔은 기쁨보다 훨씬 쉽게 잊힌다. 그러나 무위는 모든 고민을 한층 더 깊게 만들어 버린다.

본인만이 가능한
지적 '적응력'

사회 집단에 적응하지 못하는 사람도 많다. 지적장애자들도 그 일부이다. 현대 사회에서는 특수한 시설 이외에는 그들이 있을 곳이 없다. 변질자나 범죄자의 가정에도 정상적인 아이들이 많이 태어난다. 그러나 그런 환경 속에서 그들은 정신과 육체를 형성시켜야 한다. 그리고 정상적인 생활에 적응하지 못하게 된다. 그들이 교도소 죄인 중에 대다수를 차지하고 있다. 또한 강도나 살인을 범하고도 감옥에 격리되지 않은 사람이 많은데 이들 또한 그런 사람들이다. 이런 사람들은 공업 문명이 만들어 낸 생리적, 도덕적 퇴화가 만들어낸 중대한 결과이다. 그들은 무책임하다. 노력과 지적 집중과 도덕적 훈련의 필요성을 모르는 교사들에 의해 현대의 학교에서 교육을 받은 젊은이들도 무책임하다. 훗날 이 젊은 남녀가 냉담한 세상에 직면하여 살아가면서 물질적, 정신적 곤경에 처하게 되면 경제와 보호와 도움을 요청하는 것 이외에는 적응이 불가능하다. 그리고 만약 이런 도움을 받지 못하게 되면 범죄를 저지르고 만다. 강한 완력을 가지고 있으나 정신적, 도덕적 저항력은 없다. 노력과 궁핍을 회피하려고 한다. 급박할 때에는 음식과 도피처를 부모나 사회에 요구한다. 극빈자와 범죄자의 자손들과 마찬가지로 그들도 새로운 도시에 살기에는 적합하지 않다.

현대 생활의 특정 형태는 곧장 퇴화로 이어진다. 덥고 습한 기온과 마찬가지로 백인종에게 있어서 치명적인 사회 상태라는 것도 있다. 우리는 가난과 걱정과 슬픔에는 일과 고투로 반응한다. 압정과 혁명과 전쟁에는 견디지 못한다. 그러나 비참함이나 번영을 상대로 싸워 이길 수도 없다. 개인도 민족도 너무 가난해지면 약해지고 만다. 부도 가난과 마찬가지로 위험하다. 그러나 수 세기에 걸쳐 부와 권력을 쥐고 있음에도 불구하고 힘을 유지하는 가계도 있다. 과거에는 토지를 소유함으로써 부와 권력을 얻었다. 토지를 유지하기 위해서는 전쟁과 경영의 수완과 지도력이 필요했다. 끝없는 노력이 필요했기 때문에 퇴화를 막을 수 있었던 것이다. 오늘날 부는 사회에 대한 책임으로 이어지지 못하고 있다. 무책임이라는 것은 아무리 부를 동반하지 않더라도 대단히 유해하다. 부자들과 마찬가지로 가난한 사람들에게 있어서도 여유는 추락을 가져다준다. 영화, 콘서트, 라디오, 자동차, 스포츠는 지적 작업의 대용이 될 수는 없다. 우리는 번영과 근대적 기계, 혹은 실업으로 생겨난 태만이라는 중대한 문제를 전혀 해결하지 못하고 있다. 과학 문명은 인간에게 여유를 강요함으로써 인간에게 커다란 불행을 안겨주었다. 암과 정신병과 싸워 이길 승산이 없는 것처럼 태만과 무책임으로 인해 발생하는 결과와도 승산이 없다.

적응 기능의
특색에 대해

적응 기능은 조직과 체액이 온갖 새로운 상태의 만남에 따라 수많은 모습을 보여준다. 그것은 어느 하나의 기관계통만의 특별한 현상이 아니다. 그 목적에 따라서만 정의가 가능하다. 그 수단은 여러 가지가 있지만, 목적은 늘 변하지 않는다. 그 목적은 인간이 살아남는다는 것이다. 적응은 온갖 형태로 나타나지만 동일한 것으로 생각한다면, 그것은 안정을 꾀하고 기관을 회복시키는 것이며, 그 기능에 의해 기관을 형성하는 원인이 되며, 외부 세계로부터의 공격에 견디면서 조직과 체액을 전체로서 통합하는 유대로도 보인다. 이처럼 그것은 하나의 실존하는 것처럼 여겨진다. 이렇게 추상화시켜보면 그 특성을 묘사하는 데 편리하다. 사실 적응이라는 것은 모두 생리 작용과 그 물리화학적 성분의 한 모습이다.

르 샤틀리에의 원리와
육체의 내적 안정

조직이 평균상태일 때 어떤 요인이 그 균형을 깨려고 하면 그 요인에 반발하는 작용이 일어난다. 설탕을 물에 녹이면 온도가 떨어지고, 그로 인해 설탕의 용해도가 느려진다. 이것이 르 샤틀리에의 원리이다. 격렬한 근육운동을 하면 심장으로 흘러들어오는 정맥혈의 양은 매우 많아지며 우심이 (右心耳)의 신경에 의해 이것이 중추신경조직에 전달된다. 그러면 곧바로 중추신경은 심장의 고동을 촉진시킨다. 이렇게 해서 여분의 정맥혈이 이동을 한다. 르샤틀리에의 원리와 이런 생리적 적응 사이에는 표면적인 유사성이 있는 것에 불과하다. 전자는 물리적 수단에 의해 균형이 유지되고, 후자는 균형은 아니지만 안정된 상태가 생리적 작용의 도움으로 지속한다. 만약 혈액 대신에 다른 조직의 상태가 변화하더라도 마찬가지 현상이 일어난다. 피부 일부를 제거하면 복잡한 반응이 일어나기 시작하며 모든 기능이 집중적으로 움직여서 장애를 회복시킨다. 두 경우 모두 제2의 경우에는 반흔(瘢痕) 형성에 이르는 일련의 생리작용의 연쇄라는 형태로 생체를 변화시키려 하는 요인에 대하여 저항이 일어나는 것이다.

인간에 관한

'노력의 법칙'

　근육은 활동할수록 발달한다. 활동하게 되면 소모되는 부위가 강화된다. 기관은 쓰지 않으면 퇴화한다. 생리적 기능도, 정신적 기능도, 활동할수록 증진된다는 것은 관찰이 가져다준 기본적인 사실이다. 마찬가지로 개인이 최고로 발달하기 위해서는 절대적으로 그러한 노력이 필요하다. 근육과 기관과 마찬가지로 지능과 도덕관념도 훈련이 부족하면 퇴화한다. '노력의 법칙'이 기관 상태 불변의 법칙보다 훨씬 더 중요하다. 내부 환경액의 안정이 육체의 생존에 없어서는 안 된다는 것은 의심의 여지가 없다. 그러나 개인의 생리적, 정신적 진보는 그 사람의 기능 활동과 노력에 달려 있다. 기관과 정신의 조직을 움직이게 하는 것이 부족하면 퇴화라는 형태로 적응을 하게 되는 것이다.

　적응은 목적을 달성하기 위해 수많은 방법을 이용하고 있다. 결코 하나의 장소나 하나의 기관에만 집중하지 않는다. 몸 전체를 총동원하는 것이다. 예를 들어 분노는 몸의 기관 전부를 크게 변화시킨다. 근육이 수축한다. 교감신경과 부신이 작용하기 시작한다. 그 개입으로 인해 혈압이 상승, 맥박의 증진, 근육의 연료로 이용되는 간장으로부터의 포도당 방출 등이 일어난다. 같은 방법으로 육체가 외부 세계의 추위와 싸울 때는 순환기, 호흡기,

소화기, 근육, 신경기관이 총동원된다. 따라서 육체는 외부 세계의 변화에는 모든 기관을 총동원해 활동을 시작하며 환경에 대응하는 것이다. 적응기관을 훈련하는 것은 근육을 육체 운동으로 단련시키는 것과 마찬가지로 육체와 정신의 발달에 필요한 것이다. 혹독한 기후, 수면 부족, 피로, 굶주림 등에 적응하기 위하여 모든 생리 작용이 자극된다. 최고의 상태에 도달하기 위해서 인간은 모든 잠재 능력을 발휘해야만 하는 것이다.

적응 현상은 항상 어떤 특정한 목적을 향하고 있다. 그러나 언제나 그 목적을 달성한다고는 장담할 수 없다. 정확하게 작용하지 않으며 어느 한계 내에서만 활동한다. 각 개인은 특정한 수의 박테리아와 특정한 박테리아의 독성에만 저항할 수 있다. 그 수와 독성이 한계를 넘게 되면 적응 기능은 몸을 지키는 데 충분하지 않다. 그리고 병이 시작되는 것이다. 피로와 더위, 추위에 대한 저항도 마찬가지다. 적응력은 다른 생리 활동과 마찬가지로 훈련을 통해 증진할 수 있다는 것은 의심의 여지가 없다. 다른 활동과 마찬가지로 완전한 것이 될 수 있다. 단순히 병의 요인으로부터 몸을 지키는 것이 아니라 노력하여 적응 기능의 능력을 높임으로써 개개인이 병으로부터 몸을 지킬 수 있도록 해야만 한다.

요약해 보기로 하자. 적응이란 조직이 가진 기본적인 성격으로서, 다시 말해서 영양 작용의 한 모습으로 생각할 수 있다. 새롭고 생각하지 못했던 상태는 온갖 모습으로 발생하는데, 생리 작용도 그와 마찬가지로 다양하게 변화한다. 그러나 불가사의하게도 이루고자 하는 목적을 향해 자신을 형성해 간다. 시간과 공간을 지성으로 생각하는 것처럼은 평가하지 않는 것 같다. 조직은 이미 있는 것도, 아직 완성되지 않은 것도, 그 공간적인 모습에 따라 쉽게 구성해 간다. 태아로서 성장하는 동안 망막과 수정체는 장래에 눈이 되기 위해 연합하고 있다. 적응력은 조직과 몸 전체가 가지고 있는 것이 아니라 조직을 구성하는 각각의 요소도 가지고 있는 성질인 것이다. 개개의 세포는 마치 꿀벌이 전체를 위해 일을 하는 것처럼 전체를 위해 행동하는 것처럼 보인다. 그리고 미래에 대해 잘 알고 있는 것처럼 여겨진다. 그 미래를 위해 조직은 구조와 기능을 미리 바꾸고 대비하고 있다.

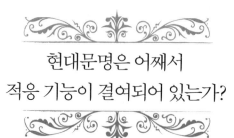

현대문명은 어째서
적응 기능이 결여되어 있는가?

우리는 조상들과 비교해서 적응능력을 이용하는 기회가 훨씬 적다. 특히 최근 사반세기 동안은 지성이 만들어낸 기구에 의해 환경에 적응해 왔기 때문에 더 이상 생리적 기능에 의존하고 있지 않다. 과학이 기관의 내부 평균을 유지하는 방법을 제공하고 그것이 자연의 기능보다 쾌적하고 힘이 덜 든다. 매일의 생활에서 얼마나 육체적 조건을 바꿀 수 없게 되었는지, 얼마나 근육의 운동, 음식, 수면이 규격화되었는지, 얼마나 현대 문명이 노력과 도덕적 책임을 버리고 근육, 신경, 순환, 선(腺) 등의 조직 활동 형태를 바꾸어 놓았는지에 대해서는 이미 앞에서 말한 바와 같다.

또한 현대 도시의 시민들은 더 이상 대기의 온도변화로 고생하는 일이 없다는 사실에도 주목할 필요가 있다. 현대적인 집과 의복과 차로 보호를 받는 것이다. 겨울 동안에도 선조들과는 달리 긴 겨울 동안에도 난로와 난방에 지나칠 정도로 의존하고 있다. 육체는 더 이상 일련의 생리 활동을 일으켜 그로 인해 화학 대사를 증진하고 모든 조직의 순환을 변화시켜서 추위와 싸울 필요가 없다. 입고 있는 옷이 충분하지 않은 사람은 몸을 격렬하게 움직여서 체온을 유지해야 하며, 모든 기관 조직은 매우 강렬하게 움직이게 된다.

그와 반대로 모피와 따뜻한 옷으로 감싸고 난방 장치가 있는 밀폐된 차 안이나, 난방이 잘 되어 있는 방에 틀어박혀 추운 겨울을 회피할 때는 이 모든 기능은 정지 상태를 유지하게 된다. 현대인의 피부는 바람에 노출된 적이 없다. 눈과 비와 태양에 대하여 오랜 세월 고통을 받으면서 몸을 지킬 필요도 전혀 없다. 과거에는 혈액과 체액 온도를 조절하는 기능은 혹독한 기후에 맞서 싸움으로써 부단한 활동 상태를 유지하였다. 현대인은 그것이 영구적으로 정지된 상태이다. 그러나 육체와 정신을 최고로 발달시키기 위해서는 이 활동이 꼭 필요할 것이다. 적응 기능은 필요가 없을 때에는 작동을 하지 않는, 어떤 특정한 기구에 대응하고 있지 않다는 것을 깨달아야 한다. 그것과는 반대로 적응 기능은 몸 전체의 표현인 것이다.

일상 속에서 육체를
움직여야 하는 중요성

현대 생활에서 근육을 쓰는 일이 완전히 사라진 것은 아니지만 훨씬 적어졌다. 일상의 생활에서는 기계가 사람의 일을 대신하고 있다. 근육은 이제 운동경기에서만 쓰이고 있다. 운동의 방법은 규격화되었고 자의적인 규칙에 따르도록 되어 있다. 이런 인공적인 운동들이 원시적인 생활 상태에서의 고투를 완전히 대신해 줄 수 있는지는 의심스럽다. 여성의 경우 매주 서너 시간을 춤추거나 테니스를 하는 것만으로는, 계단을 오르내리고, 기계의 힘을 빌리지 않고 집안일을 처리하고, 길을 걸을 때 필요한 노력에는 충분히 미치지 않는다. 최근 들어서 여성들은 엘리베이터가 있는 집에 살면서 하이힐을 신고 걷고 있기 때문에 대부분 자동차나 전철을 이용한다. 남성의 경우에도 만찬가지다. 토요일, 일요일의 골프로는 남은 5일 동안의 부족한 운동을 채울 수가 없다. 일상생활 속에서 근육 운동을 하지 않게 된 결과 인간은 자신도 모르는 사이 끊임없이 해왔던 운동을 억제하고 말았는데, 이런 일상의 부단한 운동이야말로 육체 조직이 내부의 환경액을 일정하게 유지하는 데 꼭 필요한 것이다. 잘 알려진 바와 같이 근육은 움직일 때마다 당과 산소를 소비하고, 열을 발산하고, 순환하고 있는 혈액 속의 유산을 배출한다. 이런 변화에 대응하기 위해 신체는 심장, 호흡기관, 간장, 췌장, 신장, 땀샘, 뇌척수조직과 교감신경조직을 작동시켜야만 한다. 즉, 현대인이 가끔 골프나 테니스 등을 하더라도 조상들이 살아가기 위해 끊임없이 근육 활동을 해야 했던 것에는 미치지 못한다. 오늘날의 근육운동은 정해진 날, 정해진 시간에만 이루어진다. 평소의 신체 조직, 혈관, 땀샘, 내분비샘은 휴양상태인 것이다.

단식은 인간의 조직을
순화시킨다

소화 기능의 활용방식 또한 바뀌어 가고 있다. 오래된 빵이나 질긴 고기처럼 딱딱한 음식은 더 이상 식탁에 오르지 않게 되었다. 마찬가지로 의사는 턱이 단단한 음식을 부수기 위해 있고, 위는 자연의 산물을 소화하기 위해 존재한다는 것을 잊어버리고 있다. 앞에서 말했던 것처럼 아이들은 주로 부드럽게 잘게 갈아 씹을 필요가 없는 음식과 우유로 자라고 있다. 때문에 턱과 치아와 얼굴 근육에는 힘든 작업을 시킬 수 없다. 근육과 소화기관의 선(腺)의 경우에서도 마찬가지다. 음식이 빈번하고, 규칙적이고, 풍부하기 때문에 인류의 생존에 중대한 역할을 하는 적응기능의 하나, 즉 음식부족에 대한 적응력이 불필요해진 것이다. 원시적인 생활에서의 인간은 오랜 기간 굶주림을 견뎌야 했다. 음식 부족으로 굶주리는 일이 없어진 시대에도 자발적으로 단식을 했다. 모든 종교에서는 단식의 중요성을 강조하고 있다. 음식을 먹지 않으면 허기를 느끼며 가끔 신경이 흥분하다가 체력이 떨어지는 것을 느낀다. 그러나 그로 인해 훨씬 더 중요한 감춰진 몇몇 현상이 일어난다. 간장의 당과 피하에 축적되어 있는 지방이 소비되어 근육과 선(腺)의 단백질까지 사용된다. 모든 기관은 혈액과 심장과 뇌를 정상적인 상태로 유지하기 위해 자신의 몸을 희생하는 것이다. 단식은 인간의 조직을 순화시켜 많은 변화를 가져다준다.

현대인은 지나치게 잠을 많이 자거나 수면 부족이거나 한다. 수면 과다에는 적응하기 어렵다. 장시간에 걸친 수면 부족은 대단히 해롭다. 그러나 자고 싶을 때 일어나 있어야 하는 것에 익숙해지는 것도 중요한 일이다. 잠과의 싸움은 몸의 각 기관을 총동원하게 되는데, 훈련을 통해 그 능력은 강해질 수 있다. 또한 의지에 의한 노력도 필요하다. 그러나 많은 다른 것과 함께 이 노력도 현대의 습관으로 인해 억압되고 말았다. 불안정한 생활과 잘못된 스포츠 활동, 빠른 교통수단에도 불구하고 적응 기능의 원천인 몸 전체의 조직은 태만하기만 하다. 쉽게 말해서 과학 문명에 의해 만들어진 생활양식은 수천 년 동안의 인류 역사 속에서 결코 그 활동을 멈춘 적이 없었던 온갖 기능들을 무의미하게 만들어버린 것이다.

자신을 강인한 인간으로
단련하는 방법

인간이 최고로 발달하기 위해서는 적응 기능을 충분히 작용시키는 것이 필요한 것 같다. 인간의 육체는 물리적 환경 속에 놓여 있으며 그 상태는 변화한다. 내부의 상태는 끊임없이 기관이 활동함으로써 일정하게 유지되고 있다. 이런 활동은 특정 기관계통에 의해 일부에서만 이루어지고 있는 것이 아니라 몸 전체에 퍼져 있다. 모든 해부학적 기관은 외부 세계에 대하여 살아남기 위해 최상의 상태에 반응한다. 이런 중요한 성격이 감춰진 채 드러나지 않더라도 신체가 불편을 느끼지 않는다는 것이 가능한 일일까? 우리는 변화하거나 불규칙한 상태에서도 살아갈 수 있도록 만들어진 것이 아닐까?

인간은 혹독한 기후에 몸을 맡기고, 때로는 전혀 잠을 자지 않고, 때로는 오랜 시간 잠이 들고, 식사 또한 때로는 풍성하게, 때로는 부족하더라도 불요불굴(不撓不屈)의 노력으로 먹을 것과 잠자리를 쟁취했을 때 최고로 발달할 수 있다. 또한 근육을 단련시키고, 휴식하고, 싸우고, 고뇌하고, 행복을 느끼고, 사랑하고, 증오해야만 한다. 의지는 확장되거나 수축할 필요성이 있다. 또한 동료들과의 싸움, 자기 자신조차 와도 싸워야만 한다. 위가 음식물을 소화하기 위해 만들어진 것처럼 인간은 이런 생활을 하도록 만들어져 있다. 적응 기능이 최고로 작용하고 있을 때 남성스러움도 최고로 발달한다. 고난이 신경에 저항력을 만들어줘 건강을 촉진한다는 것은 관찰을 통해 잘 알 수 있는 사실이다. 어릴 때부터 지적 훈련을 받으며 적당한 결핍을 견뎌내어 역경에 적응한 인간이 육체적으로나 정신적으로 얼마나 강한지를 우리는 잘 알고 있다.

역경이야말로 강인한
정신과 육체를 만들어 준다

그러나 궁핍으로 환경과 싸울 필요가 없더라도 인간은 충분히 발달할 수 있다는 사실을 알고 있다. 그러나 이런 사람들도 방법은 다르지만, 적응으로 만들어져 있다. 일반적으로 그들은 자신의 단련, 즉 일종의 고행을 완수하거나 타인에 의한 훈련을 통해 돈과 여유로부터 발생하는 유해한 영향으로부터 몸을 지키고 있다. 봉건영주의 아들들은 육체적으로도 정신적으로도 엄격한 훈련을 받아야 했다. 브르타뉴(Bretagne: 프랑스 북서부의 주)의 영웅 중의 한 사람인 베르트랑 드 게클랭(Bertrand du Guesclin, 1320~1380: 프랑스의 군인. 백년전쟁 전반기에 프랑스군을 이끌었다)은 매일 스스로 혹독한 기후에 몸을 맡기고 또래의 아이들과 싸움을 했다. 작은 체구에 기형의 몸을 가졌지만 뛰어난 인내력과 힘을 키워 지금까지도 전설적인 인물로 전해오고 있다. 미국이 발전을 시작한 초기에 철도를 건설하고, 대기업의 초석을 다지고, 서부에 문명을 전파한 사람들은 의지의 힘과 대담함으로 모든 장애와 싸워 이겼다. 오늘날 이 위대한 인물들의 자손 대부분은 일하지 않아도 될 만큼의 부를 거머쥐고 있다. 그들은 단 한 번도 환경과 싸운 적이 없다. 때문에 조상들이 가졌던 힘이 결여되어 있다. 유럽에서도 봉건시대의 귀족이나 19세기의 대자본가, 제조업자들의 자손 중에서 이런 현상이 벌어지고 있다.

'적응력'을 잃어버린
아이들의 미래

적응력의 퇴화가 인간의 발달에 있어 어떤 영향을 끼칠지는 아직 알려지지 않았다. 대도시에는 적응 활동이 영원히 멈춰버린 사람이 셀 수 없이 많다. 가끔은 이 현상의 결과가 또렷하게 드러나기도 한다. 특히 부자들의 아이들에게서 더욱 확실하다. 또한 부자들과 마찬가지 방법으로 자란 아이들도 같은 현상을 볼 수 있다. 이런 아이들은 태어났을 때부터 적응 기능이 축소될 수밖에 없는 환경에서 자라고 있는 것이다. 항상 따뜻한 방에 있고 외출을 할 때는 에스키모처럼 감싸 입는다. 음식은 배불리 먹고, 자고 싶은 만큼 자고, 아무런 책임도 없으며, 아무런 지적, 도덕적 노력을 하지 않은 채 재미있을 것 같은 것을 배우며 무엇과도 싸워 쟁취한 적이 없다. 그 결과는 너무나도 빤하다. 일반적으로 그들은 깔끔한 외모에 강하고 좋은 인상을 주지만 쉽게 피곤하고, 이기적이며, 지적인 예리함과 도덕관념, 정신의 저항력이 없다. 이런 결함은 조상으로 물려받은 것이 아니다. 이런 결함은 새로 이주해온 사람들뿐만이 아니라 미국의 산업을 일으킨 사람들의 자손 중에서도 엿볼 수 있다. 적응성과 같은 중요한 기능은 쓰지 않으면 반드시 보복을 당하게 된다는 것은 명백한 사실이다. 생존경쟁의 원칙을 제일 먼저 지켜야만 한다. 이 원칙의 존재를 망각한 사람과 민족은 육체와 정신의 퇴화라는 비싼 대가를 치러야만 한다.

최고로 발달하기 위해서는 몸의 조직 모두가 활동해야만 하며 적응기능의 쇠퇴는 반드시 인간의 가치 저하가 동반된다. 교육 과정에서 이런 기능을 항상 작동시키도록 해야만 한다. 그 어떤 것도 똑같이 유용하다. 근육은 더 이상 뇌만큼 중요하지 않다. 그것은 몸에 힘과 통일성을 부여하는 데 불과하다. 운동선수를 훈련시키는 대신에 현대인을 만들어 내야만 한다. 그리고 현대인은 근육보다 신경의 저항력, 지성, 도덕적 에너지를 필요로 한다. 이런 소질을 획득하기 위해서는 노력과 고투와 단련이 필요하다. 그리고 적응할 수 없는 생활 상태에 노출되어서도 안 된다. 끊임없는 흥분, 지력의 분산, 알코올 중독, 조숙하고 지나친 성욕, 소음, 대기오염, 첨가물이 들어간 식품 등에 적응하지 못한다는 것은 대단히 명백하다. 만약 이것이 사실이라면 파괴적 혁명이라는 의로운 행동을 치루더라도 생활양식과 환경을 바꿔야만 한다. 결국 문명의 목적은 과학과 기계의 진보에 있는 것이 아니라 인간의 진보에 있는 것이다.

적응기능을 행동에
어떻게 받아들일 것인가?

결론적으로 적응이란 모든 육체적, 정신적 활동의 한 존재 방식이다. 그 것은 실존물이 아니다. 그것은 개인의 생존이 지속할 수 있도록 온갖 활동이 자동으로 모여서 일어나는 것이다. 그것은 본질적으로 목적을 향해 작용한다. 적응 기능 덕분에 기관의 환경액은 일정하게 유지될 수 있으며, 몸은 통합을 유지하며 병으로부터 회복을 가능하게 한다. 인간의 조직은 피로하기 쉬우며 순간적임에도 불구하고 우리가 존속할 수 있는 것도 이와 같은 이유 때문이다. 적응은 영양과 마찬가지로 필요불가결한 것이다. 사실 그것은 영양 활동의 한 모습에 지나지 않는다. 그럼에도 불구하고 현대생활의 체제 속에서는 이렇게 중요한 기능에 아무런 고려도 이루어지지 않고 있다.

거의 완전히 쓰지 않게 되어 있다. 이렇듯 등한시한 탓에 육체와 정신의 퇴화가 발생하게 된 것이다.

이 활동의 양식은 인간의 완전한 발달에 필요한 것이다. 이것이 쇠락하면 영양 기능과 정신 기능의 위축이 일어난다. 왜냐하면 이 두 가지 기능과 적응 기능의 구별은 확실하지 않기 때문이다. 적응 작용에 의해 기관의 모든 기능이 생리적 시간의 리듬과 예측할 수 없는 환경의 변화에 따라 동시에 작용을 시작하게 된다. 환경의 그 어떤 변화에 대해서도 생리적, 정신적 작용의 모든 것이 대응한다. 기능적 조직의 이런 활동들은 인간이 외부 세계의 현실을 얼마나 직관적으로 이해하는지를 보여주는 것이다. 이 활동이 끝없이 인간에게 주어지는 물질적, 심리적 충격에 대하여 완충 작용을 한다. 그것은 인간의 존속을 가능하게 할 뿐만이 아니라 몸을 형성하고 진보시키는 요인이기도 하다. 이것은 매우 중요한 성질이다. 그것은 특정한 화학적, 물리적, 심리적 모든 요소에 의해 쉽게 변하는 성질로서 우리는 그것을 어떻게 다루어야 할지를 잘 알고 있다. 따라서 이 모든 요소를 도구로 이용하여 인간의 모든 활동을 발달시키는 데 유용하게 활용할 수 있다. 사실 적응 기능의 지식이 있다면 인간을 개혁하고 새롭게 만들어 낼 수 있을 것이다.

제7장
지적 개인의 확립

This life is worth living, we can say, since it is what we make it.

인생은 살만한 가치가 있다.

왜냐하면, 인생은 자신이 만드는 것이기 때문이다.

· William James(미국의 철학자, 심리학자) ·

'개인'이란
무엇인가?

우리가 흔히 말하는 '인간'이란 자연계 어디에서도 찾아볼 수가 없다. 단지 각 개인이 있을 뿐이다. '개인'은 구체적 사상(事象)이기 때문에 일반적인 '인간'과는 다르다. 개인은 행동하고, 사랑하고, 고뇌하고, 싸우고, 죽는 것이다. 그와 달리 일반적인 인간이란 마음의 중심이나 책의 중심에 존재하는 플라톤적인 개념이다. 그것은 생리학자, 심리학자, 사회학자의 연구에 의한 추상이론에 의해 구성되고 있다. 그 성질은 '보편적 성격'에 의해 드러난다. 오늘날 우리는 중세의 철학자들이 마음을 빼앗겼던 문제, 즉 일반개념의 실재에 관한 문제에 또다시 직면하고 있다. 안셀무스(Anselmus Cantuariensis, 1033~1109: 스콜라 철학의 아버지라 불리며, 실재론자)는 '보편적 성격'의 사상을 지키기 위해 아벨라르(Pierre Abelard, 1079~1142: 중세 프랑스의 논리학자, 유명론의 창시자)와 역사적 싸움을 계속하였으며, 8백 년이 지난 지금도 여전히 그 잔향이 남아 있다. 아벨라르는 패배했다. 그러나 안셀무스도 아벨라르도, 다시 말해 '보편적 성격'의 실재를 믿었던 실재론자도 그것을 믿지 않았던 명목론자도 모두 똑같이 옳았다.

실제로 우리는 보편과 개별, 일반적인 '인간'과 '개인' 모두가 필요하다. 인간의 마음은 추상개념 속에서만 활동할 수 있기 때문에 보편개념의 실재—즉, '유니버설(universal)'의 실재—가 없다면 과학은 성립하지 않는다. 플라톤도 마찬가지로 현대 과학자에게 있어서도 개념이야말로 유일한 진실이다. 이 추상적 진실로부터 구상(具象)물에 관한 지식을 끌어낼 수 있다. 보편개념의 도움으로 각각을 파악할 수 있다. 과학이 만들어 낸 인간의 추상개념에 의해 각 개인은 자신이 편리한 패턴을 선택할 수 있다. 치수에 맞춰 만들어지지 않았더라도 대략 개인에게 맞는다. 그리고 동시에 경험에 의해 구체적 사실을 고려함으로써 패턴, 즉 이데아, 다시 말해서 유니버설의 전개로의 발전이 발생한다. 이렇게 함으로써 추상개념은 더욱 풍성해진다. 다수의 개인을 연구함으로써 인간의 과학은 한층 발전된 완성이 가능하다. 플라톤이 생각했던 것처럼 '개념'은 아름다움이야말로 영원히 변하지 않지만, 인간의 마음이 경험적 사실이라는 멈추지 않는 흐름에 잠기게 되면 곧바로 활동하고 퍼져나간다.

우리가 사는

'현실과 상징의 세계'

우리는 두 개의 전혀 다른 세계에 살고 있다. 현실의 세계와 그것을 상징한 세계이다. 자신들에 관한 지식을 얻기 위해 우리는 관찰과 과학적 추상모두를 이용한다. 그러나 추상개념을 구체적인 것과 착각할 수도 있다. 그럴 경우에는 사실이 상징으로서 다뤄지거나 개인이 일반적인 인간으로 보이곤 한다. 교육자나 의사나 사회과학자가 범하는 과오 중에 대부분은 이런혼란에서 비롯된다. 과학자는 기계학, 화학, 물리학, 생리학의 기술에는 익숙해 있다. 하지만 철학과 지적인 교양은 부족하기 때문에 서로 다른 학문의 개념을 섞거나 보편적인 것과 개개의 것을 명확하게 구별하지 않는 경향이 있다. 그러나 인간에 관한 개념에 있어서는 일반적인 인간의 부분을 각개개인의 구분과 정확하게 구별하는 것이 중요하다.

교육, 의학, 사회학은 개인과 관계가 있다. 각 개인을 단순히 상징적으로, 다시 말해서 일반 인간으로 봤을 때는 파멸적인 과오를 범하게 된다. 개성은 사실 인간에게 있어서 본질적인 것이다. 개성은 단순히 생체의 한 국면이 아니라 우리의 모든 존재에 침투해 있다. 그리고 자기를 세계의 역사속에서 독자의 존재로 만들어 버린다. 개성은 육체와 정신의 전체, 그리고눈에 보이지 않지만, 이 전체를 구성하는 모든 부분에 각인되어 있다. 편의

상 각 개인을 하나의 전체로 보는 대신에 기관, 체액, 정신의 각 부분으로 나누어 생각하기로 하자.

조직과 체액이 가지는
'개성'에 대해

개개인은 얼굴, 행동, 걸음걸이, 지적, 도덕적 성격의 특성에 따라 쉽게
구별된다. 시간이 흐름에 따라 겉모습에는 많은 변화가 생겨난다. 훨씬 이
전에 베르티용(Berthillon, 1853~1914: 프랑스 인류학자. 범죄자의 신체적 특징을 기록
하고 정리하여 감정 방법을 확립했다)이 제시했던 것처럼 특정 골격의 크기를 통
해 외모가 변하더라도 상대를 식별할 수 있다. 지문 또한 지울 수 없는 특징
이다. 지문은 인간의 진정한 서명이다. 그러나 이런 피부상의 문양은 조직
의 개성 중 극히 일부에 지나지 않는다. 일반적으로 조직에는 형태학적인
특징이 또렷하게 드러나 있지 않다. 한 개인의 갑상샘, 간장, 피부 등의 세포
가 다른 사람의 것과 똑같아 보인다. 심장의 고동은 완벽하다고는 할 수 없

지만 모두가 거의 비슷하다. 기관의 구조와 기능에는 개성이 각인되어 있는 것처럼은 보이지 않는다. 그러나 그 특징은 좀 더 정밀한 검사를 통해 확실히 알 수 있다. 특정 종의 개는 매우 예리한 후각을 가지고 있어 군중 속에서 주인의 특유한 냄새를 구별할 수 있다. 이와 마찬가지로 개인의 조직도 자기 자신의 체액의 특징과 타인의 이질성을 느낄 수 있다.

조직의 개성은 다음과 같은 방법으로도 확실히 알 수 있다. 상처 표면에 환자 자신의 피부와 친구, 혹은 친척의 피부를 이식한다. 이삼일 지난 뒤에 환자 자신의 피부는 상처에 부착되면서 커지지만, 타인의 피부는 처지면서 오그라든다. 자신의 피부는 살아나으나 타인의 피부는 죽어버린다. 서로 거의 완벽에 가깝도록 닮은 조직을 교환할 수 있는 사람은 거의 없다.

몇 년 전 크리스티아니는 갑상샘에 결함이 있는 소녀에게 어머니의 갑상샘 일부를 이식했고, 소녀는 완쾌되었다. 그리고 10년 뒤에 소녀는 결혼하여 임신했다. 이식부분이 살아 있는 것뿐만이 아니라 크기도 커져 정상적인 갑상샘의 경우와 똑같아졌다. 이런 결과는 전례를 찾아볼 수 없다. 물론, 일란성 쌍둥이들 사이에서는 선(腺)의 이식은 성공할 수 있을 것이다. 그러나 원칙적으로 한 개인의 조직은 다른 사람의 조직을 받아들이기를 거부한다. 혈관의 봉합에 의해 혈액이 이식된 신장 속을 순환하게 되면 신장은 곧바로 소변을 배출한다. 처음에는 정상적으로 작동을 하지만 2, 3주가 지나면 알부민이 소변 속에서 검출된다. 그리고 신염(腎炎)과 같은 병으로 갑자기 신장의 위축이 일어난다. 그러나 만약 그 동물 자신의 기관을 이식한다면 기능을 영구적으로 회복할 수 있다. 체액은 분명히 어떤 검사로도 밝힐 수 없는 구성 요소의 차이를 타인의 조직 속에서 알아차리는 것이다. 세포는 주인의 특성을 알고 있다. 몸에 이런 특성이 있기 때문에 현재로서는 치유의 목적으로 이루어지고 있는 기관의 이식이 널리 확산되지 못하고 있다.

체액도 똑같은 특성이 있다. 이 특성은 어떤 사람의 혈청이 다른 사람의 적혈구에 미치는 영향에 의해 뚜렷하게 나타난다. 혈청의 영향에 의해 혈구는 자주 응집한다. 수혈 뒤에 깨닫게 되는 사고는 바로 이 현상 때문이다. 따라서 혈액 제공자의 혈구가 환자의 혈청에 의해 응집되지 않아야 하는 것이 절대 조건이다. 란트슈타이너(Karl Landsteiner, 1868. 6. 14~1943. 6. 26: 오스트리아의 병리학자. 사람의 혈액군(血液群)에 관한 연구를 시작하여 ABO식(式) 혈액형을 발견, 수혈 법을 확립했다)의 위대한 발견 덕분에 인간은 네 개의 혈액형으로 나누어졌고, 이 지식이 수혈을 성공시키는 기본이 되고 있다. 특정 혈액형의 사람의 혈청은 다른 혈액형의 혈청을 응집시킨다. 일반적인 헌혈자로 구성되어 있는 하나의 혈액형은 그 세포가 다른 어떤 혈액형의 혈청으로도 응집하지 않는다. 그 혈액이 누군가의 혈액과 섞이더라도 아무런 이상이 발생하지 않는다. 이런 특성은 평생 변하지 않는다. 그리고 부모에게서 자식에게 멘델의 법칙에 따라 유전된다. 또한 란트슈타이너는 특별한 혈청학의 기법을 통해 약 서른 개에 달하는 작은 그룹도 발견했다. 수혈할 때는 이 영향은 무시해도 좋다. 그러나 이것은 각각의 작은 그룹 사이에서 유사점과 차이점이 있다는 것을 보여주고 있다. 혈청에 의해 혈구가 응집되는 테스트는 매우 효과적이지만 아직 안전하지는 않다. 각각의 혈액형 사이의 관계를 밝힌 데 지나지 않는다. 어떤 사람을 같은 혈액형의 다른 사람과 구별하는 훨씬 미묘한 특성은 명확하게 밝혀지지 않았다.

완전히 똑같은 '화학 구성'을 가진
사람은 존재하지 않는다

각 동물 특유의 특성은 기관의 이식 결과보다 명백해진다. 그것을 쉽게 찾아내는 방법은 없다. 어떤 사람의 혈청을 같은 혈액형에 속한 다른 사람의 혈관에 반복해서 주사하더라도 아무런 반응도 일어나지 않고, 측정이 가능할 만큼의 항체도 생기지 않는다. 그래서 환자는 아무런 위험 없이 연속적으로 수혈을 받을 수 있는 것이다. 그의 체액은 헌혈자의 혈청에도 혈구에도 아무런 반응을 일으키지 않는다. 그러나 기관 이식의 성공을 방해하는 각 개인의 서로 다른 특성은 충분히 정밀한 검사를 한다면 아마도 명백히 밝힐 수 있을 것이다. 조직과 체액의 특성은 단백질과 란트슈타이너가 합텐 (hapten)이라 부른 화학적 집단에 의한 것이다. 합텐은 탄수화물과 지방질이다. 동물의 체내에 주사했을 때 합텐이 단백질과 결합한 결과 생성되는 화합물에 의해 혈청 속에서 특히 합텐에 저항하는 항체가 생기게 된다. 개개인의 특성은 합텐과 단백질에 의해 생성된 커다란 분자의 내부 구조에 의한 것이다. 동일 민족 중에서 각각의 개인 끼리는 서로 다른 민족보다 유사성이 높다. 단백질과 탄수화물의 분자는 다수의 원자 집단으로 이루어져 있다. 이런 집단의 결합 가능성은 무한에 가깝다. 지구상에 사는 인간의 집단 중에서 완전히 똑같은 화학적 구성을 하는 사람은 아마 절대 없을 것이다. 조직이 가지는 개성은 세포와 체액을 구성하고 있는 분자와 결합하여 있기 때문에 그 결합의 상태는 아직 알려지지 않았다. 우리의 개성은 자기 자신의 가장 깊숙한 곳에 그 근거가 있다.

세포와 체액에도
'기억력' 이 있다

개성은 몸의 온갖 구성 부분에 각인되어 있다. 체액과 세포의 화학적 구성뿐만이 아니라 생리작용에서도 마찬가지다. 누구나 외부 세계의 사물(소리, 위험, 음식, 추위. 미생물과 바이러스의 공격 등)에 대하여 자기 나름대로 반응을 한다. 순수 혈통의 동물에게 이질의 단백질이나 박테리아가 들어 있는 액체를 각각 같은 양으로 주사한다고 하더라도 똑같은 반응을 하지는 않는다. 전혀 반응하지 않는 경우도 드물게 있다. 전염병이 창궐했을 때 인간은 각각의 개성에 따라 반응한다. 어떤 사람은 병들어 죽고, 어떤 사람은 병이 들지만 회복을 한다. 또 어떤 사람은 전혀 병에 걸리지 않고, 어떤 사람은 약간의 영향을 받지만 특별한 증상을 보이지 않는다. 개개인은 전염 요인에 여러 적응 방식을 보여준다. 리셰(Charles Robert Richet, 1850. 8. 26~1935. 12. 4: 프랑스의 생리학자. 신경·호흡·근육 등의 생리와 간의 기능, 혈청요법 등에 관한 연구를 했다. 세균을 주사하면 면역이 생기는 것을 확인하고 처음으로 혈청요법을 시작했다)가 말했던 것처럼 정신적 개성과 마찬가지로 체액에도 개성이 있는 것이다.

생리적 존속에도 개성의 각인이 새겨져 있다. 그 가치가 사람에 따라 다른 것은 이미 알고 있는 사실이다. 게다가 평생 일정하지가 않다. 모든 사건은 체내에 기록되어 나이를 먹을수록 기관과 체액의 개성은 점점 더 또렷해진다. 그리고 내면의 세계에서 일어나는 모든 것에 의해 한층 더 풍성해진다. 왜냐하면 정신과 마찬가지로 세포와 체액도 기억하는 힘을 가지고 있기 때문이다. 육체는 병에 걸릴 때나, 혈청주사나 백신 주사를 맞을 때, 박테리아나 바이러스 등 이질의 화학물질이 조직에 침입할 때 영구적인 변화를 일으킨다. 이런 현상에 의해 체내에 알레르기 상태 즉, 반응 방식이 변화한 상태가 발생한다. 이렇게 해서 조직과 체액은 점점 더 개성이 강해진다. 노인들끼리는 아이들보다 서로 간에 훨씬 차이가 있다. 개개인의 경력은 각각 다른 누구와도 다른 것이다.

'개성의 풍요'에
대해

개성의 정신면, 구조면, 체액면에서 어떻게 융합되는지는 확실하지가 않다. 이것들은 심리적 활동과 뇌의 기능과 기관의 작용 사이에 있는 것과 마찬가지 관계를 상호 유지하고 있다. 그로 인해 개인의 독자성이 가능해지는 것이다. 그리고 그로 인해 인간은 자기 자신일 수 있고 다른 어느 누구와도 다르다. 일란성 쌍둥이는 같은 난자에서 발생하여 같은 유전적 소질을 가지고 있다. 그러나 전혀 다른 두 명의 인간이다. 개성의 특색은 체액보다도 정신면에서 한층 미묘하게 드러난다. 인간은 누구나 모두 심리적 활동의 수와 질과 격렬함에 의해 누구인지가 결정된다. 완전히 똑같은 정신을 가진 사람은 한 사람도 없다. 정신이 지나치게 발달한 사람들은 실제로는 서로 많이 닮아 있다. 개성이 풍성할수록 개인 간의 차이도 커지게 된다. 하나의 인간 속에서 정신 활동이 모든 면에서 동시에 발달하는 경우는 극히 드물다. 대부분의 사람은 어떤 면은 약하거나 부족하다. 또한 강약의 차이뿐만이 아니라 질적으로도 많은 차이가 있다. 게다가 그 조합의 가능성도 무수히 많다. 한 개인의 소질을 분석하는 것은 대단히 어려운 일이다. 정신적 개성은 매우 복잡한 데다가 심리 테스트는 불완전하기 때문에 정확하게 개개인을 분류하는 것은 불가능하다. 그러나 개인의 지적, 감정적, 도덕적, 미적, 종교적 특성과 이러한 특성의 조합, 더 나아가서 온갖 종류의 생리적 활동과의 관계에 의해 몇몇 형태로 분류가 가능하다. 또한 심리적 활동과 형태학적 타입 사이에도 어떤 확실한 관계가 있다. 각 개인의 육체적인 환경은 그 조직, 체액, 정신의 체질을 보여주고 있다. 타입이 매우 확실한 사람들을 양극으로 그 중간에 있는 사람도 많다. 따라서 셀 수 없이 많을 정도의 분류가 가능하다. 따라서 그러한 분류는 거의 가치가 없다.

인간에게는
지적(知的), 정적(情的), 의지적(意志的)의 세 가지 타입이 있다

인간은 지적 타입과 정적 타입과 의지적 타입으로 나눌 수 있다. 각각의 타입에는 우물쭈물 형, 소음 형, 충동 형, 지리멸렬 형, 허약 형, 분산 형, 불안정 형, 숙고 형, 자제 형, 정직 형, 상식 형 등이 있다. 지적 타입 속에 몇몇 확실한 그룹을 확인할 수 있다. 그 하나는 정신의 범위가 넓은 타입으로 아이디어가 풍부하여 흡수하고, 조정하여 대단히 다양한 지식으로 정리한다. 반대로 정신의 폭이 좁아 전체적으로 폭넓게 파악하지 못하지만 특정 문제의 섬세한 부분을 완전히 습득하는 타입이다. 지성은 크게 통합할 수 있는 타입보다는 정확하고 분석적인 타입이 많다. 또한 논리 형과 직관 형의 그룹도 있다. 위대한 사람은 후자에 속한다. 지적 타입과 정적 타입이 혼합된 사람도 많다. 지적인 사람이 감정적이고, 정열적이고, 극단적이거나 혹은 겁이 많고, 우유부단하고, 나약하기도 하다. 그런 중에 예외적으로 신비적인 타입도 있다. 도덕적, 미적, 종교적 경향의 특징에 따라 구분된 그룹 중에서도 마찬가지로 조합에 의해 실제로 온갖 타입이 있다. 이런 분류는 인간의 타입이 얼마나 변화무쌍한지를 명백하게 보여주고 있다(조르주 뒤마 〈Georges Dumas, 1866~1946: 프랑스의 심리학자 · 정신과 의사. 파리 대학 의학부에서 정신과 교수를 지냈다〉의 『심리학 개론』). 심리학적으로 개성을 연구한다는 것은, 만약 화학의 원소 수가 무수히 많다면 화학 연구가 별 도움이 되지 않는 것처럼 아무런 도움이 되지 않는다.

개개인은 독자적 존재라는 것을 의식하고 있다. 이런 독자성은 실제로 존재한다. 그러나 그 개성화의 정도에는 차이가 있다. 어떤 성격은 대단히 풍요로우면서 완고하다. 어떤 사람은 나약하여 환경과 상황에 따라 쉽게 변한다. 단, 성격이 나약해졌을 뿐인 사람과 정신 이상자 사이에는 여러 중간적 상태가 있다. 특정 노이로제 때문에 고민하는 사람들은 자신의 인격이 분해되고 있다는 것을 느끼고 있다. 또한 정말로 인격을 파괴해 버리는 병도 있다. 기면(嗜眠)성 뇌염은 뇌장애를 일으키고 그로 인해 환자에게 심각한 변화를 가져다준다. 조발(早發)성 치매와 전신 마비도 그와 마찬가지다. 다른 병에서 심리적 변화는 단순히 일시적인 것에 지나지 않는다. 히스테리는 이중인격자로 만들어 버린다. 그 환자는 마치 서로 다른 두 사람이 되는 것처럼 보인다. 이러한 두 인격은 서로 상대의 생각이나 행동을 무시한다. 그와 마찬가지로 최면 상태인 사람은 자신의 정체를 바꾼다. 만약 다른 인간이라고 암시를 걸면 마치 그 사람인 것처럼 행동하고 느낀다. 이렇듯 이중인격이 되는 사람 외에도 자신의 인격을 불완전하게 분리하는 사람도 있다. 이 분야에는 수많은 타입의 신경증 환자, 무의식중에 글을 쓰는 사람, 수많은 영매, 그리고 현대 사회에서 많이 나타나는 변태적이고 의지박약, 정신이 불안정한 사람이 포함된다.

인생은 자기의 적성, 잠재능력을
이끌어내는 방법에 의해 결정된다

지금도 여전히 심리 면에서 본 개성을 완벽하게 조사하고 그 구성요소를 측정하는 것은 불가능하다. 또한 정확하게 그 본성을 결정하여 한 개인이 다른 사람과 어떻게 다른지를 결정할 수도 없다. 여전히 특정 인간의 기본적 성격을 파악하는 것조차 불가능한 것이다. 하물며 그 잠재적 가능성에 대해서는 더더욱 발견이 불가능하다. 그러나 청년은 각각 그 적성과 자기 독자의 정신적, 생리적 활동에 의존하여 자신이 속해 있는 사회적 그룹에 들어가야 한다. 그러나 자기 자신을 알지 못하기 때문에 그렇게 하지 못한다. 부모도 교육자도 그 청년에 대해 당사자와 마찬가지로 무지하다. 아이들 각자의 성격을 어떻게 파악해야 좋을지 모른다. 그래서 아이들을 규격화시키려고 노력하고 있다. 현대 기업의 방법은 근로자의 개성에는 아무런 배려를 하고 있지 않다. 모든 인간은 각각 서로 다르다는 것을 간과해서는 안 된다. 대부분의 사람은 자신의 적성에 대해 알지 못한다. 그러나 누구나 아무 일이든 가능한 것이 아니다. 자신의 성격에 따라 각 개인에게는 적응하기 쉬운 타입의 일과 생활 양식이 있다. 성공과 행복은 자신이 환경에 맞는지에 달려 있다. 열쇠가 자물통에 딱 맞듯이 인간도 자신의 사회적 그룹에 적응해야만 한다. 부모도 교사도 제일 먼저 아이들 각각의 소질과 잠재적 가능성을 알기 위해 노력해야 한다. 불행하게도 심리학이라고 하는 과학은 별 도움이 되지 못한다. 경험이 부족한 심리학자에 의해 아이들과 학생들에게 행해지고 있는 테스트는 별 의미가 없다. 심리학을 잘 모르는 사람들은 신뢰하기도 하지만 그것은 착각이다. 실제로는 그렇게 큰 비중을 두어서는 안 된다. 심리학은 아직 과학이 아니다. 현재는 개성이라는 잠재적 가능성을 측정하지 못한다. 그러나 인간에 대한 연구에 숙달된 현명한 관찰자는 때로 한 개인의 현재 특성 속에서 그의 장래를 엿볼 수도 있다.

의학과 '개성'에
대해

병은 실체가 있는 것이 아니다. 우리는 사람이 폐렴, 매독, 당뇨병, 장티푸스 등으로 고생하는 모습을 볼 수 있다. 그리고 마음속으로 어떤 보편적 성격, 혹은 추상적 개념을 떠올리면서 그것을 병이라 부른다. 병이란 몸이 어떤 병인(病因)으로부터 적응하는 모습이거나 그 병인에 의해 몸이 저항을 못 한 채로 파괴되는 모습이다. 적응과 파괴가 환자라는 형태를 띠며 내면적 시간의 리듬을 형성한다. 노년기보다 청년기가 퇴행변질성 병에 의한 육체의 파괴는 훨씬 빠르게 진행된다. 육체는 모든 적으로부터 독특한 태도로 대응한다. 어떻게 대응할지는 조직이 가진 선천적 성질에 달려 있다. 예를 들어 협심증은 심한 고통을 동반하며 발생한다. 심장을 칼날로 도려내는 듯이 고통스럽다. 그러나 통증의 강도는 개인의 감수성에 따라 차이가 있다. 환자가 별로 민감하지 않다면 병은 다른 형태를 띠게 된다. 그리고 아무런 전조도 없고, 통증도 없이 희생자를 죽게 한다. 장티푸스는 잘 알려진 바와 같이 고열, 두통, 설사, 몸 전체의 기능 저하를 동반한다. 이것은 중병으로 장기간의 입원이 필요하다. 그러나 사람에 따라서는 이 병에 걸려도 평소처럼 일상생활이 가능하다. 인플루엔자, 디프테리아, 황열(黃熱)병 등의 전염병에 있어서도 어떤 환자는 약간의 열에 기분이 조금 좋지 않은 정도로 끝난다. 증상은 거의 없지만 병에는 걸린 것이다. 감염에 대한 이런 반응은 조직이 선천적으로 가지고 있는 저항력에 달려 있다. 몸을 미생물과 바이러스로부터 지켜내는 적응기능이 개인에 따라 차이가 있다는 것도 잘 알려진 사실이다. 암처럼 몸이 저항할 수 없는 경우에는 몸 스스로가 가진 소질에 의한 리듬과 반응 방법에 따라 파괴되어 간다. 젊은 여성의 유방암은 급속한 죽음으로 이어진다. 그와 달리 노령으로 갈수록 몸의 노화와 비슷한 정도로 천천히 진행이 된다. 병은 개인적인 현상이자 개인 그 자체에 의해 성립된다. 따라서 그 수는 환자의 수만큼 있는 것이다.

그러나 단순히 무수히 많은 개개의 관찰 자료만을 모으는 것만으로는 의학이라는 과학을 확립할 수 없을 것이다. 추상화의 도움으로 사실을 분류하고 단순화시켜야만 한다. 이렇게 해서 병이 생겨나고 의학 논문이 쓰이게 되었다. 하나의 과학이 탄생했다. 그것은 조잡하게 기술된 것이며 초보적이고 불완전한 것이기는 하지만, 편리하고 완전해질 가능성이 무한하며 가르치기 쉽다. 그리고 불행하게도 우리는 이 결과에 만족하고 말았다. 병리학적 실체에 대해 논하는 모든 논문은 환자를 진찰하는 입장에서는 절대로 없어서는 안 될 지식 중에 극히 일부만을 포함하고 있다는 것을 이해하지 못했던 것이다. 의학의 지식은 '병의 과학' 이상의 것이어야만 한다. 의사는 의학서에 적혀 있는 환자와 자신이 치료해야 할 실제 환자, 즉 진찰하는 데 그치는 것이 아니라 제일 먼저 안심을 시키고, 격려하고, 회복시켜야 할 환자를 명확하게 구별해야만 한다. 의사의 역할은 그 환자 자신의 특성, 병인(病因)에 대한 저항력, 고통에 대한 감수성, 육체 생활의 가치, 과거와 미래를 찾아내는 것이다. 특정한 개인의 병에 대한 결과는 가능성을 계산함으로써가 아니라 그 개인의 기관과 체액과 심리적 특성을 정확하게 분석하여 예측해야만 한다. 실제로 의학이 병에 대한 연구에만 몰두하고 있다면 그것은 의학 자체가 절름발이 상태가 되는 것이다.

의사의 사명과 '개체(個體)의 과학' 확립

많은 의사가 여전히 추상적 개념만을 추구하는 데 집착하고 있다. 그러나 환자에 관한 지식은 그 환자의 병에 대한 지식과 마찬가지로 똑같이 중요하다고 믿고 있는 의사도 있다. 전자는 상징의 영역에 머무르기를 바라고, 후자는 구체적인 것을 파악할 필요성을 느끼고 있다. 오늘날 실존론자와 명목론자의 오래된 싸움이 의학 학파 간에 재연되고 있다. 과학으로서의 의학은 상아탑에 자리를 잡은 채로 중세 교회들이 했던 것처럼 보편적 성격은 실재한다는 생각을 고수하고 있다. 그리고 아벨라르와 같이 보편적 성격과 병은 마음이 만들어 낸 것이고 실재하는 것은 환자뿐이라고 생각하는 명목론자들을 무시하고 있다. 실제로 의사란 실존론과 명목론 둘 다여야 한다. 병뿐만이 아니라 환자도 연구해야 한다. 의학이 일반인에게 불신감을 안겨주어 치료 방법이 효과가 없거나 비웃음을 사는 것은 아마도 의료과학을 확립하는 데 있어서 불가피한 부호와 치료하여 고쳐주어야 할 구체적인 환자를 혼동하기 때문일 것이다. 의사가 만족스러운 성공을 하지 못하는 것은 그들이 비현실적인 세상에 살고 있기 때문이다. 다시 말해서 의사는 자신의 환자가 아니라 의학 논문 속에 적혀 있는 환자를 보고 있다. 보편적 개념의 실재를 믿어버린 희생자이다. 게다가 원칙과 수단, 과학과 기술도 혼동하고 있다. 그들은 개인이란 하나의 전체이며 적응 기능은 생체 전체의 모든 계통에 파급되어 있는 것이며, 해부학적 구분은 인위적인 것에 지나지 않는다는 것을 충분히 인식하지 못하고 있다. 의사에게 있어 육체를 부분적으로 나누는 것은 아주 편리했다. 그러나 환자에게 있어서는 위험한 데다 비용까지 들어야 하므로 결국 의사에게도 불이익을 초래한다.

의학은 인간의 본질, 통합성, 독자성을 고려해야만 한다. 목적은 단 한 가지, 환자의 고통을 덜어주고 회복시키는 것에 있다. 사실 의사는 과학의 정신과 과학의 방법을 활용해야 한다. 병을 인식하고 반드시 치료해야만 하며, 예방이 가능하다면 더욱 좋을 것이다. 의학은 정신의 훈련이 아니다. 의학 자체를 위해 의학의 길을 걷거나 의학에 종사하는 사람들의 이익을 위해서라면 정당한 동기라고 할 수 없다. 그 노력의 목적은 응당 환자의 치료에 있어야 한다. 그러나 의학은 인간이 하는 모든 일 중에서 가장 어려운 일이다. 다른 어떤 과학도 의학과는 견줄 수가 없다. 의학 교수는 다른 교사들과는 다르다. 그들의 동료들이 연구하는 해부학, 생리학, 화학, 병리학, 약학 등의 분야는 한정되어 있고 명확하게 정의되어 있지만, 의학 교수는 모든 전반적 지식을 가지고 있어야만 한다. 게다가 올바른 판단력과 강한 체력전 내구력과 끊임없는 활동성이 요구된다. 실험실의 연구자보다도 우수한 자질이 필요하다. 과학자와는 매우 다른 업무가 주어져 있다. 과학자는 상징의 세계에만 몰두하고 있다. 그와 달리 의사는 구체적인 현실과 과학적인 추상 모두에 직면해야만 한다. 의사의 정신은 현상과 그 상징을 동시에 파악하고 기관과 정신의 내부를 연구하여 각각의 환자마다 서로 다른 세계로 들어가야만 한다. 그리고 개인에 대한 과학을 확립해야 한다는 불가능을 실현시키기를 강요한다. 물론 마치 기성복을 체격이 다른 사람들에게 맞추려 하는 것처럼 의사도 각각의 환자에게 구별 없이 과학지식을 적용하는 편법을 이용할지도 모른다. 그러나 각각의 환자 특유의 특성을 찾아내지 않는 한 진정으로 의무를 다했다고는 할 수 없다. 의사의 성공 여부는 지식뿐만이 아니라 각각의 서로 다른 개체로서의 독자적 특성을 얼마나 잘 파악할 수 있는지에 달린 것이다.

인간의 독자성을
만들어 내는 것

개인의 독자성에는 두 가지 기원이 있다. 그것은 그 사람이 발생한 난자의 소질과 발육과 성장 과정이 바로 그것이다. 수정되기 전에 난자가 어떤 식으로 핵의 절반, 각 염색체의 절반을 방출하는지에 대해서는 앞서 말한 바와 같다. 쉽게 말해서 그것들은 유전적 요인인 유전자의 절반이며 염색체에 따라 한 줄로 늘어서 있다. 우리는 어떻게 해서 정자의 염색체 절반을 잃은 뒤에 머리 부분이 난자에 침입하는지, 또 어떻게 해서 여러 성격과 경향을 갖춘 육체가 수정된 난핵 내부에서 남성 염색체와 여성 염색체의 결합한 형태로 탄생을 하게 되는지를 알고 있다. 이 시기의 개인은 단순히 잠재적인 상태로 존재하는 것에 불과하다. 그것은 부모의 눈에 보이는 특성에 의한 우성인자를 포함한다. 또한 부모에게서는 평생 감춰져 있던 열성인자도 포함한다. 새로운 개체의 염색체 중에서 상대적인 지위에 의해 열성인자가 그 활동을 시작하거나, 우성인자에 의해 그 효력이 사라지기도 한다. 이런 관계는 유전학에서 '유전의 법칙'이라고 설명하고 있다. 그것은 단순히 각 개인의 선천적 특성의 기원을 나타내고 있는 것에 지나지 않는다. 이런 특성은 단순히 경향이나 잠재적 가능성이라고 불리는 것일 수도 있다. 수정란, 태아, 어린이, 그리고 청년으로 성장하는 과정에서 그 개인이 경험한 상황에 따라 이런 경향이 드러나거나 감춰진 채로 잠재되어 있다. 개인의 생활사는 그 사람이 난자였을 때에 소질을 구성하는 유전인자의 성격과 배열이 독자적이었던 것과 마찬가지로 독자적인 것이다. 인간의 독자성은 이처럼 유전과 발달의 쌍방에 의한 것이다.

인간을 만드는
'교육'과 '유전'

이제 우리는 개체의 성격이 이 두 가지 원천으로부터 생겨난다는 것을 알았다. 그러나 개성을 형성하기 위해서는 각 부분이 어떤 역할을 하고 있는지를 알아야만 한다. 유전이 발달보다도 중요한 것일까, 아니면 그 반대일까? 왓슨(John Brodus Watson, 1878~1958: 미국의 심리학자. 아동발달에 관한 연구에 공헌하였고, 행동주의적 심리학을 제창했음)과 행동주의 심리학자는 교육과 환경에 따라 인간을 원하는 형태로 만들 수 있다고 선언했다. 교육이 모든 것을 좌우하고, 유전 등은 아무런 영향을 미치지 않는다는 주장이다. 여기에 반대를 한 유전학자들은 인간이 과거로부터의 운명으로서 유전적 요소를 타고 나기 때문에 민족을 구제하기 위해서는 교육이 아니라 우성(優性)학이 우선이라고 믿었다. 두 학파 모두 이런 문제는 논쟁이 아니라 관찰과 실험에 의해서만 해결할 수 있다는 사실을 망각하고 있다.

관찰과 실험의 결과 유전과 발달의 역할은 각 개인에 따라 차이가 있으며 일반적으로는 각각의 가치를 결정할 수 없다는 사실을 알게 되었다. 그러나 같은 부모에게서 태어나 함께 자란 아이라 할지라도 체격과 신장, 신경적 소질, 지적 능력, 도덕성 등에는 현저한 차이가 있다. 이 차이는 분명 조상들에게 그 기원이 있는 것이다. 동물의 경우에도 마찬가지다. 아직 젖을 떼지 못한 양치기 개의 새끼들의 예를 들어보기로 하자. 10마리 정도의 강아지들은 각각 서도 다른 성격을 보여준다. 갑작스러운 소리, 예를 들어 총소리 등에 어떤 녀석은 땅바닥에 웅크리고, 또 어떤 녀석은 작은 발로 일어서며, 또 어떤 녀석은 소리 나는 곳을 향하는 등의 반응을 보인다. 어떤 녀석은 가장 젖이 잘 나오는 젖꼭지를 점유하고, 어떤 녀석은 구석으로 밀려난다. 어떤 녀석은 어미에게서 떨어져서 개집 주변을 살피지만, 또 어떤 녀석은 어미에게서 절대 떨어지려 하지 않는다. 만지면 짖는 녀석이 있는가 하면 가만히 있는 녀석도 있다. 같은 상태에서 함께 자란 동물이 성장했을 때 그 성격의 대부분은 발달에 의해 변화하지 않는다는 것을 확인할 수 있다. 겁이 많고 소심한 개는 평생 그대로 자란다. 대담하고 민첩한 개는 성장하면서 가끔은 그 성질을 잃는 경우도 있지만, 대부분은 점점 더 대담하고 민첩해진다.

조상으로부터 물려받은 성질 중에서 어떤 것은 이용되지 않고 어떤 것은 발달한다. 같은 난자에서 태어난 쌍둥이는 선천적으로 성격은 같다. 따라서 처음에는 일란성 쌍둥이의 성질은 거의 같다. 그러나 만약 태어나자마자 다른 나라, 다른 방법으로 자라게 되면 동일성을 잃게 된다. 18년이나 20년 뒤에 그들은 또렷한 차이를 보이지만 또한 유사성도 있는데, 특히 지적 관점에서는 더더욱 그 현상이 뚜렷하다. 이것을 통해 다른 환경에서 자라면 소질이 같더라도 같은 특성을 띤다고는 단정할 수 없다는 것을 알 수 있다. 또한 환경은 다르더라도 소질의 동일성은 사라지지 않는다는 것도 확실하다. 발달이 이루어지는 상황에 따라서 잠재적 가능성의 일부가 현실화되는 것이다. 그리고 근원은 같더라도 두 사람이 서로 차이가 생기게 되는 것이다.

유전적 요소는 개인에게
어떤 영향을 끼칠까?

    조상에게 그 기원을 찾을 수 있는 미량의 핵물질인 이 유전 요인들은 개체의 형성에, 육체와 정신을 완성하는 데 어떤 영향을 끼치는 것일까? 개체의 소질은 얼마나 난자의 소질에 의존하고 있는 걸까? 수많은 관찰과 경험에 의하면 개성의 특정 부분은 이미 난자에서 드러나 있고, 또 어떤 것은 잠재된 채로 남아 있다. 이렇게 유전자는 숙명적으로 발달하여 반드시 개체의 소질을 띠게 되는 강제적 방법에 의해, 혹은 발달 상태에 따라 현실로 드러날 수도 있고 잠재된 성향이라는 형태로 영향을 끼치는 것이다. 성별은 부모의 세포가 결합한 시점에서 반드시 정해진다. 미래에 남성이 될 난자는 여성이 될 난자보다 염색체가 하나 적거나 하나의 염색체가 위축되어 있다. 이렇게 남성의 모든 세포는 여성의 몸과는 차이가 있다.

    지적장애, 정신이상, 혈우병, 농아(聾啞) 등은 유전적인 결함에 의한 것이라는 것은 이미 잘 알려진 사실이다. 암, 고혈압, 결핵 등과 같은 특정한 병 또한 부모로부터 자식에게 유전되지만, 그것은 병에 걸리기 쉬운 경향일 뿐이다. 발달 조건에 따라서 이런 유전적 요인은 나타나기도 하고 막을 수도 있다. 강인함, 기민함, 의지력, 지성, 판단력 등도 마찬가지다. 각 개인의 가치는 유전적 소질에 의해 많은 것이 결정되지만, 인간은 순수 혈통이 아니기 때문에 결혼을 통해 태어날 아이의 소질을 예측하는 것은 불가능하다. 단, 우수한 가계에서 태어난 아이는 열악한 가계에서 태어난 아이보다 우수한 경우가 많다는 것은 잘 알려진 사실이다. 핵결합의 우연성으로 인해 위대한 인물의 자손에게서도 평범한 아이가 태어나기도 하고, 열악한 가계에서도 위대한 인물이 탄생하곤 한다. 우수해지는 경향은 마치 정신이상처럼 손을 쓸 수 없는 것이 아니다. 우생학(優生學)은 발달과 교육적 면에서의 특정한 상황에 국한된 것이기는 하지만 우수한 타입을 탄생시키는 데 성공을 했다. 그러나 이것은 결코 마법의 힘이 아니기 때문에 다른 요인들의 도움이 없다면 인간의 개선은 불가능하다.

'지적 성장'의
메커니즘에 대해

멘델의 법칙과 다른 모든 법칙에 따른 유전적 성향에 의해 각 개인의 발달은 독자적 양상을 띤다. 그 성향을 드러내기 위해서는 당연히 환경의 도움이 필요하다. 육체와 정신의 잠재적 가능성은 환경이 가지는 화학적, 물리적, 생리적, 정신적 요인을 통해서만 실현된다. 일반적으로 유전된 것과 후천적으로 취득한 것을 구별하는 일은 불가능하다. 예를 들어 눈과 머리의 색, 근시, 지적장애 등은 분명히 유전적 요소에 의한 것이다. 그러나 그 밖의 많은 특성은 환경이 육체와 정신에 미치는 영향에 의한 것이다. 인간의 성장은 환경에 의해 서로 다른 방향으로 향하고 있다. 그리고 선천적인 소질이 드러나거나 잠재된 상태이거나 한다. 유전에 의한 경향이 성장하는 과정의 환경에 의해 크게 변한다는 것은 명백한 사실이다. 그러나 각 개인은 자기 자신의 법칙에 따라, 혹은 자신의 조직 독자의 소질에 따라 성장한다는 것도 인식해야만 한다. 게다가 선천적 경향의 강인함, 그것을 실현하는 능력에도 차이가 있다. 어떤 개인의 숙명은 정해져 있으며 바꿀 수가 없다. 또 어떤 사람은 약간의 발달 조건에 의존한다.

아이들의 유전적 성향이 교육과 생활양식과 사회 환경에 의해 얼마나 영향을 받는지를 예측하기란 불가능하다. 인간 조직의 유전적 구조는 여전히 신비에 싸여 있다. 우리는 발생의 원천인 난자에 어떻게 해서 부모, 조부모, 증조부모의 유전자가 배합되는지 모르고 있다. 또한 먼 옛날 조상들의 핵 분자까지 섞여 있는지도 알지 못한다. 그리고 유전자 그 자체가 자연적으로 변화하여 뭔가 의외의 소질이 드러날 수 있는지도 모른다. 수세대에 걸쳐 조상들의 성향을 알고 있는 아이가 때로는 전혀 새롭고 상상조차 할 수 없었던 측면을 드러내기도 한다. 그러나 어떤 개인이 특정 환경 아래에서 드러낼 것으로 예측한 결과는 어느 정도 가능하다. 숙달된 관찰자는 강아지의 경우처럼 아이가 아주 어릴 때 성장해 가는 소질의 의미를 파악할 수 있다. 성장의 조건을 아무리 바꾸더라도 소심하고, 무감동에 주의력 산만, 겁이 많은 아이를 정력적인 남자, 호탕한 지도자로 바뀌지는 못한다. 활력, 상상력, 대담성이 모두 환경을 통해 전해줄 수 있는 것이 아니며, 또한 환경으로 억제할 수 있는 것도 아니다. 성장 환경은 단순히 유전적 소질의 범위 내에서만, 다시 말해서 육체와 정신의 내재된 소질 안에서만 효과가 있다. 그러나 우리에게는 결코 정확하게 이 소질에 대해서는 모르고 있다. 때문에 좋은 방향으로 해석하고 그것을 따라 행동해야 할 것이다. 개인은 문제가 되는 재능이 없다는 것이 증명될 때까지 잠재되어 있을 수도 있는 재능을 살리기 위해 교육을 받는 것이 중요하다.

'환경'을 살리고 죽이는 것은
개인의 삶의 방식에 달렸다

환경의 화학적, 생리학적, 심리학적 요인은 선천적 성향의 발달을 조장하거나 방해한다. 실제로 이런 성향들은 특정한 육체적 형태에 의해서만 드러난다. 만약 골격을 형성하는 데 있어 꼭 필요한 칼슘과 인, 혹은 연골이 뼈를 형성하는 데 필요로 하는 비타민류와 선(腺)의 내분비물을 얻을 수 없다면 손발은 기형이 되고 골반은 좁아지게 된다. 어떤 여성이 많은 아이를 낳았고 그중에는 새로운 링컨이나 새로운 파스퇴르의 운명을 가진 아이가 있을 수도 있다. 그 가능성이 수많은 사고에 의해 막혀 실현되지 못할 수도 있다. 특정 비타민의 부족과 전염병에 의해 고환과 다른 선(腺)의 위축이 일어나서 조상의 소질에 의해 국가 지도자가 될지도 몰랐던 인물이 성장의 방해를 받게 될지도 모른다. 환경의 물리적, 화학적 상태는 모두 잠재적 가능성의 실현에 대하여 영향을 끼치는 힘이 있다. 그 힘은 개인의 육체적 정신적 측면을 형성하는 데 많은 영향을 끼치고 있다.

 심리학적 모든 요인은 더욱 강하게 개인에게 영향을 끼친다. 그것은 인간의 지적인 면과 도덕적인 면을 형성한다. 그리고 정신을 단련하거나 엉망으로 만들기도 한다. 또한 태만하거나 자신과 싸워 이기기도 한다. 순환 기능과 선(腺)의 기능을 변화시켜 몸의 활동과 체질을 바꾸기도 한다. 정신과 생리적 요구를 제어하는 것은 인간의 정신적 태도뿐만이 아니라 기관과 체액의 구성에도 확실한 효과를 끼친다. 환경이 가져다주는 정신적 영향이 어느 정도 유전에 의한 성향을 촉진시키거나 혹은 압박시키는지에 대해서는 알지 못한다. 그러나 개인의 운명에 중대한 역할을 하고 있다는 것은 의심할 여지가 없다. 그것은 때론 최고의 소질을 가진 지성을 억눌러 버리기도 한다. 사람에 따라서는 그로 인해 예상을 초월한 발달을 보여주기도 한다. 또한 약한 자를 돕고 강한 자를 한층 더 강하게 한다. 나폴레옹은 젊었을 때 플루타르코스의 '영웅전'을 읽고 고대의 위인들처럼 생각하고 살기 위해 노력했다. 아이들이 베이브 루스나 조지 워싱턴, 찰리 채플린, 린드버그 등을 우상으로 삼는 것은 결코 나쁜 것이 아니다. 그러나 갱단 놀이는 병사 놀이와는 다르다. 유전적 성향이 어떻든 간에 개인은 성장환경에 의해 인생의 첫걸음을 내디디면서 고독한 산, 혹은 아름다운 언덕, 혹은 습지의 진창(이것이 대다수 문명화된 인간들이 즐거워하며 사는 곳이지만)으로 향하게 된다.

개인의 육체, 정신 상태에 의해
환경의 의미는 달라진다

개인이 '자신이 되어 가는' 것에 대한 환경의 영향은 그 개인의 육체와 정신의 상태에 따라 차이가 있다. 바꿔 말하자면 같은 요인이라도 다른 사람에게 작용할 경우, 또한 같은 사람이라도 인생에서 다른 시기에 작용이 될 경우 그 효과는 같을 수가 없다. 환경에 대한 인간의 반응이 그 유전적 성향의 지배를 받는다는 것은 잘 알려진 사실이다. 예를 들어 어떤 사람은 같은 장애라도 생각에 그치지만 다른 사람은 그것에 자극을 받아 열심히 노력하여 지금까지 감춰져 있던 가능성을 현실화시키기도 한다. 마찬가지로 같은 개인의 인생에서도 어떤 병의 앞과 뒤에서 육체가 병의 원인이 되는 영향에 대하여 다른 반응을 나타낸다. 지나친 식사와 수면이 끼치는 영향도 젊은이와 노인은 다르다. 홍역은 아이들에게는 큰 병이 아니지만 어른에게는 위험한 병이 된다. 그리고 개인의 반응도는 그 생리적 연령과 지금까지의 생활양식 전반에 따라 차이가 있다. 그것은 그 개인이 지금까지 살아온 생활방식에 따른 것이다. 쉽게 말해서 한 개인의 유전적 경향을 실현시키는 환경의 역할은 정확하게는 단정할 수가 없다. 조직에 내재하여 있는 특성과 성장의 상황이 대단히 복잡하게 얽혀 개인의 육체와 정신을 형성하기 때문이다.

개인의 공간적
'크기'에 대해

개인은 분명히 독특한 활동의 중심이다. 무생물의 세계와도, 그리고 다른 생물과도 확실하게 구별된다. 그리고 동시에 그 환경에도, 동료들과도 이어져 있다. 이 모든 것이 없이는 살아갈 수가 없다. 개인은 외부로부터 독립된 동시에 의존하고 있다는 특성이 있다. 그러나 우리는 어떻게 개인이 다른 것들과 관계하는지, 어디에 그의 공간적, 시간적 환경이 있는지를 알지 못한다. 인격은 분명 물리적 연속체, 즉 육체의 바깥까지 확장된 것이라고 믿어왔다. 그 한계는 피부의 표면을 넘어선 곳에 있다고 여겨진다. 명확한 해부학적 윤곽이라는 것은 조금은 환상적이다. 각 개인은 분명 실제의 몸보다 훨씬 크고 훨씬 확장성을 가지고 있다.

인간의 눈에 보이는 경계의 한편은 피부이고 다른 한편은 소화기와 호흡기의 점막이라는 것을 우리는 알고 있다. 해부학적으로도 기능적으로도 완전하기 위해서는 이 경계가 침해되어서는 안 된다는 것은 생존의 경우에도 마찬가지다. 미생물에 의해 경계가 깨지고 조직이 침해를 당하면 죽음으로 이어지기 때문에 개체는 붕괴하고 만다. 또한 우주선(宇宙線), 대기 중의 산소, 빛, 열, 음파, 그리고 장이 음식을 소화해서 만드는 물질은 이런 경계를 초월할 수 있다는 것이 잘 알려진 사실이다. 이런 표면을 통해 인간의 몸 내부의 세계는 외부와 이어져 있다. 그러나 해부학적 경계는 개체의 일면에 지나지 않는다. 그것은 인간의 정신적 개성의 경계는 아니다.

사랑과 증오는 실존한다. 이런 감정에 의해 서로의 거리가 어떻게 되든 간에 확실하게 이어져 있다. 여성에게 있어 아이를 잃는 것은 손발을 잃는 것보다 깊은 슬픔이다. 애정의 끈이 끊어지는 것은 죽음을 초래하기까지 한다. 만약 이런 무형의 연결을 눈으로 볼 수 있다면 인간은 새롭고 익숙하지 않은 양상을 띠게 될 것이다. 어떤 사람은 거의 이런 해부학적 경계로부터 벗어나지 않았다. 어떤 사람은 은행의 금고나 다른 사람의 생식기관, 특정 음식물, 아마도 개나 보석이나 미술품 등 다방면으로 퍼져 있을 것이다. 또한 매우 거대하게 보이는 사람도 있을 수 있다. 그들은 가족과 친구 단체, 과거의 집과 고국의 하늘과 산을 향해 긴 촉수로 이어져 있을 것이다. 국가의 지도자, 위대한 자선가, 성인들은 수많은 촉수를 나라와 대륙과 전 세계를 향해 뻗어 옛날이야기에 나오는 거인처럼 보일 것이다. 인간은 그 사회적 환경과 밀접한 관계가 있다. 개인은 자신의 집단 속에서 특정한 지위를 점유하고 있다. 그리고 정신적인 끈으로 얽매여 있다. 그에게 있어서 그 지위는 생명보다 소중하게 보일 수도 있다. 만약 경제적 실패와 병, 박해, 스캔들, 범죄 등으로 그 지위를 잃게 되면 변화를 받아들이는 대신에 자살을 선택할지도 모른다. 각 개인이 해부학적 경계를 넘어 사방으로 뻗어 있다는 것은 명백한 사실이다.

정신감응에 의한
인간의 '공간 확산'

그러나 인간은 좀 더 명확하게 공간으로 확산되고 있다(공간과 시간의 측면에 있어 개인의 심리적 경계라는 것은 추론이다. 그러나 아주 기묘한 경우라도 추론은 편리하고 설명이 불가능한 것을 일시적으로 정리하는 데 큰 도움이 된다. 이 목적은 단지 새로운 실험을 시사(示唆)하기 때문이다. 필자는 자신의 추측이 과학자뿐만이 아니라 일반인들에게도 유치, 혹은 이단적이라는 혹평을 감수하고 있다. 또한 이것을 유물론자도 유심론자도, 생기론자도 기계론자도 똑같이 환영하지 않는다는 것도, 그리고 설령 나의 지적 균형 상태를 의심할 수 있다는 것도 잘 알고 있다. 그러나 기묘하다고 해서 사실을 무시할 수는 없다. 오히려 그것을 조사해야 할 것이다. 형이상학은 인간의 성질에 대해 정규 심리학 이상으로 중요한 정보를 줄 수도 있다. 영혼을 연구하는 학회, 특히 영국 학회의 텔레파시와 투시에 대해서는 많은 일반인의 관심을 사고 있다. 인간이 생리적 현상을 연구하는 것과 마찬가지로 이런 현상을 연구할 때가 온 것이다. 그러나 초자연적 현상의 연구는 초보자가 해서는 안 된다. 설령 그들이 물리학자로서, 혹은 철학자나 수학자로서 아무리 위대한 인물이라 할지라도 말이다. 자신의 전문 분야를 벗어나 흥미 위주로 신학이나 강신술(降神術)에 손을 뻗는 것은 아무리 뉴턴이라 할지라도 위험한 일이다. 임상의학을 배우고 인간에 대한 생리, 심리, 신경, 허언, 암시에 대한 감수성, 기술(奇術)의 수완에 대해 깊은 지식이 있는 사람만이 실험자로서 이 문제를 연구할 자격이 있다. 인간의 시간적, 공간적 경계에 대한 나의 추론이 웃음거리조차 되지 않는 논쟁이 아니라 생리학과 물리학의 방법을 통한 실험이 이루어질 수 있는 자극이 되기를 희망한다).

텔레파시 현상은 자신의 일부를 송출하여 멀리 있는 친척이나 친구에게 전달되는 일종의 방사(放射)를 일으키는 것이다. 이렇게 해서 인간은 아주 먼 곳까지 확산된다. 너무 짧아서 측정조차 불가능한 시간 안에 바다를 건너고 대륙을 뛰어넘을 수도 있다. 군중 속에서 원하던 사람을 만날 수도 있다. 그리고 상대에게 특정한 정보를 전달한다. 또한 상대와 그의 환경에 대해서 모르더라도, 광대한 현대 도시의 혼란 속에서도 찾고자 하는 상대의 집과 방을 찾아낼 수 있다. 이런 형태의 활동력을 가진 사람들은 신축 가능한 생물, 놀랄 만큼 멀리 촉수를 늘릴 수 있는 특별한 종류의 아메바처럼 행동한다. 최면술사와 시술자는 눈에 보이지 않는 끈으로 서로 이어져 있다는 것이 자주 관찰된다. 이 끈은 시술자가 방출하는 것 같다. 최면술사와 시술자 사이의 교신이 확정되면 최면술사는 멀리 떨어진 곳에서 암시에 의해 시술자에게 어떤 행동을 명령할 수 있게 된다. 이 시점에서 두 사람 간에는 텔레파시의 관계가 성립되는 것이다. 이럴 경우 떨어져 있는 두 사람 사이에는 각자 서로의 해부학적 환경 내에 머물러 있는 것처럼 보이지만 서로 접촉을 하는 것이다.

'거인'의 의미와 사념(思念)의 법칙

사고도 자기장처럼 공간의 어떤 부분에서 다른 부분으로 전달되는 것처럼 보이지만, 그 속도는 알 수 없다. 현재로서는 텔레파시에 의한 교신의 속도를 측정할 수 없다. 생물학자도 물리학자도 천문학자도 초자연적 현상의 존재를 고려하고 있지 않다. 그러나 텔레파시는 관찰하면 분석을 하지 않고도 인정할 수 있는 현상이다. 만약 언젠가 사고도 빛처럼 공간을 지나 여행을 한다는 것이 발견된다면 우주의 구성에 관한 이론은 수정되어야 할 것이다. 그러나 텔레파시 현상은 물리적인 요인의 전달에 의한 것인지 아닌지는 명확하지 않다. 아마도 교신하는 두 사람 사이에 공간적인 접촉은 없을 것이다. 실제로 우리는 물리적 연속체의 네 개의 차원 안에서 마음을 기술하는 것이 절대로 불가능하다고 알고 있다. 그것은 물리적 우주 안에 있는 동시에 어딘가 다른 곳에도 있다. 그리고 바위에 달라붙은 채로 넝쿨을 해안의 신비 속에 떠다니게 하는 해초처럼 뇌세포에 파고 들어가 공간과 시간을 벗어날지도 모른다. 인간은 공간과 시간 밖에 있는 현실에 대해서는 아무런 지식도 없다. 텔레파시에 의한 교신은 이 사차원의 우주를 벗어나 두 마음의 비물질적 부분이 만나는 것이라고도 생각할 수 있다. 그러나 이런 현상은 개인이 공간으로 퍼져나감으로써 발생한다고 생각하는 것이 편리하다.

개체의 인격이 공간적으로 확산되고 있다는 것은 이상한 사실이다. 그럼에도 불구하고 정상적인 사람들조차 때로는 투시를 하듯이 남의 생각을 읽어 낸다. 아마도 같은 방법으로 특정한 사람들은 겉으로는 평범한 말이지만 대중을 감동시켜 사람들을 행복으로, 전쟁으로, 희생으로, 죽음으로 인도하는 능력을 갖게 될 것이다. 시저, 나폴레옹, 무솔리니는 모두 국가의 위대한 지도자이자 인간 본래의 체격을 초월해 뻗어 있다. 그들은 자신의 의지와 사상의 망으로 무수히 많은 군중을 사로잡았다. 특정한 일부 사람들과 자연계와의 사이에는 미묘하지만 확실한 관계가 있다. 이런 사람들은 공간과 시간을 초월해 퍼져나가며 구체적인 진실을 파악할 수 있다. 그들은 자기 자신으로부터, 그리고 또한 물리적 연속체에서 벗어나는 것처럼 보인다. 물질세계의 경계를 초월해서 그 촉수를 뻗더라도 때로는 중요한 것을 아무 것도 발견하지 못할 때가 있다. 그러나 과학과 미술과 종교의 위대한 예언자들과 마찬가지로 그들은 쉽게 미지의 심연 속에서 수학적 추상개념, 플라톤적 이념, 절대적 아름다움, 신 등이라 불리는 숭고한 뭔가를 느끼는 것이다.

육체와 정신은 과거에서
미래로 이어진다

공간과 마찬가지로 시간적 면에서도 개인은 육체의 경계를 초월해 퍼져 가고 있다. 시간적 경계도 공간적 경계와 마찬가지로 정확하지 않고 고정되어 있지도 않다. 그 자신은 현재의 틀 밖으로는 퍼져있지 않지만, 과거와 미래로 이어져 있기 때문이다. 인간은 정자가 난자에 침입했을 때 개체로서 생존하기 시작한다는 것은 잘 알려진 사실이다. 그러나 이 순간 이전에 그 개체가 가진 모든 요소는 부모, 그리고 부모의 부모, 그리고 먼 조상들의 조직 속에 분산되어 존재하고 있었다. 인간은 부모의 세포 물질로 만들어져 있다. 그리고 육체적으로 과거에 의존하며 떼려야 뗄 수 없는 관계이다. 자기 자신 속에 조상의 육체적 단편이 셀 수 없이 많이 내포된 것이다. 우리의 소질도 결점도 여기서 생겨나는 것이다. 인간도 경주마와 마찬가지로 힘과 용기는 유전자에 의한 소질이다. 역사는 무시할 수 없다. 아니, 미래를 예측하고 운명을 대비하기 위해서는 과거를 이용해야만 한다.

미래에 전달될
지적 유산

개인이 살아 있는 동안 몸에 익힌 특성이 자손에게 전해진다는 것은 잘 알려진 사실이다. 그러나 세포 원형질은 불변의 것이 아니다. 그것은 체액의 영향으로 바뀔 수 있을지도 모른다. 병, 독물, 음식, 내분비샘의 분비물에 의해 변할 수 있다. 부모가 매독에 걸려 있으면 아이의 육체와 정신에 심각한 장애를 일으킬지도 모른다. 천재의 가계에서 가끔 허약하고 불안정한 질이 나쁜 아이가 태어나는 것은 이런 이유에 의한 것이다. 매독균에 의해 근절된 우수한 혈통은 세계대전 때문에 단절된 것보다도 훨씬 많다. 마찬가지로 알코올, 모르핀, 코카인 중독 환자도 결함이 있는 자식을 낳으며 그 아이들은 평생 아버지의 잘못에 대한 보상을 치러야 한다. 실제로 어떤 사람이 저지른 과오와 그 결과는 쉽게 자손에게 전해지고 만다. 그러나 장점을 물려주는 것은 대단히 어렵다.

각 개인은 환경과 집과 가족과 친구에게 자신을 각인하는 영향을 받는다. 마치 자신을 둘러싸고 있는 것처럼 살고 있다. 그리고 자신의 행동을 통해 자손에게 자신의 소질을 전한다. 아이는 장기간 부모에게 의존하고 있기 때문에 부모가 가르치는 것은 뭐든 배울 시간이 충분한 것이다. 그래서 선천적으로 가지고 있는 모방능력을 이용해서 부모처럼 되는 것이다. 아이는 부모의 참된 모습을 흉내 내며 사회생활에서 익힌 가면을 흉내 내지는 않는다. 일반적으로 아이는 부모에 대하여 약간의 경멸이 담긴 무관심을 품고 있다. 게다가 스스로 나서서 부모의 무지, 저속함, 아집, 비겁함을 흉내 내고 있다. 물론 부모에는 여러 타입이 있다. 어떤 부모는 자손에게 지성, 도덕성, 미적 감각, 용기 등을 유산으로 물려준다. 그리고 죽은 뒤에도 그 특성은 그들이 일궈낸 과학적 발견, 예술 작품, 그들이 건설한 정치적, 경제적, 사회적 기관, 혹은 훨씬 간단하게 지은 집이나 자기 자신의 손으로 경작한 논밭 등을 통해 남게 된다. 인간의 문명은 이런 사람들에 의해 이루어지는 것이다.

인격은 생리적 수명을
초월해 퍼져간다

미래에 대한 개인의 영향은 그의 시간적 확장성과 같지는 않다. 그것은 부모에게서 자식에게로 직접 전달되는 세포 물질의 단편의 형태로, 혹은 미술, 종교, 과학, 등의 분야에서 만들어지는 형태로 이루어진다. 그러나 때로는 인격이 진정한 생리적 수명을 초월하여 확장되는 것처럼 여겨지기도 한다. 시간 속을 여행할 수 있다는 심령적 요소를 가진 사람들이 있다. 이미 말했던 것처럼 투시는 공간적으로 떨어져 있는 사건뿐만이 아니라 과거와 미래의 것도 파악할 수 있다. 공간 속과 마찬가지로 시간 속에서도 간단히 여행할 수 있는 것처럼 보인다. 또한 파리가 그림 표면을 걷는 대신에 약간의 거리를 두고 날면서 그림을 응시할 수 있는 것처럼 육체를 벗어나 과거와 미래를 응시하는 것처럼 보인다. 미래에 대하여 예언함으로써 우리를 미지의 세계 입구까지 데리고 간다. 그것은 육체의 경계 밖까지 전개가 가능한 심령적 요소가 존재한다는 것을 제시해주는 듯이 보인다.

　강신술의 전문가는 이런 현상 일부를 사후에도 정신이 살아 있다는 증거라고 해석한다. 영매는 자신에게는 죽은 사람의 영혼이 들어온다고 믿고 있다. 그리고 죽은 사람만이 알고 있는 세세한 내용을 실험자들에게 알려주고 나중에 그것의 정확도를 뒷받침해주기도 한다. 프로이트에 의하면 이런 것들은 정신이 아니라 심령적 요인이 일시적으로 영매의 몸에 들어감으로써 사후에도 존속한다는 것을 보여주는 것일 수도 있다고 해석하고 있다. 이 심령적 요인이 인간과 결합하여 영매와 죽은 자 양쪽에 속해 있는 일종의 정신을 구성하는 것일 것이다. 이것은 일시적인 존재이며 서서히 분해되어 결국 사라지는 것이다. 강신술사의 실험으로 얻은 결과는 매우 중요하다. 그러나 그 의미는 명확하지 않다. 투시자에게는 감춰진 비밀이 없다. 따

라서 지금으로써는 심령적 요인의 잔존과 영매에 의한 투시 현상을 구별하

는 것은 불가능할 것 같다.

개성의 본질에
대해

요약해 보면 개성이란 단순히 육체의 한 모습에 그치지 않는다. 그 육체를 구성하는 각 부분의 기본적 특성도 형성하고 있다. 그것은 수정된 난자 속에 잠재하고 있으며 이 새로운 생명체가 시간 속에서 성장함에 따라 서서히 그 특성을 드러내는 것이다. 이 생명체가 갖는 선천적 성향은 환경과의 싸움 속에서 여실히 드러나게 된다. 그리고 적응 활동을 특정한 방향으로 향하게 한다. 실지로 육체가 환경을 어떻게 활용하는지는 선천적 소질에 달려 있다. 각 개인은 환경에 대하여 자기 나름대로 대응을 한다. 외부 세계의 것 속에서 자신의 특성을 확장하는 것을 선택한다. 개인은 특정한 모든 활동의 중심인 것이다. 이런 모든 활동은 확실하게 구별할 수 있으나 분해는 할 수 없다. 정신과 육체, 구조와 기능, 세포와 환경액, 다양성과 통일성, 그리고 영향을 주는 것과 받는 것, 이런 것들을 나눌 수는 없다.

우리 몸의 표면이 진정한 경계가 아니라 단순히 인간과 외부와의 사이에 우리가 활동하는 데 필요한 균열에 지나지 않는다는 것을 깨닫기 시작했다. 인간은 천수각(天守閣: 중세 유럽 성곽 건축의 중심부)이 요새로 둘러싸여 있듯이 중세의 성처럼 구성되어 있다. 내부를 방어하는 종류가 많으며 서로 밀접한 관계를 맺고 있다. 피부는 인간의 적인 미생물이 건너서는 안 되는 보루이다. 그러나 인간은 피부를 넘어 저 멀리까지 퍼져 있다. 공간과 시간을 초월하여 뻗어 있는 것이다. 개인의 중심은 알 수 있어도 외부 경계가 어디에 있는지는 무시하고 있다. 실제로 이런 경계는 가정적인 것이다. 아마도 존재하지 않을지도 모른다. 개인은 앞서가는 사람과 이어져 있으며 그를 따라간다. 어떤 의미에서 그 사람에게 융화되어 있다. 인간이란 것은 기체가 분자로 되어 있는 것처럼 분리되어 있는 입자가 모여 이루어진 것으로는 생각할 수 없다. 그것은 긴 실이 복잡하게 엉켜서 완성된 그물과 닮았으며 시간, 공간 속으로 퍼져 일련의 개인들로부터 이루어져 있다. 개성은 분명히 실존하고 있다. 그러나 우리가 믿는 만큼 확실하지는 않다. 각 개인은 타인들로부터도 우주로부터도 독립되어 있다고 여기는 것은 하나의 환상에 불과하다.

'거대한 미지의 부분'을
지닌 있는 사람이란?

기력이 떨어져 결함이 있는 사람들이 많은 것 중에 완전하게 발달한 사람도 다소 있다. 이런 사람들을 유심히 관찰하면 고전적 타입의 것들에 뛰어난 것처럼 보인다. 사실 잠재능력을 완전히 활용하는 사람들은 전문가들이 알고 있는 인간상과는 전혀 닮지 않았다. 심리학자가 측정하고자 하는 의식의 단편으로 이루어져 있는 것이 아니다. 그런 사람은 화학반응이나 기계적 작용, 혹은 의사들이 분해한 각 기관 속에서도 찾아볼 수 없다.

교육자들이 구체적으로 드러난 측면을 지도하고자 하는 추상적인 인간도 아니다. 사회사업가, 교도소장, 경제학자, 사회학자, 정치가 등이 만들어낸 미발달 상태의 인간적 부분이 그런 사람들에게는 거의 찾아볼 수 없다. 이런 전문가들이 자발적으로 그런 사람을 전체로서 보려고 하지 않는 한 결코 전문가의 앞에 그 모습을 드러내지 않을 것이다. 그런 사람은 개개의 과학이 축적해온 사실 모두를 합친 것을 훨씬 능가하고 있다. 그런 사람의 전체를 이해한다는 것은 절대로 불가능하다. 그런 사람은 거대한 미지의 부분을 가지고 있다. 그 잠재적 가능성은 절대로 마르지 않는다. 마치 웅대한 자연현상처럼 여전히 이해가 불가능하다. 육체적 활동 면에서나 정신적 활동 면에서나 모두 조화를 이루고 있는 사람에 대하여 깊은 사고의 폭을 넓힘으로써 우리는 깊은 미적 감동을 받을 수 있다. 이런 사람이야말로 참된 우주의 창조자이자 중심인 것이다.

'지적 개인'을
확립하기 위한 조건

현대 사회는 '개인'을 무시한 채 일반적인 '인간'만을 고려하고 있다. 그리고 보편적 성격의 실현을 믿으며 인간을 추상적 개념으로 다루고 있다. 개인과 일반적인 인간의 개념을 혼동하게 되어 상업 문명은 인간을 규격화시키려는 근본적인 과오를 저지르게 되었다. 만약 인간이 모두 똑같다면 소들처럼 무리 지어 키우면서 일을 시킬 수 있을 것이다. 그러나 개개인은 각자의 인격을 가지고 있다. 부호로서 다뤄지고 있지를 않다. 학교에서는 아이들을 한 가지 기준으로 교육하기 때문에 너무 일찍 학교에 보내지 않는 것이 좋다.

잘 알려진 것처럼 대부분의 위대한 인물은 비교적 고독한 환경에서 자랐거나, 혹은 학교의 틀에 얽매이기를 거부했다. 물론 학교는 기술적인 공부를 하기 위해 꼭 필요하다. 또한 아이들에게 가장 필요한 서로의 접촉을 통한 사회성을 기를 수도 있다. 그러나 교육이란 의지할 수 있으며 단절되지 않는 지도가 필요하다. 이런 지도는 부모의 책임이다. 부모, 특이 어머니는 아이가 태어나면서 생리적, 정신적 특성을 지켜봐 왔기 때문에 올바른 방향으로 인도하는 것이야말로 교육의 진정한 목적이다. 현대 사회에서는 가족이 해야 하는 모든 훈련을 학교가 대신하고 있지만, 이것은 중대한 과오이다. 어머니들은 직업, 사회적 야심, 성적 쾌락, 문학적, 예술적 기호를 채우기 위해, 혹은 영화나 오락을 즐기며 태만한 시간을 보내기 위해 아이들을 유치원에 집어넣는다. 아이들이 어른들과 접촉하면서 많은 것을 배워야 하는 가족 집단이 사라진 것은 모두 다 부모의 책임이다. 개집 안에서 또래의 다른 강아지들과 자란 개는 부모와 함께 자유롭게 뛰어놀며 자란 강아지들처럼은 성장할 수 없다. 다른 아이들과 함께 자란 아이와 지적인 부모 밑에서 자란 아이 또한 마찬가지이다. 아이들은 자신의 주변에서 벌어지고 있는 생리적, 정서적, 지적 활동을 통해 자연스럽게 이 모든 것들을 받아들인다. 또래의 아이들에게서는 배울 것이 거의 없다. 학교에서는 단순히 학생 일원에 불과하기 때문에 충분한 성장이 어렵다. 아이들이 그 힘을 충분히 발휘하기 위해서는 비교적 고독하면서 가정이라는 한정된 사회단위에 의한 돌봄이 필요하다.

그와 동시에 사회의 모든 기능이 개성을 무시함으로 인해 성인이 되면 위축되고 만다. 공장과 사무실에서 일하는 사람들, 대량 생산에 종사하는 사람들은 자신들에게 주어진 생활양식과 획일적이고 단순한 업무에 시달리면서 뭔가 장애를 일으키게 된다. 현대 도시의 거대함 속에서 고립되어 방황하게 된다. 그들은 경제적 추상물로 전락한 무리 속의 한 단위에 지나지 않는다. 그들은 개성을 포기하고 말았다. 책임도 없고 위엄도 없다. 대중들의 위에는 부자나 권력을 가진 정치가와 악당들이 버티고 있다. 다른 사람들은 모두 이름조차 없는 성을 이루고 있는 벽돌에 불과하다. 그와 달리 작은 그룹 속에 있을 때, 마을이나 작은 촌락에 살면서 상대적으로 자신의 존재감이 클 때, 혹은 무리 속에서 기회를 얻어 스스로 유력한 시민이 될 수 있는 희망이 있을 때 개인은 인간의 모습 그대로를 유지할 수 있다. 개성을 무시함으로 인해 정말로 개성을 잃게 되는 것이다.

뛰어난 자질의 싹을 꺾는
'나쁜 평등'

'인간'이라고 할 때의 개념과 '개인'이라고 할 때의 개념을 혼동해서 일어난 또 하나의 과오는 민주주의적 평등이다. 그러나 지금의 모든 국가는 경험에 의해 이 교리는 주입식 교육에 의해 엉망이 되고 있다. 따라서 이 과오에 대해 굳이 역설할 필요까지는 없을 것이다. 하지만 평등은 놀랄 만큼 오랫동안 지속하여 왔다. 어째서 인간은 이렇게 오랜 세월 동안 이런 교리를 받아들일 수 있었던 것일까? 민주주의의 교리는 인간의 육체와 정신의 질을 고려하지 않았다. 그것은 개인이라는 구체적 사실에 들어맞지 않는다. 사실 일반적인 인간은 평등하지만, 각 개인은 그렇지 않다. 각 개인의 권리는 평등하다는 것은 환상이다. 지적장애자와 천재가 법 앞에 평등해서는 안 된다. 어리석은 자, 지성이 없는 자, 주의가 산만하고 집중하거나 노력하지 못하는 사람은 고등교육을 받을 권리가 없다. 이런 사람들에게 충분히 발달한 사람들과 똑같이 선거권을 주는 것은 불합리하다. 남녀 또한 똑같을 수가 없다. 이런 차이를 무시하는 것은 대단히 위험한 일이다. 평등의 이념은 엘리트의 성장을 방해하여 문명의 붕괴에 힘을 더해 왔다. 이것은 반대로 각 개인에게서 엿볼 수 있는 차이에 대해서는 당연히 존중해야 한다. 현대 사회에는 위대한 사람도 열등한 사람도, 표준적인 사람도 비범한 사람도 모두 필요하다. 그러나 뛰어난 자원의 사람을 열등한 사람과 같은 방법으로 교육시켜서는 안 된다. 민주주의의 이념에 따라 인간을 규격화시켰기 때문에 약자가 우위에 설 수 있게 되었다. 어딜 가나 약자가 강자보다 사랑을 받는다. 약자는 도움을 받고, 보호를 받고, 칭찬받기까지 한다. 환자와 범죄자와 정신이상자들처럼 약자는 대중의 동정을 받는다. 개성이 붕괴한 것은 평등이라는 환상을 믿고, 보호를 즐기며, 구체적인 사실을 멸시한 것이 원인이다. 열등한 타입을 끌어올리는 것은 불가능하기 때문에 인간에게 민주적 평등을 이룰 수 있는 유일한 방법은 모두를 낮은 레벨로 정리하는 것이 된다. 이렇게 해서 개성이 사라져 버렸다.

'개인' 의 확립이야말로
질적 향상으로 이어진다

개인의 개념이 일반적인 인간의 개념과 혼동되고 있는 것은 물론이고, 일반적인 인간이라는 개념 속에 이질적 요소가 끼어들었기 때문에 그 질이 낮아지고 본래의 요소 중에 특정한 것이 사라지고 말았다. 기계의 세계에 속한 개념을 인간에게 적용하고 있다. 그리고 사고, 도덕적 고민, 희생, 아름다움, 평화 등은 없는 것처럼 여겨왔다. 개인을 화학물질로써, 기계로써, 혹은 기계의 부품으로 취급하고 있다. 그 도덕적, 미적, 종교적 작용을 잘라버린 것이다. 또한 생리작용 중에 특정 부분을 무시하고 있다. 조직과 정신이 자신의 위에서 벌어지는 생활양식의 변화에 대하여 어떻게 대응하여야 할지를 생각해 본 적이 없다. 적응 기능의 역할이 얼마나 중요한지, 그것이 억눌려짐으로 인해 얼마나 중대한 결과를 초래할지에 대하여 완전히 잊고 있다. 현재 인간이 점점 약해지고 있는 것은 개성을 인정하지 않는 것과 인간이 어떤 동물인지에 대하여 무지하다는 두 가지 요인에 의한 것이다.

강인하고 대담한
자신을 위해

인간은 유전과 환경, 현대사회로부터 영향을 받는 생활, 사고 습관으로부터 탄생한 것이다. 습관이 어떻게 육체와 정신에 영향을 끼치는지에 대해서는 앞서 말한 바와 같다. 과학 기술에 의해 탄생한 환경에는 적응할 수 없는 것, 그런 환경은 인간의 퇴화를 불러온다는 것도 알고 있다. 그러나 과학과 기술이 인간의 현재 상태에 대하여 책임이 있는 것은 아니다. 죄는 오로지 인간에게 있다. 해도 될 것과 안 되는 것의 구별을 할 수 없게 되었다. 자연계의 법칙을 깨뜨리고 만 것이다.

이렇게 최고의 범죄를 범하였으니 반드시 그 대가를 치러야 할 것이다.

과학을 신봉하고 산업용 도덕에만 의존하는 것은 생물로서의 현실적 맹공격을 받아 무너지고 말았다. 생명은 금지된 잘못을 범하면 언제나 같은 답을 얻게 된다. 그것은 바로 약화이다. 그리고 문명은 붕괴한다. 생명이 없는 물질의 과학은 인간의 것이 아닌 세계로 인간을 인도하였다.

우리는 맹목적으로 물질의 과학이 주는 모든 것을 받아들였다. 개인은 작아지고 전문화되어 부도덕하고 지성이 낮아졌으며 자기 자신에 대해서는 물론이고 자신들의 제도조차 제대로 제어할 수가 없다. 그러나 한편으로는 생물학의 모든 비밀 중에 가장 중요한 것—인간의 육체와 정신의 발달에 관한 법칙—을 명백하게 밝혀 주었다. 이 지식 덕분에 인간은 자기를 개혁하는 수단을 얻게 되었다. 민족의 유전적 소질이 있는 한 선조의 강력함과 대담함을 현대인들 속에서 자신의 의지의 힘으로 부활시킬 수가 있다. 그러나 과연 아직까지 그런 노력을 견딜 힘이 남아 있기나 한 걸까?

제8장

인간부흥의 조건

The good life is one inspired by love
and guided by knowledge.
훌륭한 인생이란 사랑으로 고무되고
지식의 인도를 받은 인생이다.

· Bertrand Arthur William Russell(영국의 철학자, 노벨 문학상 수상) ·

'나'라고 하는 소재에
무엇을 새길 것인가?

물질의 세계를 일변시킨 과학은 인간에게도 자기 개혁의 힘을 선물해

주었다. 이미 생명의 신비적인 기능 중에 상당수가 밝혀졌다. 과학은 인간

이 바라는 방식으로 되기 위해서는 활동을 어떻게 바꾸어야 할지, 정신과

육체를 어떻게 형성해야 좋을지를 제시하고 있다. 인류 역사상 처음으로 인

간은 과학의 힘을 빌려 자신의 운명을 지배할 수 있게 된 것이다. 그러나 인

간에 관한 이 지식을 정말로 인간의 이익이 되도록 활용을 할 수 있는 것일

까?

다시 한번 진보하기 위해서 인간은 자기 자신을 개혁할 필요가 있다. 게

다가 고통 없는 개혁은 불가능하다. 왜냐하면 인간은 대리석인 동시에 조각가이기도 하기 때문이다. 그 참된 모습을 드러내기 위해서는 자기 자신이라는 소재를 자신의 무거운 망치로 깨뜨려야 하기 때문이다. 정말로 필요로 하지 않는 이상 그런 마법은 감수할 수 없을 것이다. 과학 기술이 가져다준 안락함, 아름다움, 훌륭한 기계에 둘러싸여 있다면 아무리 긴급을 요하는 수술이라 할지라도 이해를 하지 못할 것이다. 자신들이 퇴화하고 있다는 것을 인식하지 못하고 있다. 어째서 존재, 생활, 사고의 양식을 바꾸려 노력하지 않는 것일까?

인간개혁에 필요한
행동력과 통찰력

행복에도 기술자, 경제학자, 정치가들이 예측하지 못했던 일들이 일어나고 있다. 미국의 재정과 경제라는 훌륭한 건조물이 갑자기 붕괴되기 시작했다(1929년 이후의 대공황). 대중들은 처음에 그런 파국이 실제로 일어날 것을 믿지 않았다. 때문에 신뢰는 흔들리지 않았다. 그리고 경제학자들이 말하는 설명에 그대로 귀를 기울였다. 언젠가 다시 번영이 찾아올 것이라고. 그러나 번영은 돌아오지 않았다. 오늘날 일반 시민 중에서 현명한 사람들은 의심하기 시작했다. 이 위기의 원인이 단순히 경제적, 재정적인 것일까? 정치가와 재정가의 부패와 어리석음, 경제학자의 무지와 환상에도 죄가 있는 것은 아닐까? 현대 생활이 국가 전체의 지성과 도덕성을 저하한 것은 아닐까? 어째서 우리는 범죄자와 싸우기 위해 해마다 막대한 돈을 퍼부어야 하는 걸까? 그렇게 막대한 돈을 쏟아부으면서도 어째서 폭력집단들은 당당하게 은행을 습격하고, 경찰을 살해하고, 유괴하고, 아이들을 죽이고 있는 걸까? 세계의 위험은 경제적인 원인보다 훨씬 중대한 개인적, 사회적 원인에 의한 것은 아닐까? 이 쇠퇴의 시작단계에서 문명을 전망해 볼 때 아무래도 이 위기의 원인이 제도뿐만이 아니라 인간 자신 속에 있는 것은 아닐지 확인할 필요가 있다는 생각이 든다. 그리고 인간을 개혁하는 것이 얼마나 급박한 것인지를 충분히 인식할 수 있을 것이다.

그때 우리가 직면하는 단 하나의 장애는 민족에게 재건의 능력이 없다는 사실이 아니라 타성이다. 태만과 추락과 유약한 생활로 선조들의 소질이 완전히 사라지기 전에 경제 위기가 터지고 말았다. 일반적으로 지적 무관심과 부도덕과 범죄행위는 유전이 아니라는 것을 잘 알고 있다. 대부분의 아이는 태어나면서부터 부모와 같은 잠재적 가능성을 타고난다. 만약 진지하게 그런 선천적 소질을 발달시키고 싶다면 가능한 일이다. 과학의 모든 힘을 자유롭게 활용할 수 있다. 이 능력을 타인을 위해 쓸 수 있는 사람이 아직도 많다. 현대 사회는 지적 문화, 도덕적 용기, 고결함, 담대함의 중심이 될 것들을 모두 억압시켜버린 것은 아니다. 불꽃은 아직 꺼지지 않았다. 폐해는 아직 돌이킬 수가 있다. 그러나 인간을 개혁하기 위해서는 현대 생활을 바꿀 필요가 있다. 그러기 위해서는 물질적 면과 정신적 면에서의 커다란 개혁이 필요하다. 그리고 개혁할 필요성을 인정함으로써 이 개혁을 실행하는 과학적 수단을 갖는 것만으로는 충분하지 않다. 과학기술문명의 자연붕괴는 현재의 습관을 타파하고 새로운 생활양식을 만들어내는 데 필요한 충격을 주는 데 도움이 될지도 모른다.

인간 개혁에 필요한
행동력과 통찰력

이렇게 거대한 노력을 하기 위한 행동력과 통찰력을 인간이 아직 가지고 있는 걸까? 언뜻 보기에는 없는 것처럼 보인다. 인간은 돈 이외의 것에는 거의 관심이 없어져 버렸다. 그러나 아직까지 희망을 버릴 수 없는 이유가 몇 가지 있다. 이 세계를 건설하기 위해 온 힘을 다한 모든 민족은 아직 멸망하지 않았다. 나약한 자손이기는 하지만 선조의 소질은 그 생식 세포질 속에 여전히 가능성으로 존재하고 있다. 이 소질은 아직 실제로는 드러나지 않았다. 선조들은 활기에 넘쳐 있었지만 그 자손들은 산업이 어두운 그림자를 만들어낸 다수의 무산노동자 계급 속에서 질식되고 있다. 그 수는 적지 않다. 그러나 그들은 절대로 지지 않을 것이다. 왜냐하면 감춰져 있기는 하지만 위대한 능력을 갖추고 있기 때문이다.

로마 제국의 몰락 이후에 이뤄낸 경탄에 맞이할만한 위대한 업적을 잊어서는 안 된다. 서유럽 일부에서는 끊임없는 전쟁과 기근과 역병 속에서 중세를 지나 고대문화의 유산을 지켜내는 데 성공했다. 길고 어두운 시대를 지나 북과 동과 남으로부터 적에게서 그리스도 교권을 지키기 위해 피를 흘리고 있다. 이 위대한 노력으로 이슬람교에 의한 멸망에서 힘겹게 벗어났다. 그리고 기적이 일어났다. 스콜라 학파의 수업을 통해 단련된 두뇌에서 과학이 탄생한 것이다. 그리고 불가사의하게도 서양인에 의해 전혀 사심 없이 과학 자체를 위해, 진실을 위해, 그 아름다움을 위해 키워져 왔다.

오리엔트, 특히 중국의 경우처럼 개인의 이기주의를 위해 정체되지 않고 이 과학은 4백년 동안 세계를 완전히 바꾸어 놓았다. 우리의 조상들은 경이적인 노력을 이루어낸 것이다. 대부분의 유럽인과 미국인의 자손들은 그 과거를 잊어버리고 말았다. 그 물질문명의 은혜를 받고 있는 사람들이 역사를 무시하고 있다. 중세 유럽의 전장에서 우리와 함께 싸우지 않았던 백인들도, 또한 점점 높아지는 기운으로 슈펭글러(Oswald Spengler, 1880~1936: 독일의 역사가·철학자. 『서양의 몰락』에서 현재의 서양 문화는 이미 몰락 단계에 들어 있다고 주장하였음)를 위협하였던 유색인종들도 모두 역사를 무시하고 있다. 그러나 다시 해냈다는 것은 또 한 번 해낼 수 있다는 것을 의미한다. 만약 우리의 문명이 붕괴한다면 또 다른 것을 이뤄내면 된다. 하지만 질서와 평화에 도달할 때까지는 대혼란에 의해 고뇌와 고통은 피할 수 없는 숙명인 것일까? 완전히 뒤집어지는 피비린내 나는 개혁을 통하지 않고는 평화로운 재건

은 불가능한 것일까? 자기 자신을 개혁하고 절박한 대변혁을 피해 우리의

지속적인 향상은 불가능한 것일까?

양보다 질, 물질보다는
정신이 중요

일단 사고습관을 바꾸지 않는다면 인간과 그 환경을 회복하기란 불가능할 것이다. 현대 사회는 처음부터 지성이 범한 과오―르네상스 이후 끊임없이 반복되고 있는 과오―로 고민하고 있다. 과학 기술은 과학의 정신에 따르지 않고 잘못된 형이상학적 개념에 따라 인간을 형성했다. 이런 신조를 버릴 수 있는 때가 온 것이다. 구체적인 물체의 각각의 성질 사이에 얽혀 있는 울타리, 인간의 온갖 모습 사이에서 만들어진 울타리를 허물어야만 한다. 인간을 고통스럽게 하는 원인은 갈릴레오의 위대한 사고를 착각하여 해석한 탓이다. 잘 알려진 바와 같이 갈릴레오는 끊임없이 측정 가능한 크기와 무게와 같은 제1차적 성질과 측정이 불가능한 형태, 색, 냄새와 같은 제2

차적 성질을 구별했다. 질적인 것과 양적인 것을 구별한 것이다. 양적인 것
은 수식으로 표시되어 인간에게 과학 문명을 안겨주었다. 질적인 것은 신경
을 쓰지 못했다. 물체의 제1차적 성질을 추상화하는 것은 옳았다. 그러나 제
2차적 성질을 간과한 것은 잘못이었다. 이 과오가 중대한 결과를 일으키고
말았다. 인간에게는 측정이 가능한 것보다는 측정이 불가능한 것이 더욱 중
요하다. 사고가 있다는 것은, 예를 들어 장액(漿液)이 물리화학적으로 균형
을 이루고 있을 때와 마찬가지로 기본적으로 중요하다. 데카르트가 정신과
육체의 이원론을 주장하기 시작했을 때보다 한층 더 질적인 것과 양적인 것
의 분리는 더욱 심해졌다. 그리고 정신은 설명이 불가능한 것이 되고 말았
다. 물질은 완전히 정신과 분리되었다. 육체의 구조와 생리학적 기능 쪽이
사상과 즐거움, 슬픔, 아름다움 등 보다 훨씬 실현성이 높다고 여기고 있다.
이 과오로 인해 문명은 과학을 승리로 이끌고 인간을 퇴화의 길로 인도하게
된 것이다.

르네상스의
'지적 태도'를 포기하다

다시 바른길을 찾기 위해서는 르네상스 사람들의 사상으로 되돌아가 그
들의 정신, 그들의 경험적 관찰에 대한 정열, 그들의 철학 체계에 대한 경멸

을 자극해야만 한다. 그들이 했던 것처럼 제1차적 성질과 제2차적 성질을 구별해야만 한다. 그러나 제2차적 성질에도, 제1차적 성질과 마찬가지로 중요성을 부여하여 그들과는 근본적으로 차이가 있는 태도를 취해야만 한다. 또한 데카르트의 이원론도 배척해야만 한다. 정신은 원래대로 물질 속에 되돌아가게 될 것이고, 영혼은 더 이상 육체를 벗어나지 않을 것이다. 정신의 현상도 생리적 작용과 마찬가지로 손이 닿을 수 있는 곳에 있을 것이다. 질적인 것을 배우는 것은 양적인 것을 배우는 것보다 어려운 것이 사실이다. 인간의 정신은 구체적인 사실로는 만족하지 않고 추상화라고 하는 확실한 형태를 바란다. 그러나 과학은 과학 자신을 위하거나, 그 수법의 정묘함을 위해서, 그 빛과 아름다움을 위해 발전시켜서는 안 된다. 그 목적은 인간에게 물질적 면과 정신적 면에서 이익을 가져다주기 위함에 있다. 열역학에 부여하는 것과 마찬가지 중요성을 감정에도 부여해야만 한다. 인간의 사고로 현실의 모든 것의 모습을 감싸는 것이 절대적으로 필요하다. 과학적 추상화의 결과로 얻은 것을 방치하지 말고 추상 개념의 것과 마찬가지로 충분히 활용해야 한다. 양적인 것의 횡포, 기계학과 물리학과 화학 등의 우위를 허락해서는 안 된다. 르네상스에 의해 탄생한 지적 태도와 현실적인 것에 대한 독단적인 정의를 버리자. 그러나 갈릴레오 시대 이후 정복해온 것들은 모두 유지해야만 한다. 과학의 정신과 기술은 인간의 가장 귀중한 재산인 것이다.

구습에서 탈피할
용기를 가질 것

300년이 넘도록 문명인의 지성을 지배해온 신조를 버리는 것은 정말 어려울 것이다. 과학자의 대다수는 보편적 성격의 실재, 양적인 존재에만 주어진 권리, 물질의 우위성, 정신과 육체의 분리, 육체에 대한 정신의 하위 등을 믿어왔다. 이 신념들을 쉽게 포기할 수는 없을 것이다. 왜냐하면 이런 변화는 교육학, 의학, 위생학, 심리학, 사회학을 뿌리부터 흔드는 것이기 때문이다. 각각의 과학자가 간단히 일구던 작은 텃밭은 숲으로 변하여 숲을 다시 개간해야만 할 것이다. 만약 과학 문명이 르네상스 이후 걸어온 길을 버리고 구체적인 것들을 겸허하게 관찰하는 입장으로 바뀐다면 결국은 기묘한 현상이 일어나고 말 것이다. 먼저 물질 지상주의에서 벗어나게 된다. 정신 활동도 생활 활동과 마찬가지로 중요해진다. 도덕적, 미적, 종교적 기능의 연구도, 수학, 물리학, 화학의 연구와 마찬가지로 없어서는 안 될 것이다. 현대의 교육방법은 불합리하게 여겨질 것이다. 학교들도 학습계획에 변화를 꾀해야 할 것이다.

위생학자들은 어째서 육체의 병을 예방하는 데만 신경을 쓰고 정신과 신경의 장애를 막으려 하지 않는지 대답해야 할 것이다. 그들은 어째서 정신의 건강에 주의를 기울이지 않는 걸까? 어째서 육체에 장애를 일으키는 원인이 되는 습관은 위험하다고 여기면서 범죄와 광기를 일으키는 습관은 위험하다고 여기지 않는 걸까? 대중들은 신체 일부밖에 모르는 의사로부터의 진찰을 거부하게 될 것이다. 전문의도 의학 일반을 배워야 할 것이며 만약 그렇지 않는다면 그룹의 일원으로서 일반의의 지시에 따라야 할 것이다. 병리학자는 기관의 장애와 마찬가지로 체액의 장애도 연구하게 될 것이다.

조직에 미치는 정신의 영향을 고려하고, 또한 그 반대의 경우도 고려한다. 경제학자는 인간이 생각하고, 느끼고, 고민하는 동물이며, 일과 음식, 여가 이외의 것도 필요하며 생리적 요구뿐만이 아니라 정신적 요구도 있다는 것을 인정할 것이다. 그리고 경제와 재정의 위기 원인이 도덕과 지성에 있다는 것을 인정하게 될 것이다. 우리는 대도시 생활 속의 야만 상태, 공장과 사무실의 횡포, 경제적 이익을 위해 도덕적 품위를 희생하고, 돈을 위해 정신을 희생하는 것을 더 이상 현대문명의 은혜로 느끼지 않게 될 것이다. 인간의 발달을 방해하는 기계 발명품을 거부해야 한다. 경제는 더 이상 모든 것의 근본적 이유라고 여기지 않게 된다. 인간을 유물(唯物)적 신조로부터 해방시킨다면 인간의 생존 상태가 대단히 많은 변화가 일어나리라는 것은 명백하다. 따라서 현대 사회는 전력을 다해 우리의 사고가 이런 방향으로 흐르는 것을 틀림없이 저지하려 할 것이다.

물질과

정신의 조화

    물질주의의 실패가 정신주의로의 반동을 일으키지 않도록 조심해야 한다. 과학기술과 물질 숭배가 성공하지 못했기 때문에 그 반대의 것, 다시 말해서 정신을 우상화하여 숭배하려는 유혹이 커질 것이다. 그러나 심리학 우위라고 하는 것도, 생리학, 물리학, 화학을 우위에 두는 것에 뒤지지 않을 만큼 위험할 것이다. 프로이트는 가장 과민한 기계론자 이상의 폐해를 가져다주었다. 인간을 정신의 면만으로 환원하는 것은 생리적 기능과 물리화학적 기능만으로 환원시키는 것과 마찬가지로 파멸적인 것이다. 장액(漿液)의 물리적 성질, 이온의 균형, 원형질의 침투성, 항원(抗原)의 화학적 구성 등의 연구는 꿈, 성적 충동, 영매의 상태, 기도의 심리효과, 말의 기억 등의 연구와 마찬가지로 없어서는 안 될 것들이다. 물질적인 것을 정신적인 것으로 바꾸는 것은 르네상스가 저지른 과오를 바로잡는 것이 아니다. 물질을 배제하는 것은 정신을 배제하는 것 이상으로 인간에게는 유해할 것이다. 구제는 오로지 모든 교리를 버리는 것에 있다. 그리고 관찰을 통한 사실을 전면적으로 받아들이고 인간이 이것들을 사실 이상도 이하도 아니라는 것을 깨닫는 것에 있다.

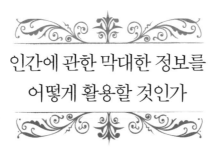

인간에 관한 막대한 정보를
어떻게 활용할 것인가

관찰에 의한 사실이 인간을 구성하는 기초가 되어야만 한다. 가장 우선되어야 할 일은 이것을 어떻게 이용할 수 있도록 하는가이다. 해마다 위생학자, 유전학자, 통계학자, 행동주의 심리학자, 생리학자, 해부학자, 생화학자, 물리화학자, 심리학자, 의사, 위생학자, 내분비학자, 정신병학자, 면역학자, 교육자, 사회사업가, 성직자, 사회학자, 경제학자 등에 의해 이뤄낸 진보에 대해 들어야 한다. 그러나 이 업적의 실질적 성과는 놀랄 만큼 작다. 이막대한 양의 정보는 학술전문지, 논문, 과학자의 두뇌 속에 흩어져 있다. 자신의 것으로서 가지고 있는 사람은 아무도 없다. 지금이야말로 온갖 정보의단편을 종합하여 적어도 몇 명은 그 지식을 자신의 것으로서 활용할 수 있게 해야 한다. 그렇게 해야만 처음으로 효과적으로 이용할 수 있다.

이런 작업에는 커다란 곤란이 동반된다. 어떤 식으로 종합을 해야 할 것인가? 인간의 어떤 면을 중심으로 다른 것들을 정리해야 좋을 것인가? 인간의 가장 중요한 활동이란 무엇인가? 경제적인 것인지, 정치적인 것인지, 사회학적인 것인지, 정신적인지, 아니면 육체적인 것인가? 학문의 어느 분야를 발달시키고 다른 어떤 분야를 흡수시켜야 할 것인가? 인간의 경제적, 사회적 세계를 바꾸기 위해서는 분명히 육체와 정신에 관한 정확한 지식 즉, 생리학, 심리학, 병리학의 지식에 의해 시작되어야 한다.

의사는 해부학에서 경제학에 이르기까지 인간에 관한 모든 과학 중에서 가장 포괄적인 것이다. 그러나 대상을 전체적으로 파악한다는 점에서는 의심의 여지가 없다. 의사는 건강할 때와 병이 들었을 때의 인간 개인의 구조와 기능을 연구하여 환자를 치료하는 것으로 만족하고 있다. 그런 노력이 완전한 성공을 거두지 못했다는 것은 잘 알려진 사실이다. 의사가 현대 사회에 미치는 영향은 때로는 유익하고 때로는 유해하기 때문에 항상 동전의 양면과 같다. 단, 예외적으로 위생학, 문명화된 인간을 증가시킴으로 인해 산업에 큰 도움이 되고 있다는 것은 사실이다. 의학은 그 가르침의 폭이 좁기 때문에 마비되어 있다. 그러나 그 틀에서 간단히 벗어나 좀 더 효과적으로 인간에게 도움을 줄 수 있다. 약 3백 년 전에 자신의 삶을 인류를 위해 헌신할 꿈을 꾸었던 철학자는 의사가 큰 역할을 할 수 있다고 확신했다.

데카르트는 자신의 저서 '방법서설' 속에 이렇게 적고 있다. "정신은 기질과 체질에 깊이 의존하고 있기 때문에 만약 인간을 지금보다 한층 사려 깊고 현명하게 만드는 방법을 찾는다면 의학의 분야에서 더욱 깊이를 더해야 할 것으로 생각한다. 실제로 현재 이루어지고 있는 의학은 큰 도움이 될 수 있는 것을 포함하고 있지 않다고 확신한다. 그러나 현행의 의학을 경멸할 생각은 추호도 없지만 앞으로 배워야 할 것과 비교한다면 지금까지 알려진 것은 모두 거의 영에 가깝다는 것, 그리고 육체적인 것도 정신적인 것도 포함한 무수한 병으로부터, 더 나아가 노령에 의한 쇠약으로부터조차 만약 이런 장애의 원인과 자연에 의해 주어진 모든 치료법이 충분히 해명된다면 인간이 구원될 수 있다는 사실을 인정하지 않는 사람이 없을 것이다. 현재의 의학을 직업으로 하는 사람 중에조차 단 한 사람도 없을 것이라고 나는 확신한다."라고.

참된 '인간의 과학' 과
개인의 형성

의학은 해부학, 생리학, 심리학, 병리학에 의해 인간에 대해 더욱 본질적인 요소에 관한 지식을 얻고 있다. 그 분야를 확대시켜 육체와 정신뿐만이 아니라 그것들과 물질, 그리고 정신의 세계와의 관계를 포함하여 사회학과 경제학까지 포함하는 것은 어려운 것이 아니며, 이렇게 해야 참된 '인간의 과학'이 될 수 있다. 그렇게 된다면 그 목적은 단순히 병의 예방이나 치료가 아니라 인간의 육체적 활동, 정신적 활동, 사회적 활동 모두에 있어서 발달을 이끌 수 있을 것이다. 그리고 자연계의 법칙에 따라 개인을 형성하는 것도 가능해질 것이다. 또한 인류를 참된 문명으로 인도하는 업무에 관여하고 있는 사람들을 고무시킬 수도 있을 것이다. 현재의 시점에서는 교육, 위생학, 종교, 도시계획, 사회적, 경제적 기관은 인간의 한 단면밖에 모르는 사람들의 손에 맡겨져 있다. 제철소와 화학 공장의 기술자들을 정치가와 선한 여성, 법률가, 문학자, 철학자 등으로 대체시킬 꿈을 꾸고 있는 사람은 없을 것이다. 그러나 그런 사람들이 문명인의 생리적, 정신적, 사회적 측면에서 지도하고, 더 나아가 대국의 정치조차 책임을 지는 비교도 될 수 없을 만큼 큰 책임이 주어져 있다. 의사가 데카르트의 개념에 따라 확대되어 인간에 관한 다른 과학까지 포괄할 정도로 확대된다면 개인의 육체와 정신의 구조, 그리고 외계와 사회생활과 인간과의 관계에 대해서도 잘 이해하는 기술자들을 현대사회에서 만들어 낼 수 있을 것이다.

숭고한 목적의 격려를 통해
인간은 성장한다

이런 지금까지의 과학을 초월한 과학은 도서관에 파묻혀 있지 않고 인간의 지능을 활동시킬 경우에만 큰 도움이 될 것이다. 그러나 단 한 사람의 두뇌로 과연 막대한 양의 지식을 소화하고 흡수할 수 있을까? 그 어떤 사람이라 할지라도 해부학, 생리학, 생화학, 심리학, 형이상학, 병리학, 의학을 배우고 거기에 유전학, 영양, 발달, 교육학, 미학, 도덕, 종교, 사회학, 경제학에 정진할 수 있을까? 그러나 이것을 달성하는 것은 완전히 불가능하지 않다고 생각한다. 꾸준히 25년 정도만 공부한다면 인간은 이 모든 학문을 배울 수 있다. 이 공부를 계속한 사람이 50살이 되었을 때, 그 사람은 인간과 인간의 문명을 참된 모습에 기반을 두고 형성할 수 있도록 효과적으로 지도할 수 있을 것이다. 실제로 이 작업은 헌신적인 소수의 유능한 사람들은 일반인의 생활 형태를(아마도 결혼과 가정까지도) 포기해야 할 것이다. 골프나 게임을 하고, 영화를 보고, 라디오를 듣고, 연회에서 연설하고, 위원회에 공헌하고, 학회, 정치집회 등에 출석하거나 바다를 건너 국제회의에 참석하는 것은 가능할 것이다. 대학의 교수들과 달리, 더군다나 실업가들과는 완전히 달리 대수도원의 수도사들처럼 살아야만 할 것이다.

모든 위대한 국가의 역사 속에는 사회를 구하기 위해 자신을 희생한 사람들이 많다. 진보를 위해서는 희생은 불가피할 것이다. 현재도 과거와 마찬가지로 숭고한 자기희생을 각오하는 사람들이 있다. 만약 무방비한 해안 도시의 주민들이 포탄과 독가스의 위협을 받는다면 폭탄을 실은 비행기와 함께 적을 향해 돌진하길 주저할 사람은 한 사람도 없을 것이다. 인간과 그 환경을 형성하는 데 필요한 과학을 배우기 위해 누군가는 삶을 희생하는 것도 좋지 않을까? 그것이 대단히 힘든 일이라는 것은 사실이다. 그러나 그 일을 할 수 있는 사람을 발견할 수 있을 것이다. 대학과 연구소에서 만나는 과학자의 대부분은 힘이 약한데 그것은 목표가 평범하고 그 생활의 폭이 국한되어 있기 때문이다. 사람은 숭고한 목표의 격려를 받았을 때, 넓은 지평선을 바랄 때 성장할 수 있다. 큰 모험에 대한 정렬로 마음을 불태우고 있는 사람에게 있어서 자신을 희생하는 것은 그리 어려운 일이 아니다. 그리고 현대인을 개혁하는 것만큼 아름다우면서도 위험으로 가득한 모험은 달리 없을 것이다.

인간 형성을 위한 '초석'

인간을 형성하기 위해서는 온갖 학파의 교육자들의 편견에 의해서가 아니라 자연의 법칙에 따라 육체와 정신을 형성하기 위한 기관을 개설할 필요가 있다. 인간은 어릴 때부터 공업 문명의 독단이나 현대 사회의 온갖 기본적 원리가 되고 있는 것에 얽매이지 않는 것이 중요하다. '인간의 과학'은 그 건설적인 사업을 시작하는 데 있어 비용이 드는 기관을 많이 필요로 하지 않는다. 현재 있는 기관이라도 그것이 구태를 벗을 수 있다면 그 기관을 사용하면 그만이다. 이런 사업을 성공시키기 위해서 어떤 나라에서는 정부의 자세에 달려 있을 것이고, 또 어떤 나라에서는 일반 대중의 태도에 달려 있기도 할 것이다. '무솔리니의 이탈리아', '히틀러의 독일', '스탈린의 러시아' 에서는 만약 독재자가 아이들을 정해진 틀에 맞추고 어른들과 생활 태도를 특정 방향으로 바꾸는 것이 도움이 된다고 판단이 되면 당장에라도 적당한 기관을 설립할 것이다. 민주적인 국가에서는 민간에서 솔선하여 행동해야만 한다. 교육면, 의학면, 경제면, 사회면에 있어서 그 신조의 대부분이 실패로 끝날 것이 명백해졌을 때는 일반 대중은 아마도 이 상태를 개선하는 데 필요성을 느끼게 될 것이다.

과거에 고립된 사람들의 노력이 종교와 과학과 교육에 진보를 가져다주었다. 미국에서 위생학의 발달은 오로지 극한 소수의 사람을 위한 영감 덕분이다. 예를 들어 헤르만 빅스(Hermann Michael Biggs, 1859~1923: 미국 의사, 공중위생의 선구자)는 뉴욕을 세계에서 가장 위생적인 도시의 하나로 만들어주었다. 웰치의 지도로 무명의 청년 단체가 존 홉킨스 의학교를 설립하여 미국의 병리학, 의과, 위생학의 방면에서 놀랄만한 진보를 가져다주었다.

파스퇴르의 머리에서 세균학이 탄생했을 때 국민적 모금을 통해 파리에 파스퇴르 연구소가 설립되었다. 웰치, 시어벌드 스미스(Theobald Smith, 1859. 7. 31~1934. 12. 10: 미국의 수의학자, 병리학자, 전염병 및 기생충병에 대한 비교병리학, 혈청학의 선구자), T 미첼 프루덴(Theophil Mitchell Prudden, 1849~1924: 미국의 병리학자), 사이먼 플렉스너 등, 몇 명의 과학자의 눈에 의학 분야에 있어서 새로운 발견이 필요하다는 것이 명백해진 덕분에 존 록펠러는 뉴욕에 록펠러 의학 연구소를 설립했다. 많은 미국의 대학에 생리학과 면역학과 화학 등의 진보를 목적으로 하는 연구소가 뜻있는 후원자들의 기부금에 의해 설립되었다. 그 유명한 카네기재단과 록펠러재단은 좀 더 일반적인 의도에 의한 것으로 과학적인 방법의 도움을 빌어 교육을 발전시키고, 대학의 과학 수준을 향상시켜 국가 간의 평화를 촉진시켰고, 전염병을 예방하고, 전 인류의 건강과 복지를 증진하고자 하였다.

이 모든 활동은 반드시 그 필요성을 인식하고 그에 따라 기관을 만드는 일에서부터 시작되었다. 국가는 처음에는 도움을 주지 않는다. 그러나 민간 기관에 의해 부정하지 못하고 공공 기관의 발달이 촉진되고 있다. 예를 들어 프랑스에서는 세균학을 파스퇴르 연구소에서만 가르쳤지만 시간이 지난 뒤에 모든 국립대학에서 세균학 강좌와 실험실이 설립되었다.

유능한 '관리자' 를
육성할 것

인간 개혁에 필요한 모든 기관은 아마도 같은 방법으로 발전을 할 것이다. 언젠가, 어느 대학에서 이 문제의 중요성을 이해할 때가 올 것이다. 아직 미약하지만 올바른 방향으로 가기 위한 노력이 이미 시작되고 있다. 예를 들어 예일 대학은 인간관계의 연구를 위해 연구소를 발족시켰다. 조시아 메이시 재단은 인간의 건강과 교육에 관한 종합적인 지식을 발달시키기 위해 설립되었다. 이탈리아의 제노바에서는 니콜라 펜데가 자신의 연구소에서 인간 개인에 관한 연구를 통해 위대한 진보를 이루었다. 미국의 수많은 의사는 좀 더 광범위하게 인간을 이해할 필요가 있다는 것을 깨닫기 시작했다.

그러나 이 감정은 미국에서는 결코 이탈리아만큼 확실한 형태를 갖추지 못하고 있다. 현재 이미 존재하는 기관을 인간 개혁이라는 과업에 걸맞은 것으로 만들기 위해서는 커다란 변화를 거쳐야만 한다. 예들 들어 19세기의 좁은 시야의 기계론자의 유물론을 배제하지 않으면 안 된다. 그리고 생물학에서 이용하는 개념을 명백히 밝힐 것과 각 부분을 전체로서 재평가할 것, 과학 연구자뿐만이 아니라 진정한 학자를 형성하는 것 등이 얼마나 중대하고 급박한 것인지를 깨달아야 한다. 생화학에서 경제학에 이르기까지 각 연구기관의 지도와 각각의 분야의 결과를 인간에게 적용하는 사람들의 지도는 전문가에게 맡겨야 한다. 그것은 반드시 모든 과학을 포괄할 수 있는 사람이어야 한다. 왜냐하면 전문가는 자신의 전문분야 연구 발전에만 강한 흥미와 집착을 가지고 있기 때문이다. 전문가들은 그 모든 것을 총괄하는 사람에게 있어서는 단순히 도구에 지나지 않는다. 큰 대학의 의학교수가 자신의 연구실에서 병리학자, 세균학자, 생리학자, 화학자, 물리학자의 도움을 이용하는 것과 마찬가지로 전문가들은 총괄 관리자에게 이용될 것이다. 지금까지 이러한 전문 과학자들은 단 한 사람도 누구에게 환자의 치료에 대하여 지도를 받은 적이 없다. 경제학자도 내분비학자도, 사회사업가도 정신분석의도 생화학자도 똑같이 인간에 대해서는 무지하다. 서로의 전문 분야 이외의 부분에 대해서는 신뢰할 수가 없다.

천성을 자유 속에서
발산하자

인간에 대한 지식은 아직 초보 단계이며 이 책의 서두에서 말했던 온갖 산적한 문제 대부분은 아직 해결되지 않았다는 것을 결코 잊어서는 안 된다. 그러나 수십억 인간의 운명과 문명의 미래가 달려 있는 이 문제의 해답은 반드시 찾아야만 한다. 그러기 위해서는 인간 과학의 진흥에 온 힘을 다하는 연구기관만이 그 해답을 찾을 수 있다. 생물과 의학의 연구소는 지금까지 건강의 추구와 생리적 현상 저변에 깔린 화학적, 물리화학적 구조의 발견에 전력을 다해 왔다. 파스퇴르 연구소는 창시자가 개척한 길을 따라 전진하여 커다란 성과를 거뒀다. 뒤클로(Duclos)와 루(Wilhelm Roux)의 지도로 박테리아와 바이러스의 연구를 통해 공격으로부터 인간을 지키는 방법, 병의 예방과 치료를 위한 백신, 혈청, 화학약품의 발견 등을 전문적으로 다루고 있다. 록펠러 연구소는 좀 더 광범위한 분야에서의 조사를 시작했다. 병을 일으키는 원인, 그것이 인간과 동물에게 끼치는 영향이 연구됨과 동시에 육체에서 나타나는 물리적, 화학적, 물리화학적, 생리학적 활동을 깊이 있게 연구하였다. 오늘날 이런 연구는 한층 더 깊이 있게 진행되어야만 한다. 그리고 인간 전체가 생물학의 연구 분야에 포함되어야만 한다. 각 전문가는 자유롭게 자신의 분야를 끊임없이 탐구해야 한다. 그러나 인간의 중요한 부분들은 어느 하나 무시해서는 안 된다. 록펠러 연구소의 운영을 맡은 사이먼 플랙스너가 취한 방법은 앞으로 생물학과 의학의 연구를 할 때 많은 도움이 될 것이다. 록펠러 연구소에서는 분자의 구조에서 인체의 구조에 이르기까지 생명이 있는 모든 것을 철저하게 연구하고 있다. 그러나 플랙스너는 이 광범위한 연구 전체를 구성하는 데 있어 연구소 직원들에게 연구계획을 전혀 강요하지 않았다. 그는 온갖 분야의 탐구를 위해 선천적으로 그 소질을 타고난 과학자를 선별하는 것에 만족했다. 그와 같은 방침으로 화학과 생리학의 연구뿐만이 아니라 심리적 활동과 사회학적 활동을 위한 연구소도 발전시킬 수 있을 것이다.

인간 특유의 모든 개념을
구성하는 힘

장래에 생물학 연구소가 그 효과를 거두기 위해서는 앞에서도 말했던 것처럼 의학연구를 헛된 것으로 만든 이유 중의 하나인 개념의 혼란을 막아야만 한다. 최고의 과학인 심리학은 생리학, 해부학, 기계학, 화학, 물리화학, 물리학, 수학—즉, 지식의 계급을 나눈다면 낮은 위치를 차지하는 과학의 모든 수단과 개념을 동원해야 한다. 우리는 높은 계급에 속해 있는 과학의 개념이 낮은 개념으로 환원될 수 없다는 것과 대규모의 현상도 소규모의 현상과 마찬가지로 본질적이라는 것, 심리적인 사상도 물리화학적인 것과 마찬가지로 현실이라는 점을 알고 있다. 수학, 물리학, 화학은 절대적으로 필요하지만 살아 있는 인체에 관한 연구라는 점에서는 기본적인 과학이 아니다. 예를 들어 역사가들에게 있어 말하는 것과 쓰는 것은 필요한 것이지만 근본적인 것이 아닌 것과 마찬가지이다. 그런 과학은 인간에게 특유의 모든 개념을 구성하는 힘이 아니다. 모든 대학과 마찬가지로 인간의 건강과 질환에 대해 연구를 하는 연구소도 생리학, 화학, 의학, 심리학 모두에 관한 광범위한 지식이 있는 과학자들에 의해 인도되어야 한다. 앞으로의 생물학 연구자는 자신들의 목표가 살아 있는 인체라는 것, 인공적으로 구분된 조직과 유형이 아니라는 점을 충분히 인식할 필요가 있다. 또한 베일리스(William Maddock Bayliss, 1860~1924: 영국의 생리학자)가 생각했던 것처럼 일반 생리학은 생리학의 극히 일부에 지나지 않으며, 육체적 현상과 정신적 현상 또한 무시해서는 안 된다는 것을 인식해야만 한다. 의학 연구를 위해 실험실에서 행해지고 있는 연구 활동은 인간의 물리적, 화학적, 구조적, 기능적, 심리적 활동에 관한 모든 문제와 이 모든 활동의 자연과 인간사회에 대한 관계까지 포함해야만 한다.

더 발전된 인간을 위한

'지적 중추'

우리는 인간의 진화가 대단히 느리기 때문에 어떤 문제를 연구하는 데 수세대에 걸친 과학자들의 희생이 필요하다는 것을 알고 있다. 때문에 인간에 관한 연구에는 적어도 1세기에 걸친 끝없는 연구가 가능한 기관이 필요하다. 현대사회는 개개의 연구자들이 죽든, 연구소가 폐쇄되든 상관없이 인류의 미래를 이해하고 구성할 수 있으며, 또한 본질적인 연구를 촉진 발전시킬 수 있는 지적 중추, 불멸의 두뇌를 필요로 하고 있다. 문명을 향해 비틀거리며 힘겹게 전진하고 있는 인류에게 이런 기관은 큰 도움이 될 것이다. 이 지적 중추는 미국의 최고 재판소처럼 소수의 인원으로 구성되어 각각은 사람들이 장기간에 걸쳐 인간에 관한 지식을 얻기 위해 공부하고 훈련되어야 한다. 이 기관은 자동적으로 영속하며 끝없이 젊고 건강한 사상을 창출해 내야만 한다. 민주적 통치자도 독재적 지도자도 참된 인간에 적합한 문명을 발달시키는 데 필요한 정보를 과학적 진실의 원천인 이 기관에서 얻을 수 있을 것이다.

이 최고의 평의회 구성원들은 연구하고 배우지 않아도 된다. 연설할 필요도 없다. 그들은 문명국가와 그것을 구성하는 각 개인이 보여주는 경제학적, 사회학적, 심리학적, 생리학적, 병리학적 현상을 숙고하는 것, 그리고 과학의 발달과 그것을 적용함으로써 인간의 생활습관과 사고에 미치는 영향을 사색하는 데 평생을 바치게 될 것이다. 아울러 인간의 온갖 기본적 소질 중에 어느 하나라도 무시하지 않고 인간에게 맞는 현대문명을 형성할 방법을 발견하려고 노력할 것이다. 이 무언의 명상을 통해 육체와 정신에 있어 위험한 기계의 발명으로부터, 또한 음식의 유해 첨가물들만이 아니라 사상적 유해 첨가물까지도, 그리고 교육, 양육, 도덕, 사회학 등 전문가들의 변덕으로부터, 더 나아가 대중의 필요에 의해서가 아닌 발명가들의 빈욕(貧欲)과 환상에 의해 세워진 진보를 통해 새로운 도시의 주민들을 방어하게 될 것이다. 이런 기관은 문명국가 국민의 육체적, 정신적 퇴화를 막는 데 필요한 지식을 획득할 것이다. 그 구성원은 최고 재판소의 판사와 마찬가지로 존경을 받는 지위가 부여되며 정치의 술책에 빠지거나 쉽게 세상의 주목을 받아서는 안 된다. 중요성의 점에서는 실로 헌법의 파수꾼인 판사보다 훨씬 높은 곳에 있다. 왜냐하면 맹목적인 물질과학에 대한 비참한 싸움을 계속하는 위대한 민족에게 있어 그들이야말로 자신들의 육체와 정신을 방어해 줄 것이라고 믿을 수 있는 사람들이기 때문이다.

인간부흥의
조건

우리는 현대 생활에 의해 발생한 지적, 도덕적, 생리적 측면의 퇴화상태에서 인간을 구출해야만 한다. 그 잠재적 가능성을 발달시킬 필요가 있다. 건강을 되찾아야만 한다. 개성을 조화시키고 통일성을 되살려야만 한다. 육체와 정신의 유전적 소질을 모두 활용하여 끌어내야만 한다. 인간을 가두어버린 교육과 사회의 틀을 깨야만 한다. 그리고 모든 체계를 거부해야 한다. 또한 육체와 정신의 기본적인 기능까지 최대한 활용해야 한다. 이런 기능이야말로 인간 그 자체인 것이다. 그러나 인간은 독립적 존재가 아니라 환경에 얽매여 있다. 인간을 개선하기 위해서는 외부세계 또한 바꾸어야 한다.

인간 사회의 구조와 그 물질적 배경, 정신적 배경을 바꾸어야 한다. 그러나 사회는 생각처럼 쉽게 모습을 바꿀 수 있는 것이 아니다. 순식간에 그 모습을 바꾸기란 불가능하다. 하지만 인간 부흥의 과업은 현재 우리의 생활 속에서 당장에라도 착수해야 할 과제이다. 개개인은 자신의 생활 환경을 바꾸고, 사려가 없는 대중과는 조금 다른 주변 환경을 만들 수 있는 능력을 갖추고 있다. 어느 정도 타인으로부터 독립하여 자신의 육체적 면과 정신적 면의 단련, 혹은 일, 혹은 습관을 들임으로써 정신과 육체를 지배할 수 있게 된다. 그러나 만약 혼자서만 이 일을 수행한다면 물질적, 정신적, 경제적 환경에서 영원히 벗어날 수 없을 것이다.

환경과의 이 싸움에서 승리하기 위해서는 같은 목적을 가진 사람들과의 협력이 필요하다. 혁명은 새로운 경향을 불러일으키고 그것을 키워나가는 작은 집단에서 시작되는 경우가 많다. 18세기 프랑스에서는 몇몇 이런 단체가 전제군주제도를 무너뜨릴 준비를 시작했다. 프랑스 혁명은 자코뱅 당원보다 백과전서파들에게 훨씬 부담스러운 것이었다. 오늘날 백과전서파들이 구제도를 인정사정 볼 것 없이 무너뜨린 것과 마찬가지 박력으로 산업혁명의 원리와 맞서 싸워야 한다. 그러나 과학기술에 의해 이룩된 생활방식은 알코올과 아편과 코카인 중독처럼 기분이 좋은 것이기 때문에 훨씬 어려운 싸움이 될 것이다.

반발 정신에 고무된 소수의 사람은 비밀 단체를 조직해도 좋을 것이다.

현재의 시점에서 우리의 아이들을 지키는 것은 거의 불가능하다. 사립이든 공립이든 학교의 영향력을 깨뜨리는 것은 불가능하다. 지성적인 부모가 아이들을 통속적인 의학적 미신과 교육적 미신과 사회적 미신으로부터 해방하더라도 친구들의 흉내를 내며 다시 돌아가 버린다. 모두 다 집단의 습관에 억지로 따라야만 한다. 개인을 개혁하기 위해서는 다른 사람들에게서 벗어나 자신들만의 학교를 설립할 수 있는 집단에 참여할 필요가 있다. 새로운 사상, 앞에서 말한 중추 기능에 의한 추진력으로 고전적인 형태의 교육 틀을 깨고 인간의 참된 모습에 근거하여 젊은이들을 훈련시켜 내일의 생활에 대비하고자 하는 대학이 몇몇 생겨날지도 모른다.

자기 성장에는
'고독한 훈련'이 필요하다

설령 아무리 작더라도 하나의 단체는 회원들에게 군대와 수도원의 규율에 맞춘 행동 규칙을 부과함으로써 그 시대의 사회적 악영향으로부터 피할 수 있다. 이런 방법은 새로운 것이 절대로 아니다. 이상을 달성하기 위해서 다른 사람들로부터 멀리 벗어난 남자, 혹은 여자들의 사회공동체 속에서 엄격한 규칙을 따르며 생활하는 것은 이미 오래전부터 있었던 일이다. 이런 집단에 의해 중세의 문명은 진보할 수 있었다. 수도회가 있고, 기사단이 있고, 장인들의 조합이 있었다. 종교적 집단 속에서 어떤 사람은 수도원에 은 둔하고, 또 어떤 사람은 세상에 남았다. 그러나 전원이 엄격한 정신적, 육체 적 규율을 따르고 있다. 기사들은 각자 기사단의 목적에 따라 서로 다른 규 율에 복종하였다. 상황에 따라서는 생명까지 희생해야만 했다. 장인들은 동 료는 물론 일반인과의 관계에서도 엄격한 규율을 따라야 했다. 각 조합이 서로의 관습과 도리와 종교적 축제일을 가지고 있었다. 다시 말해서 이들 공동체의 일원들은 일반인의 생활 형태를 포기한 것이다.

우리도 중세의 수도사와 기사와 장인들이 일궈낸 것들을 다른 형태로 재탄생시킬 수는 없는 걸까? 개인의 진보를 위한 두 가지 조건은 어느 정도 고립될 것과 심신을 단련시키는 것이다. 새로운 도시에 있더라도 서로가 이 조건을 충족시킬 수 있다. 특정 연극과 영화를 보지 말고, 아이들을 특정 학 교에 보내지 말고, 라디오를 듣지 말고, 특정 신문이나 잡지나 책을 읽지 않 는 것은 가능하다. 그러나 자신을 개혁하기 위해서는 지성과 도덕적인 면을 단련하여 대중사회의 습관에서 벗어나는 것이 중요하다. 집단이 어느 정도 크다면 더욱 개인적인 생활을 영유할 수 있을 것이다. 캐나다의 두호보르 파(Dukhobor: 18세기 러시아 정교회에서 독립한 일파로 내면의 소리를 최고의 권위로 여기며 전생을 믿으며 납세와 병역 등을 거부했다)는 의지만 강하다면 현대문명의 한가운데 서 있더라도 완전한 독립적 생활이 가능하다는 것을 보여주었다.

현대사회에 커다란 변화를 불러일으키기 위해서는 일반인들과는 다른 견해를 가진 집단의 수가 그렇게까지 많이 필요하지는 않다. 단련에 의해 인간이 커다란 힘을 얻을 수 있는 것은 명백한 사실이다. 금욕적이고 신비적인 사람들은 설령 소수라 할지라도 방탕하고 저능한 대중들이 저항할 수 없는 힘을 빠르게 얻을 수 있을 것이다. 이런 소수의 사람이 설득에 의한, 그리고 아마도 힘으로 대중에게 다른 삶의 방식을 인도하게 될 것이다. 현대 사회가 신조로 여기고 있는 것 중에서 바꿀 수 없는 것은 하나도 없다. 거대한 공장도, 하늘 높이 솟아 있는 빌딩도, 비인간적인 도시도, 산업적 도덕도, 대량생산에 대한 신뢰도 모두 문명에 꼭 필요한 것이 아니다. 다른 생활 형태와 사고방식이 가능한 것이다. 쾌락을 동반한 문화, 화려하지 않은 아름다움, 인간을 노예로 삼지 않는 기계, 물질 만능이 아닌 과학에 의해 인간은 지성과 도덕관념과 활력을 되찾고 자신을 최고로 성장시킬 수 있다.

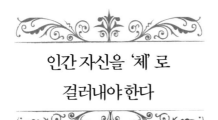

인간 자신을 '체'로
걸러내야 한다

우리는 문명화된 일반 대중 속에서 선택해야만 한다. 장기간에 걸쳐 자연도태가 이루어지지 않았다는 것은 앞서 말한 바가 있다. 위생학과 의학의 노력으로 많은 열등한 사람들이 삶을 연장하였다는 것도 이미 앞에서 말한 바와 같다. 그러나 광인이나 범죄자가 아닌 이상 열등한 사람이 다시 열등한 사람을 낳는 것을 막을 수가 없다. 또한 같은 부모에게서 태어난 강아지 중에서 약한 녀석을 죽이는 것처럼 병이나 불구의 아이들을 죽일 수는 없다. 열등한 사람이 만연하는 파괴적인 위험을 미연에 방지하는 단 한 가지 방법은 강자를 더욱 발달시키는 것이다. 부적격자들을 정상으로 만들기 위해 노력하는 것이 헛수고라는 것은 명백한 사실이다. 때문에 적격한 사람들을 최고로 발달할 수 있도록 촉진시키는 것에 관심을 기울여야 한다. 강자를 더욱 강하게 만듦으로 인해 효과적으로 열등한 사람들을 도울 수가 있는 것이다. 왜냐하면 대중은 항상 엘리트들에 의한 지식과 발명을 통해 이익을 얻기 때문이다. 육체적으로도 정신적으로도 차이가 있는 것을 모두 똑같이 만들려 하지 말고 그 차이를 넓혀 보다 위대한 인간을 만들어야할 것이다.

세습(世襲)에 의지하지 않는
'귀족계급'을 만들자

우리는 자질이 뛰어난 아이들을 선별하여 가능한 한 완벽하게 성장을 시켜야 한다. 이런 방법으로 세습을 통하지 않은 귀족 계급을 만들어 내야 한다. 우수한 인간은 우수한 가계에서 태어나는 것이 비교적 많다고는 하지만 이런 아이들은 사회의 모든 계층에서 찾을 수 있을 것이다. 미국 문명을 창립한 사람들의 자손은 아직 조상들의 자질을 가지고 있을지도 모른다. 그런 자질은 일반적으로 퇴화의 그림자에 감춰져 있다. 그러나 그런 퇴화는 표면적인 경우가 많다. 주로 태만, 교육, 그리고 책임과 도덕적 규율의 결여에 의한 것이다. 큰 부자들의 자식들은 범죄자의 자식들과 마찬가지로 어릴 때부터 자신이 태어난 환경에서 벗어나야 한다. 가족으로부터 떼어낸다면 그들은 그 유전자에 의한 소질을 드러낼 수 있을 것이다.

유럽의 귀족 계급 중에서도 강력한 활력을 가진 사람들이 있다. 십자군 참가자의 육체는 결코 절멸하지 않았다. 유전의 법칙은 전설적 용기와 모험을 사랑하는 마음이 봉건영주의 혈통에 다시 나타날 수 있다는 것을 보여주고 있다. 상상력과 용기와 판단력을 가진 거물 범죄자, 프랑스 혁명과 러시아 혁명의 영웅, 우리들 속에도 있는 고압적인 사업가 등의 자손들 또한 소수의 진취적인 기질을 타고난 인간을 만들기 위한 우수한 소재가 될 가능성이 있다. 범죄행위는 지적장애, 혹은 다른 지능적, 대뇌의 장애를 동반하지 않는 이상 유전이 아니라는 것도 잘 알려진 사실이다. 정직하고, 명석하고, 근면한 사람이라 할지라도 평생 운이 나쁘거나, 사업에 실패하거나, 평생을 낮은 지위에 머문 채로 두각을 나타내지 못했던 사람의 자식들은 높은 잠재력을 가질 가능성이 희박하다. 또한 몇 세기에 걸쳐 같은 장소에 사는 빈농에서도 찾아보기 어렵다. 그러나 이런 사람 중에서 예술가, 시인, 모험가, 성직자들이 나타나기도 한다. 뛰어난 재능을 타고난 유명한 뉴욕의 한 유명한 일가는 샤를마뉴시대부터 나폴레옹시대까지 프랑스의 남부에서 밭을 일구고 살던 빈농 출신이었다.

사회적 계층과
생물학적 계층의 동질성

용감하고 강한 힘은 지금까지 그런 모습을 한 번도 보이지 않았던 가계에서도 갑자기 나타나기도 한다. 돌연변이는 다른 동물이나 식물과 마찬가지로 인간에게도 일어나는 것이다. 그러나 빈농과 노동자 계급 중에 크게 성장할 가능성이 잠재되어 있는 사람이 많을 것이라고는 기대할 수 없다. 실제로 자유국가 중에서 국민이 여러 계층으로 나뉘게 된 것은 우연과 사회적 관습에 의한 것이 아니다. 그것은 개개인의 또렷한 생물학적 기반과 생리학적, 정신적 특징에 의한 것이다. 예를 들어 미국과 프랑스와 같은 민주주의 국가에서는 과거 1세기 동안 누구나 그 능력에 따라 원하는 지위에 오를 수 있었다.

오늘날 무산(無産) 노동자계급의 대부분은 그 육체와 정신의 유전적 취약함 때문에 현재의 상태에 머무르고 있는 것이다. 빈농들도 이와 마찬가지로 용기와 판단력과 육체적 저항력은 있다. 하지만 상상력과 모험정신의 결여로 인해 이 생활양식의 틀에 갇혀 있기 때문에 중세 이후 토지와 밀착된 생활을 하는 것이다. 이렇게 세상에 잘 알려지지 않은 빈농들, 무명의 병사들, 토지에 지나친 애착을 가진 유럽 국가의 신념이지만, 자질은 뛰어나면서도 토지를 정복하고 침입해 온 모든 적을 물리치고 토지를 방어해낸 중세의 호족들과 비교한다면 육체적으로도 정신적으로도 그 자질이 부족하다. 농노(農奴)와 주인은 원래 이렇게 해서 생겨난 것이다.

오늘날 열등한 사람에게 부와 권력을 인위적으로 떠안겨서는 안 된다. 사회적 계층과 생물학적 계층은 같은 의미를 가져야 하는 것이 중요하다. 각 개인은 자신의 육체와 정신에 어울리는 계층에 머물면서 오르내려서는 안 된다. 최고의 육체와 정신을 소유한 사람들이 사회적으로 높은 자리를 차지하도록 도와야 한다. 각 개인이 각자 적제적소에 머물러야 한다. 강한 사람을 많이 키워내야만 현대국가는 살아남을 수 있다. 약한 사람을 지킴으로서가 아니다.

어째서 '자연도태'가 필요한가?

우생학(優生學)은 강한 자를 영속시키기 위해 절대적으로 필요하다. 우수한 민족은 최선의 요소를 증식시켜야만 한다. 그러나 최고로 문명화된 모든 국가에서는 재생산은 감소하고 질이 낮은 것이 태어나고 있다. 여성은 알코올과 흡연을 하며 스스로의 질을 떨어뜨리고 있다. 또한 마른 용모를 위해 위험한 다이어트를 하고 있다. 게다가 아이 낳기를 거부한다. 이런 결함은 지금의 여성교육과 여권 신장론의 발전과 근시안적 자기 본위의 사고방식이 확산된 결과이다.

이것은 또한 경제상태, 평형을 잃은 신경, 불안정한 결혼, 나약한 아이와 조숙한 비행 청소년들이 생겨났을 때 부모가 부담해야 할 걱정 등에서 기인한 것이다. 아주 오랜 가계에 속해 있으면서 소질이 뛰어난 아이가 태어날 가능성이 높고, 그 아이들을 지적으로 키울 수 있는 입장에 있는 여성들은 대부분 아이를 낳지 않는다. 아이를 많이 낳는 것은 발달이 덜 된 유럽의 여기저기에서 온 가난한 이주민, 노동자들이다. 그러나 그 자손은 북아메리카를 처음 개척한 우수한 자손과는 가치에서 완전히 다르다. 생각과 생활습관에 큰 변화가 생겨 새로운 사상이 지평선에 모습을 드러낼 때까지는 출생률이 상승할 것 같지는 않다.

우생학을 자발적을
받아들이자

우생학은 문명화된 민족의 운명에 커다란 영향을 미칠지도 모른다. 물론 인간의 재생산은 동물의 경우처럼 통제가 불가능하다. 그러나 정신이상과 지적장애가 늘어나는 것은 방지해야만 한다. 군대에 입대할 때, 혹은 호텔이나 병원, 백화점의 종업원을 채용할 때와 같은 건강진단을 결혼하려는 사람들에게도 해야 할 것이다. 그러나 건강진단을 했다고 해서 결코 보증할 수는 없다. 법정에서 전문가의 반론에 의하면 이 건강진단은 아무런 가치가 없다고 한다. 우생학이 도움이 되기 위해서는 자발적인 건강진단이어야 할 것이다. 매독, 암, 결핵, 광기, 지적장애 등의 병력이 있는 집안사람과 결혼하면 어떤 비극이 일어날지 모른다는 것은 적당한 교육을 통해 누구나 인식할 수 있는 것이다. 적어도 젊은이들에게는 그런 병력은 빈곤과 마찬가지로 바람직하지 않다는 것 정도는 생각해보길 바란다. 실제로는 폭력배와 살인자보다 훨씬 위험하다. 어떤 범죄자도 광인이 될 소질 이상의 비극을 가족에게 주지는 않는다. 자발적인 인종 개량은 불가능하지 않다.

분명 사랑은 바람처럼 자유롭게 불어온다. 그러나 이런 사랑의 특성에 대한 신념은 수많은 젊은 남자가 부잣집 딸만을 원하고, 여자들은 부잣집 남자만을 사랑한다는 사실보다 불안정하다. 만약 사랑이 돈이 말하는 것을 듣는다면 건강을 고려한다는 실질적인 문제에도 귀를 기울일 수 있을 것이다. 감춰진 유전적 결함으로 고민하는 사람과는 절대로 결혼해서는 안 된다. 인간의 불행 중 대부분은 육체와 정신의 소질에 의한 것이자 유전에 의한 것이 매우 크다. 광기와 지적장애와 암과 같은 유전적 짐으로 고통 받고 있는 사람들은 결혼을 해서는 안 된다.

타인을 비극에 빠뜨릴 권리는 누구에게도 없다. 하물며 비참한 운명을 짊어질 아이를 낳을 권리는 절대로 없다. 이처럼 인종 개량은 수많은 사람에게 희생을 강요한다. 이 필요성에 대해 말하는 것은 이것으로 두 번째인데, 이것은 자연계의 법칙이라고 생각한다. 수많은 생물이 끊임없이 자연의 손길에 의해 다른 생물의 희생양이 되고 있다. 우리는 단념하거나 포기하는 것에 대한 사회적, 혹은 개인적 중요성에 대해 잘 알고 있다. 각 나라에서는 자국을 살리기 위해 목숨을 던진 사람들에게 대단히 높은 명예를 수여한다. 희생의 관념, 그리고 그것이 사회적으로 절대로 필요하다는 인식을 현대인의 마음속에 깊이 심어주지 않으면 안 된다.

인간의 '지구력, 지성, 용기'를
무한으로 발산시키기 위해서는

우생학은 우수한 사람이 약체화되는 것을 막을 수는 있지만, 끝없는 진보를 위해서는 불충분하다. 순수혈통의 민족에서 개인은 어느 정도 이상으로는 향상할 수 없다. 그러나 순수혈통의 말과 마찬가지로 인간에게서도 때로는 비범한 인물이 나타나기도 한다. 천재를 결정하는 요인이 무엇인지는 전혀 알 수 없다. 우리는 생식 세포질의 진화를 일으키는 것도, 적절한 돌연변이에 의해 우수한 인물을 만들어 낼 수도 없다. 교육과 경제적 편의를 꾀함으로써 민족 안에서 최상의 모든 요소를 결합하고 조장하는 것으로 만족해야만 한다. 강자를 진보시키기 위해서는 그 성장 조건과 부모가 생활하면서 노력하여 얻은 성질을 얼마나 자손들에게 전수할지에 달려 있다. 때문에 현대사회의 모든 사람이 어느 정도 생활의 안정, 가정, 정원, 몇 명의 친구 등을 가질 여유가 필요하다. 아이들은 부모가 마음을 표현하는 뭔가와 접촉하며 자라야만 한다. 농부, 장인, 예술가, 대학교수, 과학자들이 두 팔밖에 가진 게 없는 근육 노동자나 두뇌 이외에는 아무것도 없는 두뇌 노동자로 바뀌는 것을 막는 것이 대단히 중요하다.

이런 무산 노동자 계급자의 수를 늘리고 만 것은 산업 문명의 영구적으로 씻을 수 없는 치욕이다. 이것이 사회 단위로서의 가족을 소멸시키고 지성과 도덕성의 저하를 일으키고 있다. 그리고 남겨진 문화까지 점점 파괴시키고 있다. 무산 노동자계급의 모든 형태를 억제해야만 한다. 각 가정의 가장 기초가 되는 안정과 안전을 보장받아야 한다. 결혼이 단순하고 일시적인 연결이 되어서는 안 된다. 부부의 결합은 고등 유인원들과 마찬가지로 더 이상 아이들이 보호를 필요로 하지 않을 때까지 지속하여야 한다. 교육, 특히 소녀들의 교육과 결혼과 이혼에 관한 법률은 제일 먼저 아이들의 이익을 고려해야 한다. 여성은 의사와 변호사와 대학교수가 되기 위해서가 아니라 자손을 가치 있는 인간으로 키우기 위해 고등교육을 받아야 한다.

우생학을 자유자재로 실천할 수 있다면 더욱 강한 개개의 인간을 달성할 뿐만이 아니라 훨씬 지구력과 지성과 용기가 뛰어난 혈통으로 발달할 수 있다. 이런 혈통이 상류계급을 구성해야 할 것이며, 아마도 그들 속에서 인재들이 배출될 것이다. 현대사회는 가능한 모든 수단을 동원하여 더욱다 우수한 혈통을 발달시켜야만 한다. 현명한 결혼을 통해 탄생한 천재들에게는 경제적으로도, 정신적으로도 그 어떤 포상이라도 아깝지 않다. 현대문명은 매우 복잡하게 얽혀있다. 그 모든 기능을 모두 이해할 수 있는 사람은 아무도 없다. 그러나 이 기능은 모두 밝혀내야만 한다. 현재, 이 과업을 달성할 수 있는 지능적으로나 도덕적으로 그릇이 큰 인물이 필요하다. 자발적으로 우생학을 적용함으로써 유전에 의해 생물학적인 의미에서의 귀족 계급을 건설한다면, 지금 우리가 떠안고 있는 이 문제의 해결을 행한 중요한 첫 단추를 끼우게 될 것이다.

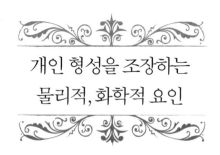

개인 형성을 조장하는
물리적, 화학적 요인

인간에 관한 우리의 지식은 아직까지도 매우 부족하지만 인간 형성에 관여하여 모든 잠재적 가능성을 실현할 수 있도록 도울 수는 있다. 만약 우리의 바람의 자연의 법칙을 거스르지만 않는다면 바라는 모습을 만드는 데 도움을 줄 수 있다. 그러기 위해서는 세 가지 서로 다른 방법이 있다. 첫째로는 물리적, 화학적 요소로 된 조직, 체액, 정신의 질에 뚜렷한 변화를 일으키는 것이다. 둘째는 환경을 바르게 바꿈으로써 모든 인간 활동을 조정하여 적응기능을 활동시키는 것이다. 셋째는 심리적 요인을 이용하여 육체의 발달에 영향을 주어 스스로 노력하여 자신을 단련시키는 것이다. 이 요인들을 다루는 것은 매우 어렵고 경험도 필요한 데다 불확실하다. 우리는 아직 그것을 잘 알지 못한다. 그 효과는 개인의 단면에 국한된 것이 아니다. 그것은 어릴 때와 청년기에서조차 대단히 느리게 작용하는 것이다. 그러나 정신과 육체에 반드시 큰 변화를 일으킨다.

엄격한 자연환경 속에서
심신을 단련시키자

기후와 토지와 음식물의 물리적, 화학적 특성은 인간 형성의 도구로 이용할 수 있다. 지구력과 체력은 산간 지방이나 계절의 변화가 심해 안개가 자주 끼고 햇볕이 잘 들지 않으며 거친 비바람이 몰아치는 바위투성이의 황량한 지방 등에서 흔히 발생한다. 건장하고 활기 넘치는 젊은이를 육성하는데 전념하는 학교는 이런 지방에 세워야 할 것이며, 햇볕이 언제나 따뜻하고 기온의 변화가 적은 열대 기후는 부적합하다. 플로리다나 프랑스의 리비에라 지방은 환자, 노인, 혹은 일반인들의 짧은 휴양에 적합한 곳이다. 아이들은 더위와 추위, 건조함과 습함, 이글거리는 태양과 얼어붙을 것 같은 추위, 폭설과 안개, 다시 말해서 북국의 혹독한 기후를 견디도록 훈련시키면 정신적 에너지, 신경의 균형, 육체의 저항력이 증가한다. 아메리카 북부의 사람들이 임기응변이 뛰어나고 대담한 것은 아마도 스페인의 태양, 스칸디나비아의 겨울과 같은 혹독한 기후 덕분일 것이다. 그러나 이런 기후적 요인은 문명인이 편안하게 앉아서 일하는 생활이 많아져 혹독한 기후로부터 피할 수 있게 되면서 그 효력을 상실하고 있다.

음식물의 질과 양이
정신에 미치는 의미

음식에 포함되어 있는 화학 합성물이 생리적, 정신적 활동에 미치는 영향은 거의 알려져 있지 않다. 이 점에 관한 의학적 견해는 인간을 대상으로 특정 음식이 끼치는 영향을 확인하는 실험이 아직 충분히 이루어지지 않았기 때문에 별 의미가 없다. 음식의 양과 질이 정신에 영향을 끼친다는 것은 틀림없는 사실이다. 위험을 즐기고, 사람을 지배하고, 창조적인 일을 해야 하는 사람들은 육체 노동자나 수도원의 고독 속에서 자기 내면의 세속적 욕정을 억누르려 노력하는 관상 수도사 등과 같은 식사를 해서는 안 된다. 우리는 사무실과 공장에서 단조로운 생활을 하는 사람들에게 어떤 음식이 좋은지, 또 어떤 화학물질이 새로운 도시에 사는 사람들에게 지성과 용기와 민첩함을 줄 수 있는지를 찾아내야만 한다. 아이들과 청년들에게 대량의 우유와 크림과 현재까지 발견된 모든 비타민만을 준다면 그 민족은 절대로 향상될 수 없을 것이다. 헛되이 골격과 근육만 단련해 무게만 늘리는 대신에 신경을 강하게, 지적으로 활발하게 하는 새로운 합성물을 찾아내는 것이 가장 유익할 것이다. 아마도 언젠가 어느 과학자가 평범한 아이를 위대한 인물로 만들어 내는 방법을 찾아낼 것이다. 즉, 꿀벌이 평범한 유충에게 자신들이 만들어 내는 특별한 음식을 먹여 여왕벌로 변신시키는 것과 마찬가지 방법을 찾아낼 것이다. 그러나 화학적 요인만으로는 개인을 큰 인물로 개량할 수 있어 보이지는 않는다. 우수한 육체적, 정신적 형태는 모두 다 유전과 성장조건과의 조합에 의한 것이라는 것을 명심해야 한다. 그리고 성장 과정에서 화학적 요인은 심리적 요인, 기능적 요인과 뗄 수 없다고 생각할 수밖에 없다.

적응능력과 생리적 요인의
관계에 대해

우리는 적응 작용이 기관과 기능을 자극한다는 것을, 또한 더욱 효과적으로 육체와 정신을 개선하기 위해서는 끊임없이 적응기관을 활동시켜야 한다는 것을 알고 있다. 이 체제는 특정 기관 속에 특정한 목적을 달성하기 위한 일련의 반응 작용을 일으키게 하는 것으로 우리는 간단히 그 활동을 일으킬 수가 있다. 근육이 적적한 훈련을 통해 발달한다는 것은 잘 알려져 있다. 만약 근육뿐만이 아니라 영양을 담당하는 기관과 몸을 장시간의 노력에 견딜 수 있게 해주는 작용을 하는 모든 기관을 강화시키기를 원한다면 고전적인 스포츠보다 훨씬 다양한 운동이 필요하다. 이 운동은 훨씬 소박했던 시대에 날마다 이루어졌던 것과 똑같은 것이다. 고등학교나 대학교에서 가르치는 전문적인 스포츠 경기는 진정한 내구력을 만들어주지 않는다. 인간이 만들어지기 위해서는 근육, 혈관, 심장, 폐, 뇌, 척추, 정신, 다시 말해 몸 전체의 협력을 필요로 하는 노력이 없어서는 안 된다. 울퉁불퉁한 도로를 달리고, 산을 오르고, 대련을 하고, 수영을 하고, 숲과 밭에서 일을 하고, 악천후 속에 처하고, 젊은 나이에서부터 도덕적 책임을 지고, 인생의 거친 파도와 맞서 싸움으로써 근육, 뼈, 기관, 정신의 조화가 이루어지게 된다.

외부 세계에 몸을 적응시키는 모든 기관의 조직도 마찬가지 방법으로 훈련함으로써 최고로 발달시킬 수 있다. 나무 오르거나 암벽 등반은 혈장의 성분, 혈액의 순환, 호흡작용을 조정하는 모든 기관의 활동을 자극한다. 적혈구와 헤모글로빈을 만들어 내는 모든 기관은 고도의 생활에 의해 활동을 시작한다. 장시간 달리거나 근육을 씀으로써 산을 제거할 필요가 있게 되면 몸 전체에서 생리작용을 일으킨다. 갈증이 해결되지 않으면 조직에서 수분을 짜낸다. 단식을 하면 모든 기관에서 단백질과 지방을 써버린다. 더위에서 추위로, 추위에서 더위로 바뀌게 되면 체온을 조절하는 수많은 기능이 작동하기 시작한다. 적응 기간을 자극하는 방법은 이 밖에도 많이 있다. 적응기능을 활동시킴으로써 몸 전체가 향상된다. 끊임없이 일함으로써 모든 통합적 기관은 한층 강화되어 민첩함이 발달하고 수많은 임무를 해결하는 데보다 잘 적응할 수 있게 된다.

심신의 평형(平衡)과 지성,
자제심의 강화

　육체적 기능과 심리적 작용이 조화를 잘 이루는 것은 우리에게 필요한
가장 중요한 소질 중의 하나이다.

　각자가 각각의 특성에 맞는 모든 방법을 통해 이것을 몸에 익힐 수 있을
것이다. 그러나 그러기 위해서는 항상 자발적 노력이 필요하다. 심신의 평
형은 지성과 자제심이 매우 필요하다. 인간에게는 당연히 알코올이나 스피
드나 정신을 차릴 수 없을 정도의 변화를 필요로 하는 육체적 기호나 인위
적 욕구를 충족시키려고 하는 경향이 있다. 그러나 이러한 욕망을 완전히
충족시키면 인간은 타락하고 만다. 따라서 인간은 공복과 수면욕, 성적 충
동과 게으른 마음, 좋아하는 근육 운동과 좋아하는 술 등을 자제하는 것에
익숙하지 않으면 안 된다. 졸림과 과식은 그것이 부족한 것과 마찬가지로
위험하다. 처음에는 훈련을 통해, 그다음은 훈련을 통해 익힌 습관에 지적
동기를 더 함으로써 인간은 선천적으로 강하고 더 균형이 잘 이루어진 기능
을 더욱 더 발달시킬 수 있을 것이다.

역경을 이겨낼 힘

인간의 가치는 얼마나 빨리, 그리고 쉽게 역경에 대처할 수 있는가에 달려 있다. 이러한 기민함은 수많은 모든 반사작용과 본능적인 반응을 축적해야만 가능하다. 젊으면 젊을수록 반사작용을 익히기가 쉽다. 아이들에게는 무의식적 지식이라 불러도 좋을 정도로 귀중한 재산을 축적할 수 있다. 아이의 훈련은 가장 영리한 셰퍼드를 훈련시키는 것과 비교하더라도 비교가 될 수 없을 정도로 매우 쉽다. 지칠 줄 모르고 달리거나 고양이처럼 뛰어내리고, 기어오르거나 헤엄을 치고, 균형을 잡고 서거나 달리고, 사물을 정확하게 관찰하고, 재빠르고 완벽하게 잠에서 깨고, 여러 나라의 언어를 말하고, 복종하고, 공격하거나 몸을 지키고, 두 손을 잘 이용하게 여러 가지 일을 하는 등의 것들을 가르칠 수 있다. 도덕적 습관 또한 마찬가지로 쉽게 익힐 수 있다. 개는 훔쳐서는 안 된다는 것을 스스로 배운다. 정직, 성실함, 용기도 반사작용을 형성할 때 이용하는 것과 같은 방법, 다시 말해 토론과 설명 없이도 발달시킬 수 있다.

파블로프의 주장에 따르자면 '조건부'라고 하는 것은 연합된 반사작용을 확립하는 것에 불과하다. 그러기 위해서는 예로부터 동물 조련사들이 해왔던 것들을 과학적이고도 현대적인 방법으로 반복해야 한다. 이러한 반사작용들을 정착시킴으로써 불유쾌한 것과 동물이 바라는 것 사이에 특정 관계가 확립된다. 벨을 울리는 소리, 총소리, 그리고 채찍을 울리는 소리조차 개에게는 좋아하는 음식과 같은 의미가 된다. 이와 마찬가지 현상은 인간에게도 일어난다. 인간은 미지의 세계를 탐험하는 동안 음식과 잠을 자지 않아도 고통을 느끼지 않는다. 육체적 고통과 역경은 만약 원하는 일의 성공을 위해서라면 쉽게 참고 이겨낼 수가 있다. 죽음조차도 어떤 큰 모험이나 희생의 아름다움, 신과 하나가 되어 영혼의 깨달음을 동반할 때는 미소로 받아들일 수 있다.

인간 형성과 정신적 요인의
관계에 대해

심리적 요인이 개개인의 성장에 큰 영향을 끼친다는 것은 잘 알려진 사실이다. 우리는 육체와 정신을 가장 발달한 형태로 만들기 위해 마음먹은 대로 이 요인을 이용할 수 있다. 아이에게 올바른 반사작용을 심어줌으로써 그 아이가 특정 상황에 대하여 유리하게 대응할 수 있도록 준비시키는 것에 대해서는 앞에서 이미 다루었다. 수많은 반사작용을 가진 사람, 다시 말해 조건반사를 몸에 익힌 사람은 모든 예측 가능한 자극에 대하여 제대로 반응한다. 예를 들어 불시의 습격을 당했을 때 즉시 권총을 빼 들 수 있다. 그러나 갑작스러운 자극, 예측할 수 없는 상황에 대해서는 제대로 대응할 준비가 되지 않는다. 모든 상황에 대하여 재빠르고 정확한 대응을 하는 능력은 그야말로 신경조직과 모든 기관과 정신적 자질 그 자체에 달려 있다. 이 자질은 틀림없이 심리적 요인에 의해 발달시킬 수가 있다. 예를 들어 지적, 도덕적 훈련을 통해 교감신경 계통의 평형이 더 잘 유지되고 모든 육체적 활동과 정신적 활동이 더욱 완벽하게 통합된다는 것을 알고 있다. 이러한 요인들은 두 가지 부류로 나눌 수 있다. 그것은 외부적 작용과 내부적 작용이다. 첫 번째 부류에는 다른 사람들과 환경에 의해 그 사람에게 일어나는 모든 반사작용과 의식상태가 포함된다. 불안과 안정, 빈곤과 부유, 노력, 고투, 태만, 책임감 등이 특정한 정신 상태를 만들어 개개인을 거의 본인 독자적이라고 할 수 있는 방법으로 형성할 수 있다. 두 번째 부류에는 인간을 내부로부터 변화시키는 요인, 다시 말해 명상, 정신집중, 권력에 대한 의지, 금욕 등이 포함된다.

아이의 지적 형성에 대하여

인간의 형성에 정신적 요인을 이용하는 것은 대단히 미묘한 문제이다. 아이의 지적 형성을 지도하기는 쉽다. 그에 걸맞은 교사와 적당한 책만 있다면 아이의 내적 세계에 그 육체와 정신의 진보를 촉진할 목적인 모든 관념을 도입할 수 있다. 앞에서 말했던 것처럼 도덕적 감정, 미적 감각, 신앙심과 같은 그 외의 정신적 활동의 성장은 지능과 정규 교육과는 관계가 없다.

이러한 활동들의 훈련을 도와주는 심리적 요인이란 사회적 환경 속에 포함된 일부이다. 따라서 아이들은 적절한 환경 속에 있지 않으면 안 된다. 그러기 위해서는 아이들을 특정한 지적 환경에 있게 할 필요성도 포함되어 있다. 오늘날 아이들에게 결핍, 고투, 역경, 참된 지적 교양 등이 가져다주는 이익을 심어주는 것은 매우 어려운 일이다. 또한 강력한 심리적 요인인 내면생활의 발달에 근거한 이점도 심어주기 어렵다. 이 개인적이고 겉으로 드러나지 않으며 모두가 공유할 수 없는 민주적이지 않은 것은 보수적인 수많은 교육자에게 있어서는 결코 있어서는 안 될 죄악처럼 여겨진다. 그러나 누가 뭐라고 하든 이것은 모든 창조력의 근원이며 모든 위해한 행위의 원천이다. 이것을 통해 새로운 도시의 혼돈 속에 살고 있더라도 인간은 그 개성, 차분함, 신경조직의 안정을 유지할 수 있는 것이다.

인간이 최고로
발달하기 위한 조건

　　정신적 요인에 끼치는 영향은 사람마다 다르다. 따라서 각각 다른 심리적, 육체적 특성을 충분히 이해하는 사람에 의해서만 정신적 요인의 적용이 이루어져야만 한다. 약한 사람과 강한 사람, 감수성이 예민한 사람과 그렇지 못한 사람, 방자한 사람과 그렇지 않은 사람, 지적인 사람과 머리가 나쁜 사람, 기민한 사람과 무감각한 사람 등은 각각 그 심리 요인에 대하여 그 사람 나름의 방식으로 반응한다. 정신과 육체를 형성한다고 하는 이 미묘한 작업에 똑같은 방법을 적용할 수는 없다. 그러나 경제적, 사회적 조건 속에는 일반적인 것도 몇몇 있기는 하지만 이것은 어떤 특정한 공동사회 속에서의 각 개인에 의해 때로는 유익하게 또 어떤 때는 유해하게 작용할 것이다. 사회학자와 경제학자는 생활 상태의 변화를 계획할 때는 반드시 이 변화가 어떤 심리적 영향을 끼치는지를 고려하지 않으면 안 된다. 인간은 완전한 빈궁, 번영, 평화, 과도한 지역사회와 고독 속에서는 진보하지 않는다는 것은 관찰만 하면 쉽게 알 수 있는 사실이다. 인간은 적당한 경제적 안정성과 여유와 결핍과 분투가 있을 때야말로 최고로 발달할 것이다. 이러한 상황을 통해 받게 되는 영향은 민족에 따라, 그리고 개인에 따라 다르다. 어떤 사람들은 아무렇지 않게 흘려보냈던 사건이 또 다른 사람들을 반란으로, 그리고 승리에 대한 갈망을 부추길지도 모른다. 우리는 인간을 기초로 하여 그 사회적, 경제적 세계를 형성하지 않으면 안 된다. 그리고 그 모든 기관의 기능을 완벽하게 지속해서 활동할 수 있게 하는 심리적 환경을 부여하지 않으면 안 된다.

중, 고령기야말로

엄격한 규율 단련이 필요하다

물론 이러한 정신적 요인들은 성인보다는 아이들과 청소년에게 훨씬 큰 효과를 가져다준다. 그러므로 이 유연한 시기에 이러한 요인을 끊임없이 이용해야만 한다. 그리고 그 효과는 그다지 뚜렷하게 나타나지는 않지만, 평생 지속적으로 큰 영향을 끼친다. 성장하여 시간의 가치가 감소한 시기에는 정신적 요인의 중요성이 한층 더 커지게 된다. 특히 나이가 든 사람들에게 있어서 정신적 요인의 활동은 매우 유익하다. 육체와 정신이 지속해서 활동하면 노화가 늦어지는 것처럼 보인다. 인간은 중년, 노년기에는 어린 시절보다 훨씬 엄격한 규율의 단련이 필요하다. 많은 사람이 일찍부터 쇠약해지는 것은 안락한 삶에 취해있기 때문이다. 젊은이를 형성하는 똑같은 요인에 의해 노인의 퇴화를 막을 수 있다. 이 심리적 영향을 현명하게 이용함으로써 수많은 사람의 노화를 방지하고 지적, 도덕적 재물을 잃은 채 일찌감치 노쇠함으로써 퇴화라고 하는 심연으로 추락하는 것을 늦출 수 있을 것이다.

자연스러운
건강이 제일 중요

건강에는 자연적인 것과 인위적인 것 두 가지 종류가 있다는 것은 모두가 알고 있는 사실이다. 과학적인 의학은 인간에게 인공적인 건강과 거의 모든 전염병에 대하여 보호해 주고 있다. 이것은 매우 훌륭한 선물이다. 그러나 인간은 병에 걸리지 않은 것만으로 만족하지 않고 특별한 식이요법, 화학약품, 호르몬제, 비타민, 정기적 건강진단, 돈이 들어가는 병원과 의사와 간호사의 손길에 의존하고 있다. 전염병과 퇴행 변질성 질환에 대한 저항력과 안정된 신경조직에 기반을 둔 자연스러운 건강이야말로 필요하다. 건강에 대해 걱정을 하지 않고 살아갈 수 있도록 해야 한다. 의학은 육체와 정신이 질환, 피로, 불안을 자연스럽게 피할 방법을 발견했을 때 비로소 최고의 승리를 거두게 될 것이다. 현대인을 개선하기 위해서는 육체와 정신이 모두 건강하게 활동하는 것을 통해 발생하는 자유와 행복을 인간이 누릴 수 있도록 노력하지 않으면 안 된다.

이 자연스러운 건강이라는 구상은 습관적인 사고방식을 교란하는 것이기 때문에 강한 반대가 예상된다. 현대의학은 인위적 건강, 일종의 통제생리학이라는 방향을 향하고 있다. 현대의학의 이상은 순수한 화학약품을 이용해 조직과 기관의 작용에 개입하여 불완전한 기능을 자극하거나 바꾸거나 하여 세균감염에 대한 몸의 저항력을 증가시켜 병의 원인에 대한 체액과 기관의 반응을 촉진한다. 우리는 인간이 아직 불완전한 기계이기 때문에 지속적으로 그 부품을 보강하거나 수리하지 않으면 안 된다고 여기고 있다. 헨리 데일((Henry Hallett Dale, 1875~1968: 영국의 현대 의학자, 생화학자. 신경 자극의 화학적 전달 발견으로 노벨 생리 · 의학상을 받았다)은 최근 연설에서 매우 솔직하게 과거 40년 동안 진행된 화학요법의 승리를 칭송했다. 그것은 항독성 혈청, 백신, 호르몬, 인슐린, 아드레날린, 티록신 등의 발견이고, 또한 비소의 유기화합물, 비타민류, 성 기능을 조정하는 물질, 혹은 통증을 완화하거나 쇠약해진 자연스러운 활동을 자극하는 등으로 실험실에서 합성한 수많은 새로운 합성물의 발명 등이다. 그리고 이 물질들을 제조할 거대한 화학 실험실의 출현이기도 하다. 화학과 생리학에서 이 성과는 매우 중요하며 인체의 감춰진 기구에 커다란 빛을 투영하게 된 것만은 분명하다. 그러나 이것이 건강을 위해 노력하는 인간의 위대한 승리라고 축하해야 할 일일까? 절대 그렇지 않다. 생리학은 경제학과는 비교할 수 없다. 기관과 체액과 정신의 작용은 경제학적, 사회학적 현상과 비교한다면 제한이 없을 정도로 복잡하다. 통제 경제는 최종적으로 성공을 거둘지는 모르겠지만 통제 생리학은 실패한 것이고 앞으로도 성공할 수 없을 것이다.

기관, 체액과
마음은 하나이다

　인위적인 건강만으로는 인간의 행복에 충분하지 못하다. 건강진단과 의료행위를 받는 것은 매우 불편하고 효과가 없는 경우도 왕왕 있다. 약과 병원은 비용이 든다. 남녀 모두가 건강하게 보이더라도 끊임없이 작은 수리는 필요하다. 인간의 역할을 충분히 다 할 수 있을 만큼 튼튼하지도 않고 강하지도 않다. 대중이 직업으로서의 의학에 점점 만족하지 못하게 된 것은 어느 정도 이러한 폐해가 있기 때문이다. 의학은 인간의 참된 모습을 고려하지 않는다면 인간이 필요로 하는 건강을 부여할 수 없다. 우리는 기관과 체액과 마음은 하나이며 그것은 유전에 의한 경향과 성장의 모든 조건과 환경이 가진 화학적, 생리학적, 물리학적, 심리학적 요인의 결과라는 것을 알고 있다. 또한 건강은 각 부분에 있어서 일정한 화학적, 구조적인 본질 및 어떤 전체적 특성에 의존하고 있다는 것도 알고 있다. 우리는 기관의 작용에 개입하기보다는 전체의 기능이 효과적으로 이루어질 수 있도록 도와야 한다. 어떤 사람들은 전염병과 퇴행 변질성 질환, 그리고 노쇠에 의한 퇴화에 대한 면역력이 있다. 우리는 그 비밀을 파헤쳐야 한다. 우리가 손에 넣어야 하는 것은 그러한 저항력을 만들어 내는 내부기구에 대한 지식이다. 자연스러운 건강을 얻게 된다면 인간의 행복이 얼마나 커질 수 있을지 가늠이 불가능할 정도이다.

위생학이 전염성 질환과 큰 역병과 싸움에서 위대한 성공을 거둠으로써 생물학의 연구는 연구 초점을 일부 박테리아와 바이러스에서 생리적 기능과 정신작용으로 옮길 수 있게 되었다. 의학은 기관의 장애를 보충하는 것만으로 만족하는 것이 아니라 장애가 일어나지 않도록 방지하고 치료할 수 있도록 노력해야 한다. 예를 들어 인슐린은 당뇨병의 증상을 완화시키지만 병 자체를 고치는 것은 아니다. 당뇨병은 원인을 발견하고 쇠약해진 췌장의 세포를 고치거나 바꾸는 방법을 발견해야만 비로소 정복된다. 환자에게 필요한 화학약품을 주는 것만으로는 충분하지 않다는 것은 명백하다. 모든 기관이 체내에서 이러한 물질들을 정상적으로 만들어 낼 수 있게 하지 않으면 안 된다. 그러나 선(腺)을 정상적으로 작동하게 하는 기구에 대하여 아는 것은 이 선(腺)들에 의해 만들어진 것에 대해 아는 것보다 훨씬 그 깊이가 심원하다. 인간은 지금까지 가장 쉬운 길을 걸어왔다. 이제 거칠고 험한 길로 바꾸어 지도에도 없는 세계로 발을 디뎌야 한다. 인간의 희망은 퇴행 변질성 질환과 정신병을 막는 것이지 단지 그 증상을 치료하는 것이 아니다. 의학의 진보는 보다 크고 훌륭한 병원이나 약품을 만들기 위해 더욱 훌륭한 공장의 건설에 의해 이루어지는 것은 아니다. 그것은 상상력과 환자의 관찰과 연구소에서 조용히 묵상하고 실험하는 것에 달려 있다. 그리고 최종적으로는 화학적 구조라고 하는 무대 건너편에 있는 육체와 정신에 관한 비밀의 장막을 벗겨내는 것에 있다.

인격의 발달에
대해

우리는 이제 현대적 생활로 약체화되고 규격화되어버린 인간을 개혁하고 그 개성을 충분히 발휘해야만 한다. 성별 또한 다시 명확하게 구별되어야만 한다. 개개인은 확실하게 남자나 여자가 되어 반대 성별이 가진 경향과 정신적 특성과 야심을 절대로 보여서는 안 된다. 인간은 속속 생산되는 기계처럼 되지 말고 역으로 각자의 독자성을 강조하지 않으면 안 된다. 다시 개성을 확립하기 위해서는 학교, 공장, 사무실의 틀을 깨고 기술 문명의 행동 원리 그 자체를 거부하지 않으면 안 된다.

이러한 혁명은 결코 실현 불가능한 것이 아니다. 교육을 개혁하기 위해서는 주로 부모와 교사가 아이의 형성에 대하여 품고 있는 각각의 가치관을 역전시킬 필요가 있다. 인간을 모두 똑같이 육성하는 것이 불가능하다는 것을 잘 알고 있으니 학교를 개인적으로 하는 교육의 대체물이라고 생각할 수는 없다. 교사는 대부분 아이의 지적 능력을 높여주기는 한다. 그러나 감정적, 미적, 종교적 활동 또한 발달시킬 필요가 있다. 부모는 반드시 자신들이 해야만 하는 역할이 있다는 것을 확실하게 인식하지 않으면 안 된다. 그리고 그에 걸맞은 사람이 되어야 한다. 소녀를 위한 교육 과정에 유아와 아이의 그 생리적, 심리적 특성에 관한 상세한 공부가 일반적으로는 포함되어 있지 않다는 것이 기묘하다고 생각하지 않는가? 여성은 아이를 낳는 것뿐만이 아니라 아이를 키우는 자연적 기능을 되찾아야만 한다.

스스로 깨닫는
'인간적 가치'

학교와 마찬가지로 공장과 회사도 혁명의 손길이 닿지 않는 기관이 아니다. 과거에는 일하는 사람들에게 집과 땅을 가질 수 있게 해주고 자신이 원할 때 집에서 일하고 자신의 지능을 이용하여 제품 전체를 제작하고 창조하는 기쁨을 느낄 수 있게 해주는 산업조직이 있었다. 현재, 다시 이 산업형태를 되돌릴 수가 있을 것이다. 전력과 근대적인 기계에 의해 경공업은 공장이라는 끔찍한 곳으로부터 해방될 수 있게 되었다. 중공업도 분산시킬 수는 없는 걸까? 혹은 나라 전체의 청년 모두에게 병역의 의무를 지게 하는 것과 마찬가지로 이러한 공장에서 특정 기간 일하게 하는 것이 불가능할까?

이런저런 방법으로 무산 노동계급을 점차 사라지게 하는 것은 가능할 것이다. 인간은 거대한 무리를 이루고 사는 대신에 작은 공동체 속에서 생활하게 될 것이다. 그리고 그 그룹 속에서 각자가 자신의 인간적 가치를 유지하게 될 것이다. 단순히 기계의 일부가 되는 대신에 하나의 인간이 될 것이다. 오늘날 무산노동자의 지위는 봉건시대의 농노처럼 낮다. 농노의 경우와 마찬가지로 속박에서 벗어나 독립하여 다른 사람들에 대하여 권위를 가질 희망이 없다. 그와 달리 장인은 언젠가 자신의 가게 주인이 될 수 있다는 정당한 희망이 있다. 마찬가지로 토지를 소유하는 농민, 배를 소유한 어민도 열심히 일해야 하지만 자신이 주인이고 시간도 자신의 것이다. 산업에 종사하는 사람들의 대다수는 마찬가지로 독립과 존경을 누릴 수 있을 것이다. 두뇌 노동자도 공장 노동자와 마찬가지로 개성을 상실한다. 실제로는 무산노동자가 된다. 현대의 기업체와 대량생산은 인간을 최고로 발달시키는 것과는 양립되지 않는 것처럼 보인다. 만약 그것이 사실이라면 배제하지 않으면 안 되는 것은 문명화된 인간이 아니라 산업화한 문명이다.

선천적 자질을
인정하고 키워나간다

현대사회는 개성을 인정하고 있으며 각 개인이 서로 다르다는 사실 또한 받아들여야만 한다. 개개인은 자신만의 독특한 특성에 따라 사회에 도움이 되어야 한다. 우리는 인간의 평등에 지나치게 집착한 나머지 개개인의 특성을 억압하고 말았지만, 이 특성이야말로 가장 유용한 것이다. 왜냐하면 인간은 자신의 업무 특성이 자신에게 가장 적합할 때 비로소 행복을 느낀다. 그리고 현대 국가에는 온갖 직업이 셀 수 없을 정도로 많다. 인간 타이프도 하나의 규격으로 정하는 것이 아니라 다양해야만 하고, 교육 방법과 생활습관에 따라 선천적 차이를 유지하고 더욱 발전시켜야 한다. 각각의 타이프는 자신에게 맞는 직업을 발견하게 될 것이다. 현대사회는 인간이 서로 다르다는 것을 인정하지 않고 인간을 네 가지 계층으로 구분해 버렸다. 다시 말해 부자, 무산노동자, 농민, 중산계급으로 말이다. 회사원, 경찰, 성직자, 과학자, 교사, 대학교수, 상점주인 등이 중산계급에 속해있으며 실제로도 거의 비슷한 생활 수준을 유지하고 있다. 이런 사람들은 원래 같은 범주에 속하지 않는 타이프의 인간이지만 각 개인의 특징이 유사하기 때문이 아니라 경제적 지위에 의해 같은 중산 부류로 정리하는 것이다. 그들에게는 전혀 공통된 점이 없다. 최선의 사람들, 다시 말해 성장이 가능한 사람들, 정신적인 잠재적 가능성을 발휘하기 위해 노력하는 사람들은 국한된 좁은 생활을 위해 위축당하고 있다. 인간을 진보시키기 위해서는 건축가를 고용하고 벽돌과 철강을 사서 학교, 대학, 연구소, 도서관, 미술관, 교회 등을 세우는 것만으로는 충분하지 않다. 정신적 일에 전념하는 사람들에게 그들의 선천적 소질과 정신적 목적에 따라 자신의 개성을 발휘시킬 수 있는 수단을 제공하는 편이 훨씬 더 중요하다. 마치 중세의 교회가 금욕주의와 신비주의와 철학적 사고에 걸맞은 생활 형태를 만들어 낸 것처럼 말이다.

우리의 문명에 있어서 잔혹한 유물주의는 지성의 고양을 방해하는 것은 물론이고 정이 많은 사람, 온화한 사람, 약한 사람, 고독한 사람, 아름다움을 사랑하는 사람, 돈 이외의 것을 추구하는 사람, 감수성이 예민해 현대사회의 생존경쟁을 견디지 못하는 사람을 억압하고 만다. 과거의 시대에서는 매우 우아하고 미완성이라 타인과 경쟁할 수 없는 수많은 사람도 자신의 개성을 자유롭게 살릴 기회가 있었다. 어떤 이는 자기만의 세상에 틀어박힌 채 살았다. 또 어떤 이는 자선활동을 하는 수도원에서, 또는 명상을 주로 하는 수도원으로 피신했다. 그곳에서의 삶은 가난하고 혹독한 노동에 시달려야 했지만, 존엄과 아름다움과 평화를 찾을 수 있었다. 이러한 타이프의 사람은 현대사회의 적대심으로 가득한 상태가 아니라 자신의 특성을 살리고 도움이 될 수 있는 보다 적합한 환경 속에 있어야 한다.

사회의

낙오자에 대하여

대단히 많은 결함자와 범죄자의 문제가 여전히 해결되지 않고 있다. 그들은 정상 상태에 머물러 있는 일반인들에게는 매우 큰 부담이 되고 있다. 이미 지적했던 것처럼 교도소와 정신병원을 유지하고 대중을 악당과 정신 이상자들로부터 지키기 위해 막대한 자금이 필요하다. 우리는 어째서 도움은커녕 해만 되는 인간들을 보호해야만 하는 걸까? 이상자는 정상인의 발달을 방해한다. 이 사실을 정면으로 직시하지 않으면 안 된다. 사회는 어째서 범죄자나 정신 이상자를 보다 경제적인 방법으로 해결하려 하지 않는 걸까? 우리는 책임감이 있는 사람과 그렇지 않은 사람으로 구별하여 죄가 있는 자를 벌하고 범죄를 저질렀지만, 도덕적으로는 죄가 없다고 여겨지는 사람을 구원하는 노력을 언제까지나 계속할 수는 없다. 인간이 인간을 단죄하는 것은 불가능하다. 그러나 사회는 남에게 폐를 끼치는 위험한 존재들로부터 지키지 않으면 안 된다. 과연 어떻게 하면 그럴 수 있을까?

진정한 건강이 더욱 크고 보다 과학적인 병원에서 증진되는 것이 아닌 것과 마찬가지로 더 크고 보다 쾌적한 교도소를 건설하더라도 이 문제는 해결되지 않는다. 범죄와 정신이상은 인간에 대한 보다 깊은 지식, 위생학, 교육과 사회 환경의 개선을 통해 방지할 수 있다. 한편으로는 범죄자를 효율적으로 다뤄야 한다. 아마도 교도소는 폐지해야 마땅할 것이다. 보다 작고 비용이 들지 않는 기관으로 바뀔 수 있을 것이다. 사소한 범죄를 저지른 사람은 한동안 병원에 입원시켜 채찍이나 혹은 보다 과학적인 수단으로 조건반사를 일으키게 한다면 아마도 질서를 유지하는 데 충분할 것이다. 살인을 저지른 자, 권총과 같은 무기로 무장하고 강도질을 한 자, 아이를 유괴한 자, 가난한 사람들의 재산을 강탈한 자, 중대한 사안에서 대중을 그릇된 방향으로 이끈 자 등은 인도적이고 경제적으로 적당한 독가스 설비를 갖춘 작은 안락사용 기관에서 처리해야 한다. 범죄행위로 유죄를 받은 정신이상자에게도 똑같은 처치를 하면 될 것이다. 정상인의 입장에서 현대사회를 조직하는 것을 주저해서는 안 된다. 철학 체계와 감상적인 편견은 이러한 필요성 앞에서는 한발 물러서야 한다. 인간의 인격을 발달시키는 것이야말로 문명의 궁극적 목적이다.

인간이
중심인 세계

인간이 생리적으로나 정신적으로나 조화를 되찾게 된다면 그 사회는 일변하게 될 것이다. 우리는 자신의 몸 상태에 따라 세상이 바뀐다는 것을, 그리고 그것은 단순히 아직 알려지지 않았으며 아마도 결코 알 수 없을 실체에 대한 인간의 신경계통과 감각기관과 인간의 기술 반응에 불과하다는 것을 잊어서는 안 된다. 또한 정신상태 모두, 우리의 꿈 모두, 연인들의 꿈만이 아니라 수학자의 꿈도 모두 마찬가지로 진실이라는 것을 잊어서는 안 된다. 석양은 물리학자에게는 전자파를 의미하지만, 화가가 느끼는 석양의 선명한 색채는 객관적 실체가 아닌 것과 마찬가지로 실체가 아니다. 이 색채를 통해 미적 감각을 자극하는 것도, 그것을 구성하는 빛의 파장 길이를 측정하는 것도 우리 인간이 가진 두 가지 측면이며 양쪽 모두 똑같이 생존할 권리가 있다. 기쁨과 슬픔은 항성과 행성과 마찬가지로 중요하다. 그러나 단테, 에머슨, 베르그송, G.E 헤일(1868-1938: 미국의 천문학자, 태양 분광 사진의 새 방법을 고안하여 태양의 물리적 연구에 공헌) 등의 세계는 '싱클레어 루이스(Sinclair Lewis, 1885~1951: 소시민의 삶을 유머러스하고 풍자적으로 묘사한 작품들로 미국인 최초로 노벨 문학상을 받은 작가)가 묘사한' 배빗 씨의 세계보다 훨씬 크다. 세계는 우리의 정신적, 육체적 활동의 강력한 힘으로 반드시 아름다움을 더할 것이다.

기성 '세계'로부터의 해방

우리는 물리학자와 천문학자와 같은 천재에 의해 만들어진 세계, 르네상스 이래 인간을 가두어온 세계로부터 인간을 해방시키지 않으면 안 된다. 물질의 세계는 가늠할 수 없을 정도로 광대하지만, 인간에게는 너무나 좁다. 경제 환경과 사회 환경과 마찬가지로 인간에게 적합하지 않다. 우리는 물질만이 실제로 존재한다는 신앙만을 고집할 수는 없다. 우리는 4차원의 세계 속에서만 성립되지 않는다는 것과 물리적 연속체, 다시 말해 육체의 외부 어디로도 퍼져나갈 수 있다는 것을 알고 있다. 인간은 물체임과 동시에 생명체이며 정신 활동의 중심이다.

별과 별 사이의 무한한 공간이라는 거대한 허공 속에서 인간의 존재는 너무나 작은 존재이다. 그러나 생명이 없는 물질의 분야에 있어서 인간은 이방인이 아니다. 수학적 추상개념의 힘을 빌려 별과 마찬가지로 전자도 이해할 수 있다. 인간은 지구상의 산과 바다와 강을 척도로 하여 만들어졌다. 그리고 나무와 풀과 동물들과 마찬가지로 지구의 표면에 소속되어 있어 이것들과 함께 있으면 마음이 편안해진다. 또한 미술작품, 조각상, 새로운 도시의 기계적 아름다움. 소수의 친구, 사랑하는 사람들 등과 서로 친밀하게 이어져 있다.

또한 인간은 다른 세계에도 속해있다. 그것은 인간의 내면에 존재하고 있음에도 불구하고 공간과 시간을 초월하여 퍼져나가는 세계이다. 만약 꺾이지 않는 불굴의 의지만 있다면 인간은 이 끝이 없는 세계를 여행할 수 있다. 과학자, 화가, 시인 등이 깊이 사고를 집중시키는 미의 세계, 영웅적 정신과 희생을 분발하게 하는 사랑의 세계, 모든 대상의 근본적 원리를 추구하는 사람들에게 최후의 보수로 부여되는 신의 은총의 세계. 이러한 것이야말로 진정한 우리의 세계이다.

지금이야말로
인간 재 부흥의 시기

인간의 개혁에 착수할 때가 도래했다. 계획은 특별하게 세우지 않기로 하자. 왜냐하면 계획에 따라 살아야 하는 현실이 갑갑한 갑옷이 되어 질식할지도 모르기 때문이다. 또한 계획은 예측할 수 없는 돌발 상황을 막아 미래를 인간의 정신적 한계 내에서만 봉인해 버리기 때문이다.

우리는 일어서 전진하지 않으면 안 된다. 맹목적인 과학 기술로부터 인간을 해방시키고 복잡하면서도 매우 풍성한 인간 본래의 성질을 파악해야 한다. 생명에 관한 모든 과학은 인간에게 그 목표를 제시하고 그곳에 도달하는 방법을 그 손에 맡기고 있다. 그런데도 인간은 아직 무생물에 관한 모든 과학에 의해 만들어진 세계에 부딪힌 채 인간의 발달 법칙 같은 것에는 관심을 두지 않는다. 그것은 이성의 과오와 자신들의 진정한 모습에 대한 무지에서 비롯된 세계로 우리를 위해 만들어진 세계가 아니다. 그런 세계에서 우리는 적응할 수 없다.

그러므로 우리는 그것에 대해 반항하려 한다. 그 가치를 바꾸고 인간이 정말로 필요로 하는 것을 따라 세계를 구성하려 한다. 오늘날 인간의 과학은 인체에 잠재된 모든 가능성을 발달시킬 힘을 인간에게 부여했다. 우리는 생리적 활동과 정신적 활동의 감춰진 기구와 그 나약함의 모든 원인을 알고 있다. 또한 어떻게 해서 자연의 법칙으로부터 일탈하였는지도 알고 있다. 왜 벌을 받고, 왜 어둠 속에서 길을 잃었는지도 알고 있다. 그러나 우리는 새벽빛을 통해 인간의 구제로 통하는 작은 길을 희미하게나마 찾기 시작했다.

인간의 역사상 처음으로 붕괴하고 있는 문명이 그 붕괴 원인을 발견하기 시작한 것이다. 문명은 처음으로 과학의 거대한 힘을 자유롭게 쓸 수 있다. 우리는 이 지식과 힘을 활용할 수 있을까? 이것만이 과거의 위대한 문명 전체에 공통된 운명에서 벗어날 수 있는 유일한 희망이다. 우리의 운명은 우리의 손아귀에 있다. 새로운 길을 향하여 지금 당장 전진하지 않으면 안 되는 것이다.

옮긴이 **박별**

전문번역가, 아카시에이전트 대표.

역서로는 「마음먹은 대로 된다」, 「아무도 가르쳐 주지 않는 부의

비밀」, 「인간의 운명」외 다수가 있다.

인간의 조건

2017년 10월 20일 1판 1쇄 인쇄

2017년 10월 25일 1판 1쇄 펴냄

지은이 | 알렉시스 카렐

옮긴이 | 박 별

발행인 | 김정재

펴낸곳 | 뜻이있는사람들

등록 | 제 2014-000229호

주소 | 경기도 고양시 일산서구 대산로 215(대화동) 연세프라자 303호

전화 | (031) 914-6147

팩스 | (031) 914-6148

이메일 | naraeyearim@naver.com

ISBN 978-89-90629-42-5 03400

*잘못 만들어진 책은 구입하신 서점에서 교환해 드립니다.

*불법 복제를 금합니다.

*값은 뒤표지에 있습니다.